"十四五"职业教育国家规划教材

# PHP 动态网站开发

（第 2 版）

赵增敏　张　瑞　张时尧　主　编

电子工业出版社

Publishing House of Electronics Industry

北京·BEIJING

## 内 容 简 介

本书系统地讲述了基于 Apache 服务器、PHP 语言和 MySQL 数据库的动态网站开发技术。本书采用项目引领和任务驱动的教学方法组织教学，共分为 10 个项目，主要内容包括：配置 PHP 开发环境、PHP 语言基础、PHP 数据处理、PHP 面向对象编程、构建 PHP 交互网页、PHP 文件处理、PHP 图像处理、MySQL 数据库管理、通过 PHP 操作 MySQL 数据库、开发新闻发布系统。

本书坚持以就业为导向、以能力为本位的原则，突出实用性、适用性和先进性，结构合理、论述准确、内容翔实，注意知识的层次性和技能培养的渐进性，遵循难点分散的理念合理安排各章的内容，降低学习难度，通过丰富的实战演练来引导读者学习，旨在培养读者的动手实践能力和创新精神。同时，每个项目后面均配有项目思考和项目实训。

本书可作为职业院校移动互联网技术应用相关专业或 PHP 培训班的教材，也可作为 PHP 爱好者和动态网站开发维护人员的参考用书。

未经许可，不得以任何方式复制或抄袭本书之部分或全部内容。
版权所有，侵权必究。

**图书在版编目（CIP）数据**

PHP 动态网站开发 / 赵增敏，张瑞，张时尧主编. —2 版. —北京：电子工业出版社，2023.4
ISBN 978-7-121-45468-4

Ⅰ. ①P… Ⅱ. ①赵… ②张… ③张… Ⅲ. ①PHP 语言—程序设计—职业教育—教材 Ⅳ. ①TP312.8

中国国家版本馆 CIP 数据核字（2023）第 072634 号

责任编辑：郑小燕　　　　特约编辑：田学清
印　　刷：三河市鑫金马印装有限公司
装　　订：三河市鑫金马印装有限公司
出版发行：电子工业出版社
　　　　　北京市海淀区万寿路 173 信箱　　　邮编：100036
开　　本：880×1230　1/16　　印张：23.75　　字数：517 千字
版　　次：2017 年 12 月第 1 版
　　　　　2023 年 4 月第 2 版
印　　次：2025 年 6 月第 6 次印刷
定　　价：68.00 元

凡所购买电子工业出版社图书有缺损问题，请向购买书店调换。若书店售缺，请与本社发行部联系，联系及邮购电话：(010) 88254888，88258888。

质量投诉请发邮件至 zlts@phei.com.cn，盗版侵权举报请发邮件至 dbqq@phei.com.cn。
本书咨询联系方式：(010) 88254550，zhengxy@phei.com.cn。

# 前　言

党的二十大报告指出："教育、科技、人才是全面建设社会主义现代化国家的基础性、战略性支撑"。职业教育作为教育的一个重要组成部分，其目的是培养应用型人才，培养具有一定文化水平、专业知识技能的社会主义劳动者和建设者，职业教育侧重于实践技能和实际工作能力的培养。在职业院校中，动态网站开发是计算机相关专业的一门重要专业课。在各种动态网站开发技术中，"Apache+MySQL+PHP"组合以开源性和跨平台性著称，被誉为"黄金组合"并得到广泛应用。

本书为"十三五"职业教育国家规划教材《PHP动态网站开发》的修订版，根据教育部颁布的《中等职业学校专业教学标准（试行）信息技术类（第一辑）》中的相关教学内容和要求编写。本书结合现代职业教育的特点和社会用人需求，采用项目引领和任务驱动的教学方法，通过大量的实例详细地讲述了PHP动态网站开发技术。本书的编写坚持以就业为导向、以能力为本位的原则，力求突出教材的实用性、适用性和先进性。

本书共分为10个项目，详细地讲述了使用PHP技术开发动态网站的基本知识和设计技巧。项目1介绍配置PHP开发环境，包括安装phpStudy、配置phpStudy和配置PhpStorm；项目2介绍PHP语言基础，包括了解PHP基本知识、使用PHP数据类型、使用变量与常量、使用运算符与表达式、使用流程控制语句及使用函数；项目3介绍PHP数据处理，包括字符串处理、数组处理，以及日期和时间处理；项目4介绍PHP面向对象编程，包括面向对象编程概述、使用类和对象，以及实现继承与多态；项目5介绍构建PHP交互网页，包括获取表单变量、验证表单数据、获取URL参数、管理会话及使用Cookie；项目6介绍PHP文件处理，包括文件操作、目录操作和文件上传；项目7介绍PHP图像处理，包括配置GD库、图像基本操作、绘制图形及绘制文本；项目8介绍MySQL数据库管理，包括使用MySQL管理工具、创建与管理数据库、创建与维护表、数据操作与查询、使用其他数据库对象、备份与恢复数据库，以及安全性管理；项目9介绍通过PHP操作MySQL数据库，包括了解MySQL API、连接MySQL服务器、查询记录及增删改操作；作为前面各项目技能的综合应用，项目10介绍一个新闻发布系统的完整开发过程，首先介绍系统功能分析、数据库设计与实现，以及系统功能模块划分，然后讲解各系统功能模块的实现。

本书中的全部源代码均已测试通过，所用操作系统平台为Windows 11专业版，Web服务器为Apache 2.4.39，Web编程语言为PHP 8.1.1，后台数据库服务器为MySQL 8.0.12，PHP动态网站开发工具为PhpStorm 2021.3.2，MySQL管理工具为Navicat for MySQL。

本书中用到的一些人名、电话号码和电子邮件地址均属虚构，如有雷同，实属巧合。

本书由赵增敏、张瑞和张时尧担任主编，屈化冰、梁仓和张寒明担任副主编，黄山珊参加编写。具体分工如下：屈化冰负责编写项目1和项目4，张瑞负责编写项目2和项目3，张时尧负责编写项目5和项目6，黄山珊负责编写项目7和项目8，赵增敏负责编写项目9和项目10；赵增敏、梁仓和张寒明负责全书统稿和审定。

由于编者水平所限，书中疏漏和不妥之处在所难免，欢迎广大读者提出宝贵意见。

为了方便教师教学，本书还配有PPT课件和习题答案（电子版）。请有此需要的教师登录华信教育资源网免费注册后进行下载，若有问题请在网站留言板留言，或与电子工业出版社联系。

编　者
2022年冬

# 目 录

## 项目1 配置PHP开发环境 ............................................................................................... 1

项目目标 ............................................................................................................................... 1

任务1.1 安装phpStudy ....................................................................................................... 1

    1.1.1 PHP开发环境的组成 ........................................................................................ 2

    1.1.2 phpStudy的安装 ................................................................................................ 5

    1.1.3 phpStudy的运行 ................................................................................................ 6

任务1.2 配置phpStudy ....................................................................................................... 7

    1.2.1 设置启动选项 .................................................................................................... 7

    1.2.2 切换PHP版本 .................................................................................................... 9

    1.2.3 管理站点域名 .................................................................................................... 9

    1.2.4 创建虚拟目录 .................................................................................................. 10

    1.2.5 配置MySQL服务器 ........................................................................................ 11

任务1.3 配置PhpStorm ..................................................................................................... 13

    1.3.1 PhpStorm简介 .................................................................................................. 13

    1.3.2 创建PHP项目 .................................................................................................. 14

    1.3.3 配置PHP项目 .................................................................................................. 15

    1.3.4 创建PHP文件 .................................................................................................. 17

项目思考 ............................................................................................................................. 18

项目实训 ............................................................................................................................. 19

## 项目2 PHP语言基础 ...................................................................................................... 20

项目目标 ............................................................................................................................. 20

任务2.1 了解PHP基本知识 ............................................................................................. 20

    2.1.1 PHP动态网页的组成 ...................................................................................... 21

    2.1.2 编写PHP代码 .................................................................................................. 21

    2.1.3 编写PHP注释 .................................................................................................. 22

    2.1.4 PHP与HTML混合编码 .................................................................................. 23

    2.1.5 PHP与JavaScript协同工作 ............................................................................. 24

## 任务 2.2 使用 PHP 数据类型 .................................................. 25
### 2.2.1 使用整型 .................................................................. 25
### 2.2.2 使用浮点型 .............................................................. 26
### 2.2.3 使用字符串 .............................................................. 26
### 2.2.4 使用布尔型 .............................................................. 29
### 2.2.5 使用特殊类型 .......................................................... 29
### 2.2.6 数据类型转换 .......................................................... 30

## 任务 2.3 使用变量与常量 .................................................. 33
### 2.3.1 定义变量 .................................................................. 33
### 2.3.2 检测变量 .................................................................. 34
### 2.3.3 检测变量是否被定义 .............................................. 34
### 2.3.4 可变变量与变量引用 .............................................. 36
### 2.3.5 使用常量 .................................................................. 37

## 任务 2.4 使用运算符与表达式 .......................................... 40
### 2.4.1 使用算术运算符 ...................................................... 40
### 2.4.2 使用赋值运算符 ...................................................... 41
### 2.4.3 使用递增/递减运算符 ............................................ 42
### 2.4.4 使用字符串运算符 .................................................. 43
### 2.4.5 使用位运算符 .......................................................... 43
### 2.4.6 使用比较运算符 ...................................................... 45
### 2.4.7 使用条件运算符 ...................................................... 45
### 2.4.8 使用 null 合并运算符 ............................................ 46
### 2.4.9 使用逻辑运算符 ...................................................... 47
### 2.4.10 使用表达式 ............................................................ 48
### 2.4.11 运算符的优先级 .................................................... 49

## 任务 2.5 使用流程控制语句 .............................................. 50
### 2.5.1 使用选择语句 .......................................................... 50
### 2.5.2 使用循环语句 .......................................................... 54
### 2.5.3 使用跳转语句 .......................................................... 57
### 2.5.4 使用包含文件语句 .................................................. 58

## 任务 2.6 使用函数 .............................................................. 61
### 2.6.1 了解 PHP 内部函数 ................................................ 61
### 2.6.2 使用自定义函数 ...................................................... 64

2.6.3　传递函数参数 ............................................................................................. 65
　　　2.6.4　设置函数返回值 ......................................................................................... 68
　　　2.6.5　使用变量作用域 ......................................................................................... 70
　　　2.6.6　使用可变函数 ............................................................................................. 71
　　　2.6.7　使用匿名函数 ............................................................................................. 72
　　　2.6.8　使用箭头函数 ............................................................................................. 72
　项目思考 ................................................................................................................................ 73
　项目实训 ................................................................................................................................ 74

# 项目 3　PHP 数据处理 ................................................................................................. 75

　项目目标 ................................................................................................................................ 75
　任务 3.1　字符串处理 ........................................................................................................... 75
　　　3.1.1　字符串的格式化输出 ................................................................................. 75
　　　3.1.2　了解常用字符串函数 ................................................................................. 78
　　　3.1.3　HTML 文本格式化 ..................................................................................... 81
　　　3.1.4　连接和分割字符串 ..................................................................................... 83
　　　3.1.5　查找和替换字符串 ..................................................................................... 85
　　　3.1.6　从字符串中获取子串 ................................................................................. 88
　任务 3.2　数组处理 ............................................................................................................... 91
　　　3.2.1　创建数组 ..................................................................................................... 91
　　　3.2.2　遍历数组 ..................................................................................................... 94
　　　3.2.3　使用预定义数组 ......................................................................................... 95
　　　3.2.4　使用数组函数 ............................................................................................. 98
　任务 3.3　日期和时间处理 ................................................................................................. 101
　　　3.3.1　设置默认时区 ........................................................................................... 101
　　　3.3.2　获取日期和时间 ....................................................................................... 102
　　　3.3.3　格式化日期和时间 ................................................................................... 104
　项目思考 .............................................................................................................................. 106
　项目实训 .............................................................................................................................. 107

# 项目 4　PHP 面向对象编程 ..................................................................................... 108

　项目目标 .............................................................................................................................. 108
　任务 4.1　面向对象编程概述 ............................................................................................. 108

## 4.1.1 面向对象编程的基本概念 ... 108
## 4.1.2 面向过程编程与面向对象编程的比较 ... 110

### 任务 4.2 使用类和对象 ... 110
#### 4.2.1 创建类和对象 ... 111
#### 4.2.2 为类添加成员 ... 112
#### 4.2.3 为类添加构造方法和析构方法 ... 115
#### 4.2.4 为类添加静态成员 ... 116
#### 4.2.5 类的自动加载 ... 118
#### 4.2.6 迭代对象 ... 120
#### 4.2.7 克隆对象 ... 121
#### 4.2.8 比较对象 ... 123

### 任务 4.3 实现继承与多态 ... 125
#### 4.3.1 实现类的继承 ... 125
#### 4.3.2 使用抽象类 ... 127
#### 4.3.3 使用关键字 final ... 129
#### 4.3.4 使用接口 ... 130

### 项目思考 ... 132
### 项目实训 ... 133

## 项目 5 构建 PHP 交互网页 ... 135

### 项目目标 ... 135
### 任务 5.1 获取表单变量 ... 135
#### 5.1.1 创建 HTML 表单 ... 136
#### 5.1.2 添加表单控件 ... 137
#### 5.1.3 读取表单变量 ... 139

### 任务 5.2 验证表单数据 ... 143
#### 5.2.1 基于 HTML5 实现表单数据验证 ... 144
#### 5.2.2 基于 jQuery 验证插件实现表单数据验证 ... 149

### 任务 5.3 获取 URL 参数 ... 158
#### 5.3.1 生成 URL 参数 ... 158
#### 5.3.2 读取 URL 参数 ... 160
#### 5.3.3 实现页面重定向 ... 162

| 任务 5.4 | 管理会话 | 164 |
|---|---|---|
| | 5.4.1 了解会话 | 164 |
| | 5.4.2 创建会话变量 | 165 |
| | 5.4.3 销毁会话变量 | 166 |

任务 5.5 使用 Cookie ............................................................................................................171
    5.5.1 了解 Cookie ........................................................................................................171
    5.5.2 设置 Cookie ........................................................................................................172
    5.5.3 读取 Cookie ........................................................................................................173

项目思考 ....................................................................................................................................179
项目实训 ....................................................................................................................................180

# 项目 6 PHP 文件处理 ................................................................................................181

项目目标 ....................................................................................................................................181

任务 6.1 文件操作 ................................................................................................................181
    6.1.1 打开和关闭文件 ....................................................................................................181
    6.1.2 向文件中写入数据 ................................................................................................183
    6.1.3 从文件中读取数据 ................................................................................................185
    6.1.4 在文件中定位 ........................................................................................................188
    6.1.5 检查文件属性 ........................................................................................................190
    6.1.6 其他文件操作 ........................................................................................................192

任务 6.2 目录操作 ................................................................................................................195
    6.2.1 创建目录 ................................................................................................................195
    6.2.2 读取目录 ................................................................................................................197
    6.2.3 删除目录 ................................................................................................................198
    6.2.4 解析路径信息 ........................................................................................................201
    6.2.5 检查磁盘空间 ........................................................................................................202

任务 6.3 文件上传 ................................................................................................................204
    6.3.1 创建文件上传表单 ................................................................................................204
    6.3.2 上传单个文件 ........................................................................................................205
    6.3.3 上传多个文件 ........................................................................................................208

项目思考 ....................................................................................................................................211
项目实训 ....................................................................................................................................213

## 项目 7  PHP 图像处理 .......................................................................................214

项目目标 ....................................................................................................................214

任务 7.1  配置 GD 库 ...............................................................................................214

    7.1.1  加载 GD 库 ..........................................................................................214

    7.1.2  检测 GD 库 ..........................................................................................215

任务 7.2  图像基本操作 ............................................................................................217

    7.2.1  创建图像 ...............................................................................................218

    7.2.2  输出图像 ...............................................................................................220

    7.2.3  分配颜色 ...............................................................................................222

任务 7.3  绘制图形 ....................................................................................................223

    7.3.1  绘制像素 ...............................................................................................224

    7.3.2  绘制轮廓图形 .......................................................................................225

    7.3.3  绘制填充图形 .......................................................................................227

任务 7.4  绘制文本 ....................................................................................................230

    7.4.1  绘制单个字符 .......................................................................................231

    7.4.2  绘制字符串 ...........................................................................................235

    7.4.3  绘制中文文本 .......................................................................................236

项目思考 ....................................................................................................................238

项目实训 ....................................................................................................................239

## 项目 8  MySQL 数据库管理 ...............................................................................240

项目目标 ....................................................................................................................240

任务 8.1  使用 MySQL 管理工具 ............................................................................240

    8.1.1  使用 MySQL 命令行工具 ....................................................................241

    8.1.2  使用 Navicat for MySQL .....................................................................242

    8.1.3  使用 PhpStorm 数据库管理功能 ..........................................................243

任务 8.2  创建与管理数据库 ....................................................................................245

    8.2.1  创建数据库 ...........................................................................................245

    8.2.2  查看数据库列表 ...................................................................................246

    8.2.3  删除数据库 ...........................................................................................246

任务 8.3  创建与维护表 ............................................................................................247

    8.3.1  MySQL 数据类型 .................................................................................247

    8.3.2  创建表 ...................................................................................................248

|     |       |                          |      |
| --- | ----- | ------------------------ | ---- |
|     | 8.3.3 | 查看表信息 | 251 |
|     | 8.3.4 | 修改表 | 252 |
|     | 8.3.5 | 重命名表 | 253 |
|     | 8.3.6 | 删除表 | 253 |

任务 8.4　数据操作与查询 ... 253
  8.4.1　插入记录 ... 253
  8.4.2　更新记录 ... 257
  8.4.3　删除记录 ... 258
  8.4.4　查询记录 ... 259

任务 8.5　使用其他数据库对象 ... 262
  8.5.1　使用索引 ... 263
  8.5.2　使用视图 ... 264
  8.5.3　使用存储过程 ... 266
  8.5.4　使用存储函数 ... 269
  8.5.5　使用触发器 ... 271

任务 8.6　备份与恢复数据库 ... 273
  8.6.1　备份数据库 ... 273
  8.6.2　恢复数据库 ... 274

任务 8.7　安全性管理 ... 274
  8.7.1　管理用户 ... 275
  8.7.2　管理权限 ... 277

项目思考 ... 280
项目实训 ... 281

# 项目 9　通过 PHP 操作 MySQL 数据库 ... 282

项目目标 ... 282

任务 9.1　了解 MySQL API ... 282
  9.1.1　访问 MySQL 数据库的 PHP API ... 282
  9.1.2　访问 MySQL 数据库的基本流程 ... 284

任务 9.2　连接 MySQL 服务器 ... 285
  9.2.1　创建数据库连接 ... 285
  9.2.2　创建持久化连接 ... 286
  9.2.3　选择数据库 ... 287

|      |       | 9.2.4 | 关闭数据库连接 | 288 |
|------|-------|-------|-----------------|-----|

任务 9.3　查询记录 ........................................................................................... 289
  9.3.1　执行 SQL 查询 ............................................................................. 289
  9.3.2　处理结果集 ................................................................................... 291
  9.3.3　获取元数据 ................................................................................... 293
  9.3.4　分页显示结果集 ........................................................................... 295
  9.3.5　创建搜索/结果页 ......................................................................... 301
  9.3.6　创建主/详细页 ............................................................................. 304

任务 9.4　增删改操作 ....................................................................................... 308
  9.4.1　添加记录 ....................................................................................... 308
  9.4.2　更新记录 ....................................................................................... 311
  9.4.3　删除记录 ....................................................................................... 317

项目思考 ................................................................................................................. 321

项目实训 ................................................................................................................. 322

# 项目 10　开发新闻发布系统 .................................................................... 323

项目目标 ................................................................................................................. 323

任务 10.1　系统功能设计 ................................................................................. 323
  10.1.1　系统功能分析 ............................................................................. 323
  10.1.2　数据库设计与实现 ..................................................................... 324
  10.1.3　系统功能模块划分 ..................................................................... 326

任务 10.2　实现用户管理 ................................................................................. 327
  10.2.1　系统登录 ..................................................................................... 327
  10.2.2　创建用户 ..................................................................................... 330
  10.2.3　管理用户 ..................................................................................... 336
  10.2.4　修改用户 ..................................................................................... 338
  10.2.5　删除用户 ..................................................................................... 341

任务 10.3　实现新闻类别管理 ......................................................................... 341
  10.3.1　添加新闻类别 ............................................................................. 342
  10.3.2　管理新闻类别 ............................................................................. 343
  10.3.3　修改新闻类别 ............................................................................. 345
  10.3.4　删除新闻类别 ............................................................................. 347

任务 10.4　实现新闻管理 ............................................................................................. 347
  10.4.1　发布新闻 ............................................................................................. 348
  10.4.2　管理新闻 ............................................................................................. 350
  10.4.3　编辑新闻 ............................................................................................. 352
  10.4.4　删除新闻 ............................................................................................. 355
任务 10.5　实现新闻浏览 ............................................................................................. 355
  10.5.1　系统首页 ............................................................................................. 356
  10.5.2　浏览新闻 ............................................................................................. 359
  10.5.3　分类浏览新闻 ..................................................................................... 361
  10.5.4　搜索新闻 ............................................................................................. 362
项目思考 ............................................................................................................................. 364
项目实训 ............................................................................................................................. 365

# 项目 1

# 配置 PHP 开发环境

PHP 开发环境主要由 Apache 服务器、PHP 语言及 MySQL 数据库组成。如果逐个安装各组件并对其进行相应配置，则整个过程颇为烦琐且很容易出错，还会带来安全隐患。为了简化 PHP 开发环境的配置过程，通常采用各种套件来配置 PHP 开发环境，phpStudy 就是一个常用的 PHP 环境部署套件。在本项目中，读者将学会通过安装 phpStudy 程序包来部署 PHP 开发环境并进行配置，并且能够在开发工具 PhpStorm 中创建 PHP 项目。

## 项目目标

- 了解 phpStudy 及其组成
- 掌握 phpStudy 的安装方法
- 掌握配置 Apache 服务器的方法
- 掌握配置 MySQL 服务器的方法
- 掌握在 PhpStorm 中创建 PHP 项目的方法

## 任务 1.1 安装 phpStudy

phpStudy 是一个强大的 PHP 开发环境的程序集成包，集成了 Apache 服务器、PHP 语言和 MySQL 数据库等组件（这些组件可以一次性进行安装，无须配置即可使用），是一种方便易用的 PHP 开发环境，而且提供了文件服务、数据库管理等各种实用软件服务。在本任务中，读者将学会通过安装 phpStudy 来快速部署 PHP 开发环境。

### 任务目标

- 理解 PHP 开发环境的组成
- 掌握安装 phpStudy 的方法和步骤

### 1.1.1　PHP 开发环境的组成

工欲善其事，必先利其器。要开发 PHP 动态网站，首先需要配置 PHP 开发环境。PHP 开发环境通常由 Apache 服务器、PHP 语言、MySQL 数据库、MySQL 数据库管理工具 phpMyAdmin 及 PHP 代码优化工具 Zend Optimizer 等组成。下面对这些组成部分进行简要介绍。

#### 1. Apache 服务器

Apache 是 Apache HTTP Server 的简称，是 Apache 软件基金会开发的一款开放源代码的 Web 服务器。Apache 是当今世界上非常流行的 Web 服务器软件之一，占据了互联网应用服务器 70%以上的份额。它可以跨平台使用，几乎可以运行在所有计算机平台上。同时，它不仅安全性出色，功能强大，性能稳定，而且可以免费下载和使用。如果用户准备选择一款 Web 服务器软件，那么 Apache 无疑是一个绝佳选择。

Apache 具有以下主要特点。
- 支持最新的 HTTP/1.1 通信协议。
- 拥有简单而强有力的基于文件的配置过程。
- 支持通用网关接口（CGI）。
- 支持基于 IP 和基于域名的虚拟主机。
- 支持多种方式的 HTTP 认证。
- 集成 Perl 处理模块。
- 集成代理服务器模块。
- 支持实时监视服务器状态和定制服务器日志。
- 支持服务器端包含指令（SSI）。
- 支持安全套接层（SSL）。
- 提供用户会话过程的跟踪。
- 支持 FastCGI。
- 通过第三方模块可以支持 Java Servlets。

#### 2. PHP 语言

PHP 是一种通用的开源服务器端脚本语言，在语法上吸收了 C、Java 和 Perl 语言的优点，易于学习，广泛应用于 Web 开发领域。它是将程序嵌入 HTML 文档中执行的，执行效率明显高于完全生成 HTML 标记的 CGI；它还可以执行编译后代码，通过编译可以实现代码的加密和优化，使代码运行速度更快。

PHP 具有以下主要特点。
- 跨平台性。PHP 代码不仅可以在 Windows、Macintosh、UNIX、Linux、macOS 及 Android

等操作系统上运行，而且可以与 Apache、IIS 等主流 Web 服务器一起使用。更难能可贵的是，PHP 代码不需要进行任何修改即可在不同的 Web 服务器之间移植，这也正是 PHP 备受人们青睐的重要原因之一。

- 开放性源代码。PHP 的所有源代码完全公开，这种开源策略使无数业内人士欢欣鼓舞。同时，新函数库的不断加入，使 PHP 具有强大的更新能力，从而在 Windows 32 或 UNIX 操作系统上拥有更多新功能。PHP 是完全免费的，所有源代码和文档均可免费下载、复制、编译、打印和分发。
- 运行于服务器端。与 ASP 一样，PHP 脚本也是在服务器端运行的。PHP 脚本可被嵌入 HTML 文档，并由 Web 服务器识别出来交给 PHP 脚本引擎解释执行，从而完成一定的功能，执行结果以 HTML 代码形式返回客户端浏览器。虽然用户可以在客户端看到 PHP 脚本的执行结果，但是看不到 PHP 脚本本身。
- 执行效率高。与其他解释性语言相比，PHP 消耗的系统资源比较少，当使用 Apache 作为 Web 服务器并将 PHP 作为该服务器的一部分时，不需要调用外部二进制程序即可运行 PHP 脚本，且解释执行 PHP 脚本不会增加额外的负担。
- 数据库访问功能。PHP 可以访问多种数据库，包括 SQL Server、MySQL、Oracle、Informix、Sybase 及通用的开放数据库连接（ODBC）等。在开发 PHP 动态网站时，PHP 与 MySQL 简直是一对"黄金搭档"。
- 图像处理功能。在 PHP 中使用 GD 图像库中的函数，可以很方便地创建和处理 Web 上流行的 GIF、PNG 和 JPEG 等格式的图像，并直接将图像流输出到浏览器中。GD 库是一个用于动态生成图像的开源代码库，GD 库文件包含在 PHP 安装包中。
- 面向对象编程。PHP 支持面向对象编程，提供了类和对象，支持构造函数和抽象类等，完全可以用来开发大型商业程序。PHP 5.0 于 2004 年 7 月 13 日正式发布，该版本在面向对象编程方面发生了重要变化，主要包括对象克隆，访问修饰符（公共、私有和受保护的），接口、抽象类和方法，以及扩展重载对象等。
- 可伸缩性。网页中的交互作用可以通过 CGI 程序来实现，但 CGI 程序的可伸缩性并不理想，这是因为需要为每一个正在运行的 CGI 程序创建一个独立进程。解决方法就是将 CGI 语言的解释器编译到 Web 服务器中。PHP 也可以通过这种方式来安装，这种内嵌的 PHP 具有更好的可伸缩性。
- 语言简单易学。PHP 利用了 C、Java 和 Perl 语言的语法，并吸取了这些语言的精华，只要了解一些编程的基本知识，就可以进行 PHP 编程，很容易学习。PHP 主要用于快速编写动态网页，读者完全可以一边学习 PHP，一边制作动态网站。

### 3. MySQL 数据库

MySQL 是一款流行的关系数据库管理系统应用软件，最初是由瑞典的 MySQL AB 公司开发的，目前是 Oracle 公司旗下产品。MySQL 将数据保存在不同的数据表中，而不是将所有数据保存在一个大仓库内，这样就加快了速度并提高了灵活性。

MySQL 使用的 SQL 是用于访问数据库的常用标准化语言。MySQL 软件采用双授权政策，分为社区版和商业版。由于其体积小、速度快、总体拥有成本低，尤其是具有开放源代码这一特点，因此一般中小型网站的开发都将 MySQL 作为网站后台数据库。MySQL 社区版的性能卓越，搭配 PHP 和 Apache 可以组成良好的开发环境。

MySQL 具有以下特点。

- 快速、可靠、易使用。MySQL 最初是为处理大型数据库而开发的，与已有的解决方案相比，它的速度更快。多年以来，MySQL 已成功应用于众多要求很高的生产环境。MySQL 一直在不断发展，目前 MySQL 服务器已能提供丰富的有用功能。MySQL 具有良好的连通性、快速性和安全性，非常适合用作网站的后台数据库。

- 工作在客户端/服务器模式下或嵌入式系统中。MySQL 是一种客户端/服务器数据库管理系统。它由一个多线程 SQL 服务器、数种不同的客户端程序和库、众多管理工具及广泛的应用编程接口（API）组成。MySQL 符合 GNU 规则，可以为用户提供 C、C++、Java 数据库连接（JDBC）、Perl、PHP 等 API 接口。

- 真正的多线程。MySQL 是一种多线程数据库产品，采用了核心线程的完全多线程。如果有多个 CPU，则 MySQL 可以方便地使用这些 CPU。MySQL 使用多线程方式执行查询，可以使每个用户至少拥有一个线程，对于多 CPU 系统来说，查询的速度和所能承受的负荷都将高于其他系统。

- 跨平台性。MySQL 能够工作在各种平台上，这些平台包括：Solaxis、SunOS、BSDI、SGI IRIX、AIX、DEC UNIX、FreeBSD、SCO OpenServer、NetBSD、OpenBSD、HP-UX 及 Windows 系列等。由于 MySQL 和 PHP 都具有跨平台性，两者可以在各种平台上配合使用。

- 数据类型丰富。MySQL 提供的数据类型很多，包括带符号整数和无符号整数、单字节整数和多字节整数、float、double、char、varchar、text、blob、date、time、datetime、timestamp、year、set、enum 及 OpenGIS 空间类型等。

- 安全性好。MySQL 采用十分灵活和安全的权限与密码系统，允许基于主机的验证。当连接到服务器时，所有的密码传输均采用加密形式，从而保证了密码安全。

- 可处理大型数据库。使用 MySQL 可以处理包含大约 0.5 亿条记录的数据库。据报道，一些用户已将 MySQL 用于包含 60000 多个表和大约 50 亿条记录的数据库。

- 连接性好。在任何操作系统中，客户端均可使用 TCP/IP 连接 MySQL。在 Windows 操作系统中，客户端可以使用命名管道进行连接。在 UNIX 操作系统中，客户端可以使用 UNIX 域套接字文件建立连接。Connector / ODBC（MyODBC）接口为使用 ODBC

连接的客户端程序提供了 MySQL 支持。

### 4. 数据库管理工具 phpMyAdmin

phpMyAdmin 是一个用 PHP 编写的 MySQL 数据库管理工具，其基于 Web 方式部署在网站服务器上。由于 phpMyAdmin 与其他 PHP 页面在同一服务器上运行，因此在任何地方都可以借助 phpMyAdmin 提供的 Web 界面对 MySQL 数据库进行远程管理，既可以创建、修改、删除数据库，也可以创建、修改和删除数据表，还可以在数据表中添加、修改和删除记录，并完成大量数据的导入及导出。

### 5. PHP 代码优化工具 Zend Optimizer

Zend Optimizer 用优化代码的方法提高 PHP 应用程序的执行速度，其实现的原理是对那些在被最终执行之前由运行编译器（Run-Time Compiler）产生的代码进行优化。

一般情况下，执行使用 Zend Optimizer 的 PHP 程序比执行不使用 Zend Optimizer 的 PHP 程序的速度要快 40%～100%。这意味着网站的用户可以更快地浏览网页，从而完成更多的事务，实现更高的用户满意度。更快的反应速度同时也意味着可以节省硬件投资，并提升网站提供的服务质量。因此，使用 Zend Optimizer 相当于提高了电子商务的盈利能力。

Zend Optimizer 能为 PHP 用户带来很多益处，特别是网站运营者。快速运行 PHP 程序可以显著降低服务器的 CPU 负载，并且可以减少一半的反应时间（从用户单击链接到服务器开始读取页面之间的时间）。

## 1.1.2　phpStudy 的安装

PHP 开发环境由多个组件构成。要配置 PHP 开发环境，就需要对这些组件逐一进行安装和配置，并按照环境搭建方法和流程一步一步地操作，整个过程不仅烦琐，而且很容易出错，还会带来安全隐患。为了简化这个过程，建议选择一款合适的 PHP 环境部署套件来一键完成配置。常用的 PHP 环境部署套件有 phpStudy、WampServer、UPUPW、APMServ 及 PHPnow 等。

本书选择 phpStudy 作为 PHP 环境部署套件。phpStudy 软件版本齐全，支持自定义 PHP 版本，适合所有场景；软件功能强大，同时支持 IIS、Apache 和 Nginx 服务器，并且拥有支持 Linux 的版本；软件包经过精简压缩，程序绿色小巧，并且支持 PC，很容易上手，适合学习使用。

### 1. 软件下载

phpStudy 软件包的下载网址为 https://www.xp.cn/。目前，最新版本的 phpStudy（Windows）软件压缩包仅 77.77MB（截至本书编写完成时）。下载 phpStudy 软件包后进行解压缩，即可得到安装程序 phpstudy_x64_8.1.1.3（EXE 可执行文件）。

## 2. 软件安装

双击安装程序，将弹出如图 1.1 所示的安装向导对话框，勾选"阅读并同意软件许可协议"复选框，并单击"立即安装"按钮，即可开始安装。

phpStudy 的默认安装位置为 D:\phpstudy_pro 文件夹。在完成 phpStudy 的安装后，该文件夹包含 COM、WWW 和 Extensions 三个文件夹。其中，COM 文件夹包含 phpStudy 的主程序 phpstudy_pro.exe 和相关文件等内容；WWW 文件夹包含网站主目录；Extensions 文件夹包含 Web 服务器和 PHP 语言引擎等支持程序，内容如图 1.2 所示。

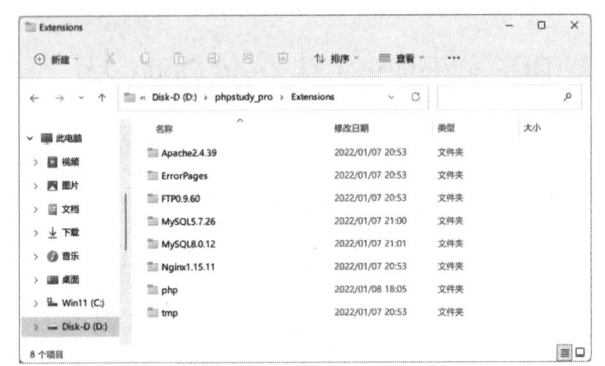

图 1.1　安装向导对话框　　　　图 1.2　Extensions 文件夹的内容

Extensions 文件夹包含的内容如下。

- Apache*.*.**文件夹：包含 Apache 服务器安装文件。
- ErrorPages：包含一些错误提示信息页面文件。
- FTP*.*.**：包含 FTP 服务器安装文件。
- MySQL*.*.**文件夹：包含 MySQL 数据库安装文件。
- Nginx*.**.**文件夹：包含 Nginx 服务器安装文件。
- php 文件夹：包含 PHP 语言引擎支持文件，可以包含多个 PHP 版本。
- tmp 文件夹：用于存放临时文件。

**提示**：上述文件夹名称后面的数字后缀*.*.**表示软件的版本号。在完成 phpStudy 的安装后，可以通过软件管理功能安装其他版本的程序，也可以设置和卸载已安装的程序。

### 1.1.3　phpStudy 的运行

phpStudy 的主程序为 phpstudy_pro.exe。完成 phpStudy 的安装后，系统会在 Windows 桌面上为该主程序创建一个快捷方式。双击该快捷方式，即可打开 phpStudy 集成环境控制面板，并自动进入其首页，如图 1.3 所示。

在 phpStudy 集成环境控制面板的首页中，可以对 Apache 和 MySQL 服务器进行设置，也可以对这些服务器的运行状态进行控制。

首先在 phpStudy 集成环境控制面板左侧的导航栏中选择"网站"选项，并在右侧的内容窗格中单击"管理"按钮，然后在弹出的菜单中选择"打开网站"命令，如图1.4所示。

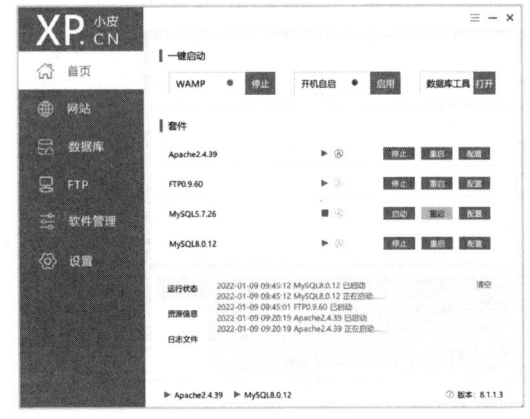

图1.3　phpStudy集成环境控制面板的首页

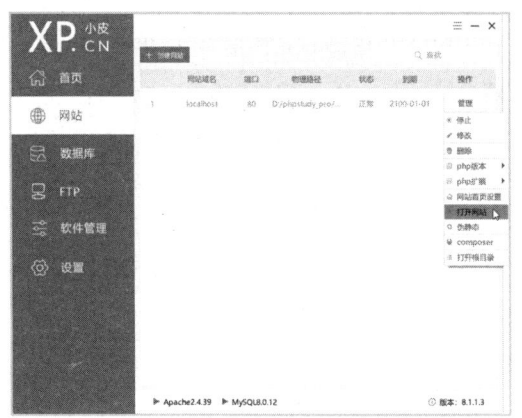

图1.4　选择"打开网站"命令

此时将在浏览器中打开默认网站首页，如图1.5所示。

图1.5　默认网站首页

## 任务 1.2　配置 phpStudy

本任务中将使用 phpStudy 集成环境控制面板对 PHP 开发环境进行配置，包括设置启动选项、切换 PHP 版本、管理站点域名、创建虚拟目录和配置 MySQL 服务器。

### 任务目标

- 掌握设置启动选项的方法
- 掌握切换 PHP 版本的方法
- 掌握管理站点域名的方法
- 掌握创建虚拟目录的方法
- 掌握配置 MySQL 服务器的方法

### 1.2.1　设置启动选项

使用 phpStudy 集成环境控制面板可以设置 Web 服务器和 MySQL 的启动选项，包括一键启动和开机自启两个方面的选项。

## 1. 设置一键启动选项

在 phpStudy 集成环境控制面板的首页中，可以根据需要在"套件"下方分别启动/停止、重启或配置 Apache 和 MySQL 服务，也可以在"一键启动"下方单击"WNMP"右侧的操作按钮来一键启动事先设定的服务。一键启动的服务内容为 Apache、Nginx 或 IIS 与 MySQL 不同版本的组合，可以根据需要进行设置，操作方法如下。

（1）在 phpStudy 集成环境控制面板的首页中，单击"WNMP"与"启动/停止"按钮中间的"切换"按钮，如图 1.6 所示。

（2）当弹出如图 1.7 所示的"一键启动选项"对话框时，在"MySQL"下方选择要使用的 MySQL 版本，包括 5.7.26 和 8.0.12 两个版本。

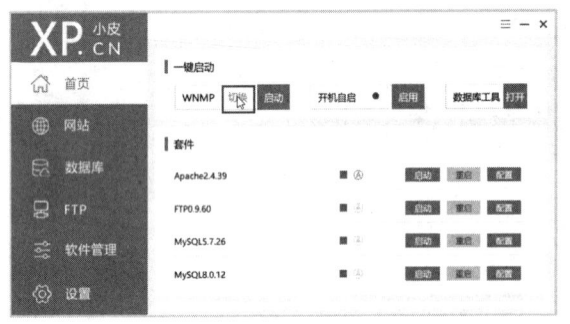
图 1.6　单击"切换"按钮

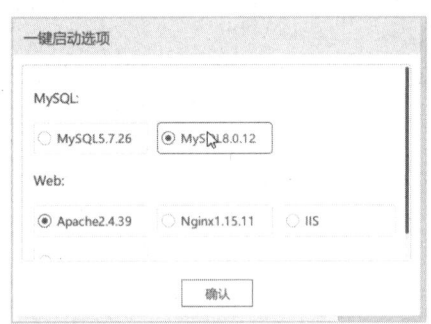
图 1.7　"一键启动选项"对话框

（3）在"Web"下方选择要使用的 Web 服务器（Apache2.4.39、Nginx1.15.11 或 IIS）。

（4）单击"确认"按钮。

## 2. 设置开机自启选项

通过设置开机自启选项，用户可以指定启动 Windows 操作系统后自动运行的服务，设置方法如下。

（1）在 phpStudy 集成环境控制面板的首页中，单击"开机自启"与"启用/停止"按钮中间的"选项"按钮，如图 1.8 所示。

（2）当弹出如图 1.9 所示的"开机自启选项"对话框时，在"MySQL"下方选择要使用的 MySQL 版本。

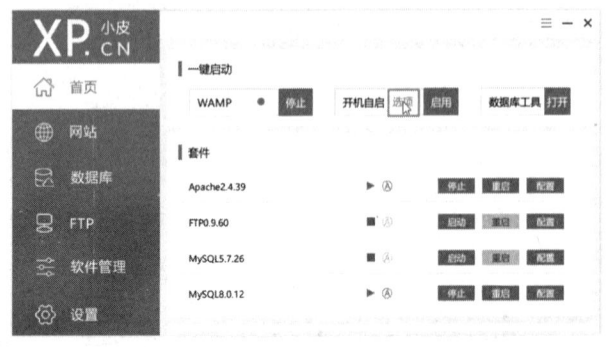
图 1.8　单击"选项"按钮

图 1.9　"开机自启选项"对话框

（3）在"Web"下方选择要使用的 Web 服务器。

（4）单击"确认"按钮。

### 1.2.2 切换 PHP 版本

作为一种开放源代码的 Web 编程语言，PHP 当前仍在不断改进，其版本经常会升级，且每次升级都会带来一些新的变化。

使用 phpStudy 配置 PHP 开发环境时，可以根据需要切换 PHP 版本，操作方法如下。

（1）打开 phpStudy 集成环境控制面板，在左侧的导航栏中选择"网站"选项。

（2）在右侧的内容窗格中单击"管理"按钮，并在弹出的菜单中展开"php 版本"子菜单，从中选择需要的 PHP 版本，如图 1.10 所示。

图 1.10　选择 PHP 版本

### 1.2.3 管理站点域名

在安装 phpStudy 后，默认的站点主目录为 phpStudy 安装目录中的 WWW 文件夹，默认的端口为 80。可以利用 phpStudy 集成环境控制面板更改这些默认设置，具体操作方法如下。

（1）打开 phpStudy 集成环境控制面板，在左侧的导航栏中选择"网站"选项。

（2）在右侧的内容窗格中单击"管理"按钮，并在弹出的菜单中选择"修改"命令，如图 1.11 所示。

（3）当弹出如图 1.12 所示的"网站"对话框时，在"基本配置"选项卡中设置网站的域名、端口和根目录等，选择要使用的 PHP 版本。如果不设置端口，则端口默认为 80。

（4）如果需要，可以选择"高级配置"、"安全配置"、"错误页面"、"伪静态"或"其他"选项卡，并对相关选项进行设置。

（5）在完成相关选项的设置后，单击"确认"按钮。

提示：Apache 站点域名设置的相关信息被存储在配置文件 httpd.conf 中。站点的主目录使用 DocumentRoot 指令指定，Apache 监听的 IP 地址和端口则使用 Listen 指令指定。

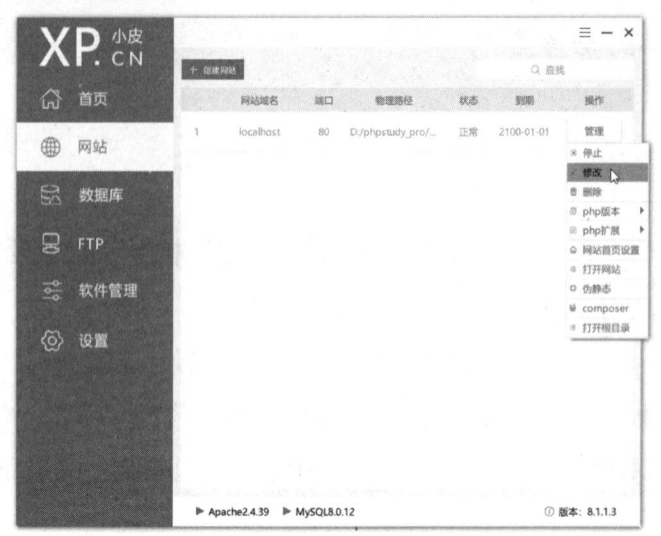

图 1.11 选择"修改"命令

图 1.12 "网站"对话框

【例 1.1】设置站点主目录，将 PHP 版本切换为 8.1.1nts，并创建一个 PHP 文件来测试 PHP 的版本号和其他配置信息。操作步骤如下。

（1）在 D 盘上创建一个文件夹，将其重命名为 phpdocs。

（2）利用本节介绍的方法，将站点主目录设置为 D:\phpdocs。

（3）利用本节介绍的方法，将 PHP 版本切换为 php8.1.1nts。

（4）在记事本中创建一个文本文件，并在该文件中编写以下内容。

```
<?php phpinfo(); ?>
```

其中，"<?php"和"?>"是 PHP 代码的定界符，位于两者之间的是 PHP 代码；phpinfo() 是一个 PHP 函数，其功能是输出关于 PHP 配置的信息，包括 PHP 编译选项、启用的扩展、PHP 版本、服务器信息和环境变量、PHP 环境变量、操作系统的版本信息、PATH 变量、配置选项的本地值和主值、HTTP 头和 PHP 授权信息等；phpinfo()函数后面的分号为 PHP 语句结束符。

（5）将上述文本文件保存为 index.php。

（6）首先打开 phpStudy 集成环境控制面板，在左侧的导航栏中选择"网站"选项，在右侧的内容窗格中单击"管理"按钮，然后在弹出的菜单中选择"打开网站"命令，此时将在浏览器中打开该 PHP 页面，效果如图 1.13 所示。

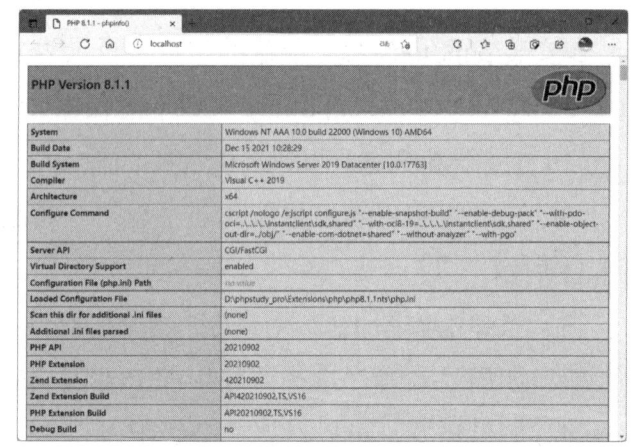

图 1.13 PHP 页面效果

## 1.2.4 创建虚拟目录

在通过站点发布信息时，通常应将相关文件保存在站点主目录中。如果希望在主目录之外的其他位置保存文件，则应在站点中创建虚拟目录。phpStudy 并未提供创建虚拟目录的功能。如果要创建虚拟目录，则应打开 Apache 配置文件 httpd.conf，并在其中添加一条 Alias 指令。

Alias 指令用于映射指向文件系统某个物理目录的 URL，即在 Apache 网站中创建一个虚拟目录，语法格式如下。

```
Alias URL-path file-path|directory-path
```

其中，参数 URL-path 表示虚拟目录，参数 file-path 或 directory-path 表示本地文件系统中的物理目录。

Alias 指令可以使文档被存储在 DocumentRoot 以外的本地文件系统中，并且可以使以 URL-path 目录（已经被解码的）开头的 URL 被映射到以 directory-filename 开头的本地文件中。

**注意：** 如果参数 URL-path 中包含后缀 "/"，则 Apache 服务器要求使用后缀 "/" 扩展此别名。例如，使用 Alias /icons/ /usr/local/apache/icons/并不能对/icons 实现别名。在使用 Alias 指令创建一个虚拟目录后，可以用<Directory>指令对目标目录的访问权限进行设置。在创建虚拟目录后，必须重启服务器才能生效。如果指令出现错误，则服务器不能正常启动。关于<Directory>指令的具体用法，请参阅有关资料。

【例 1.2】在 Apache 站点中创建一个虚拟目录。操作步骤如下。

（1）启动记事本程序。

（2）选择"文件"→"打开"命令，打开 D:\phpstudy_pro\Extensions\Apache2.4.39\conf 文件夹中的配置文件 httpd.conf。

（3）在该配置文件的末尾添加以下内容。

```
Alias /demo/ "E:/demo/"
<Directory "E:/demo/">
  Order allow,deny
  Allow from all
</Directory>
```

上述代码首先使用 Alias 指令将 E 盘的 demo 文件夹映射为别名为 demo 的虚拟目录，然后使用<Directory>指令对该虚拟目录的访问权限进行设置，即先检查禁止设定，对没有禁止的用户允许所有访问。

（4）重启 Apache 服务器，使新建的虚拟目录生效。

此时，如果客户端浏览器通过网址 http://localhost/demo/test.php 对 Apache 服务器发出请求，则该服务器将返回 E:\demo\test.php 的执行结果。

### 1.2.5 配置 MySQL 服务器

在完成 phpStudy 的安装后，可以对 MySQL 服务器的 root 密码进行修改，也可以创建新的用户数据库。

### 1. 修改 root 密码

root 为 MySQL 服务器的默认管理员账号，其密码默认为随机密码。在使用 MySQL 之前，需要对 root 密码进行修改。具体操作如下。

（1）打开 phpStudy 集成环境控制面板。

（2）在左侧的导航栏中选择"数据库"选项，在右侧的内容窗格中单击"修改 root 密码"按钮。

（3）当弹出"修改 root 密码"对话框时，输入新密码并单击"确认"按钮，如图 1.14 所示。

提示：在设置密码时，密码长度不得少于 6 个字符。

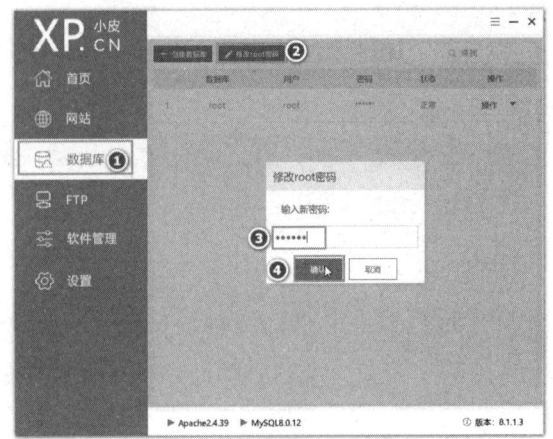

图 1.14　修改 root 密码

### 2. 创建用户数据库

使用 phpStudy 集成环境控制面板可以创建新的用户数据库，具体操作步骤如下。

（1）打开 phpStudy 集成环境控制面板。

（2）在左侧的导航栏中选择"数据库"选项，在右侧的内容窗格中单击"创建数据库"按钮。

（3）在弹出的"数据库"对话框中，输入数据库名称、用户名和密码，单击"确认"按钮，如图 1.15 所示。

（4）此时会弹出一个对话框，提示数据库创建完成，单击"好"按钮即可。

创建的用户数据库将会出现在右侧的内容窗格中，可以根据实际需要对其进行一些常用的配置和操作。

### 3. 配置用户数据库

对于使用 phpStudy 集成环境控制面板创建的用户数据库，可以进行必要的配置和操作，具体操作步骤如下。

（1）打开 phpStudy 集成环境控制面板。

（2）在左侧的导航栏中选择"数据库"选项。

（3）在右侧的内容窗格中单击某用户数据库，并单击该数据库对应的"操作"下拉按钮，在弹出的下拉列表中选择下列选项之一，如图 1.16 所示。

- 备份：对用户数据库进行备份。
- 权限：设置用户数据库的权限。
- 删除：删除用户数据库。
- 导入：向用户数据库中导入数据。

- 修改密码：修改用户数据库的密码。

图 1.15　创建用户数据库

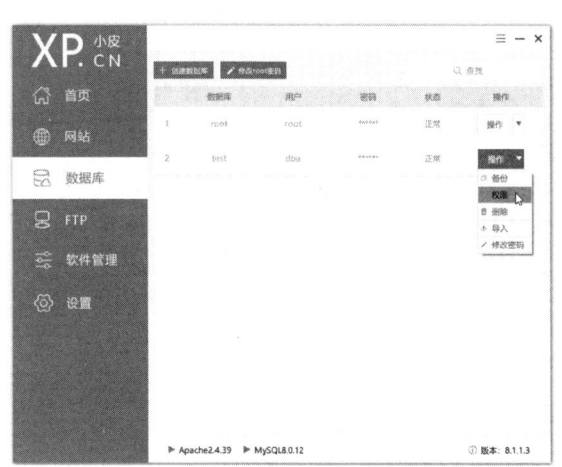

图 1.16　配置用户数据库

## 任务 1.3　配置 PhpStorm

在完成 PHP 开发环境配置后，为了提高效率，还应选择一款合适的 PHP 开发工具。目前，各种各样的 PHP 开发工具中比较流行的是 PhpStorm。本书主要选择 PhpStorm 作为 PHP 开发工具。在本任务中，读者将学会在 PhpStorm 中创建 PHP 项目的方法，能够对 PHP 项目进行配置，并且能够创建 PHP MySQL 测试文档。

### 任务目标

- 了解 PhpStorm 开发工具
- 掌握创建 PHP 项目的方法
- 掌握配置 PHP 项目的方法
- 掌握创建 PHP 文件的方法

### 1.3.1　PhpStorm 简介

PhpStorm 是 JetBrains 公司出品的一款 PHP 开发工具，旨在提高 PHP 应用的开发效率，完美支持各种主流框架，包括 Symfony、Drupal、WordPress、Zend Framework、Laravel、Magento、Joomla! 及 CakePHP 等。PhpStorm 可以说是一款全能的 PHP 开发工具，其内建编辑器实际"了解" PHP 代码并且深刻理解其结构，支持所有的 PHP 语言功能，提供了优秀的代码补全、重构、实时错误预防等功能，在开发现代技术和维护遗留项目方面皆可完美适用。

PhpStorm 涵盖各种前端开发技术，提供了重构、调试和单元测试等功能，支持先进的前端开发技术，如 HTML5、CSS3、Sass、Less、Stylus、CoffeeScript、TypeScript、Emmet 和 JavaScript；通过实时编辑功能，可以立刻在浏览器中显示变更。

PhpStorm 提供了各种内建开发工具，通过集成版本控制系统、支持远程部署、数据库/SQL、命令行工具、Vagrant、Composer、REST 客户端和多种其他工具，可以直接在 IDE 内执行很多日常任务。根据开发平台不同，PhpStorm 分为 Windows、macOS 及 Linux 版本。截至本书编写完成时，PhpStorm 的最新版本号为 2022.3.2，其提供了对 PHP 8.1 的支持。本书主要使用 PhpStorm 作为 PHP 开发工具。

### 1.3.2 创建 PHP 项目

在 PhpStorm 集成开发环境中创建 PHP 项目，可以执行以下操作。

（1）启动 PhpStorm 集成开发环境。

（2）选择"文件"→"新建项目"命令。

（3）当弹出"新建项目"对话框时，首先在左侧的导航栏中选择"PHP 空项目"选项，然后选择或输入新项目的存储位置，并单击"创建"按钮，如图 1.17 所示。

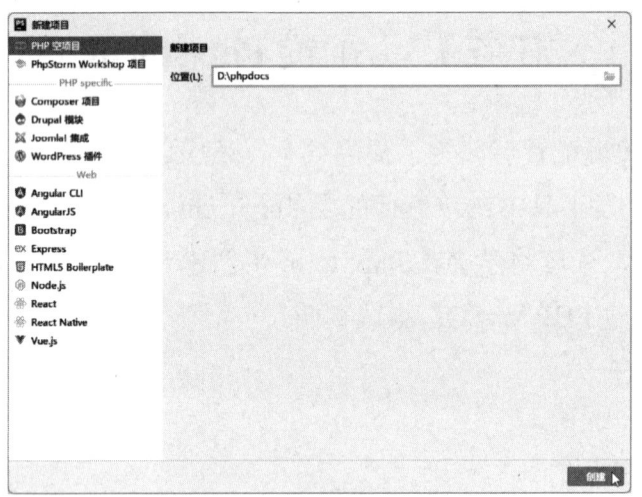

图 1.17　创建 PHP 项目

**提示**：在创建 PHP 项目时，建议选择 Apache 站点的主目录或虚拟目录作为存储 PHP 项目的文件夹。

此时，将在 PhpStorm 集成开发环境中打开新建的 PHP 项目，如图 1.18 所示。

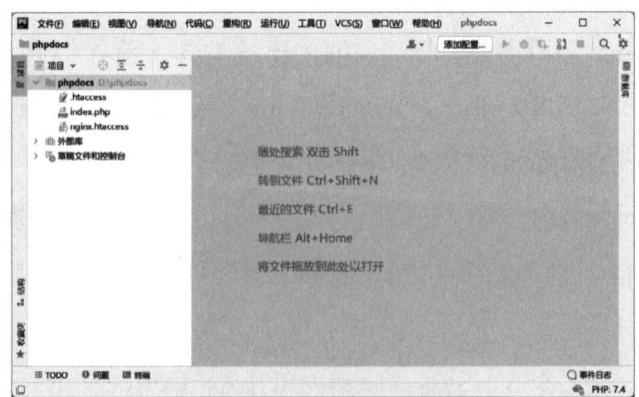

图 1.18　新建的 PHP 项目

## 1.3.3 配置 PHP 项目

对于新建的 PHP 项目，还需要对其相关选项进行设置，主要包括 PHP 语言级别、CLI 解释器、服务器主机及部署的 Web 服务器等，具体操作步骤如下。

（1）选择"文件"→"设置"命令。

（2）当弹出"设置"对话框时，首先在左侧的导航栏中选择"PHP"选项，然后设置 PHP 语言级别，并设置要使用的 CLI 解释器（以命令行模式运行 PHP 程序），在必要时还可以设置 PHP 包含路径等，如图 1.19 所示。

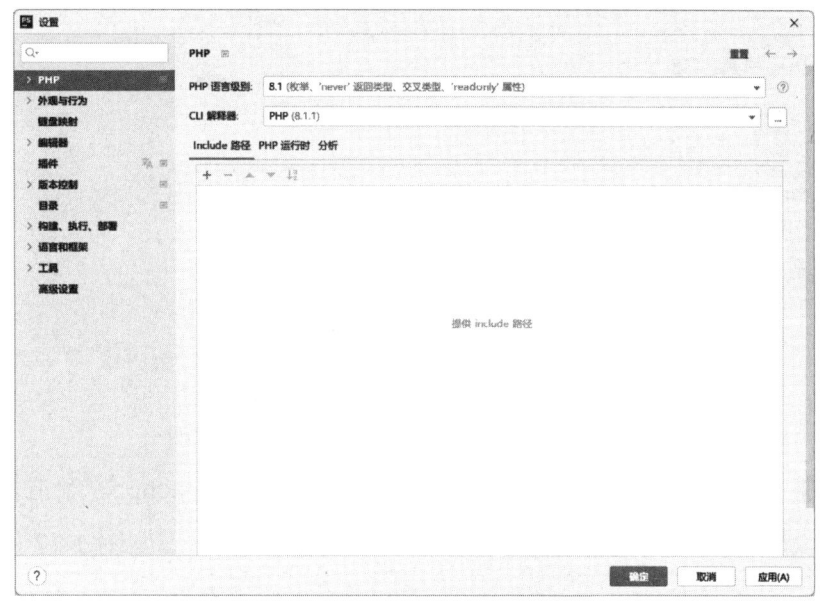

图 1.19　设置 PHP 语言的相关选项

（3）在左侧的导航栏中选择"PHP"→"服务器"选项，并单击加号按钮，指定服务器名称、主机地址、端口和调试器，如图 1.20 所示。

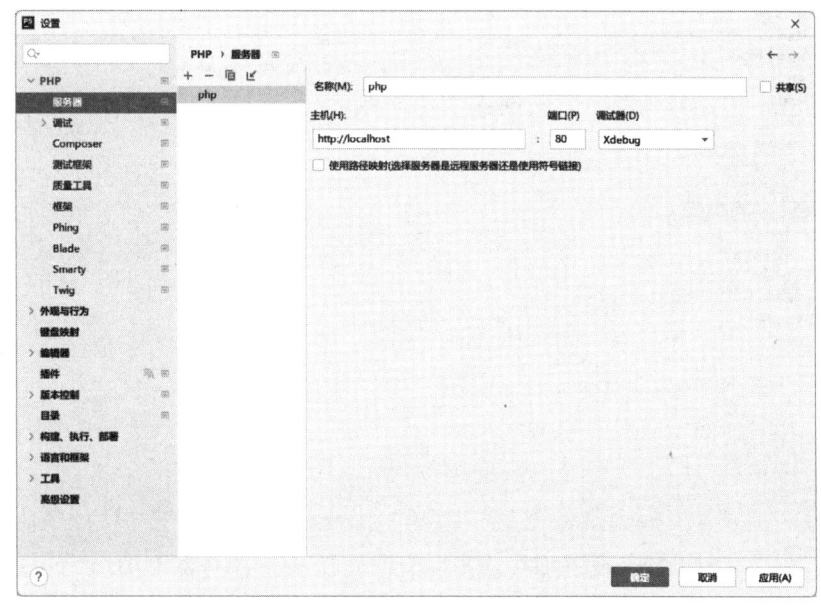

图 1.20　设置 PHP 服务器的相关选项

（4）在左侧的导航栏中选择"构建、执行、部署"→"部署"选项，并单击加号按钮，在弹出的菜单中选择一种服务器部署方式（在学习 PHP 时，建议选择"本地或挂载文件夹"方式），在弹出的对话框中输入新建服务器名称，如图 1.21 所示。

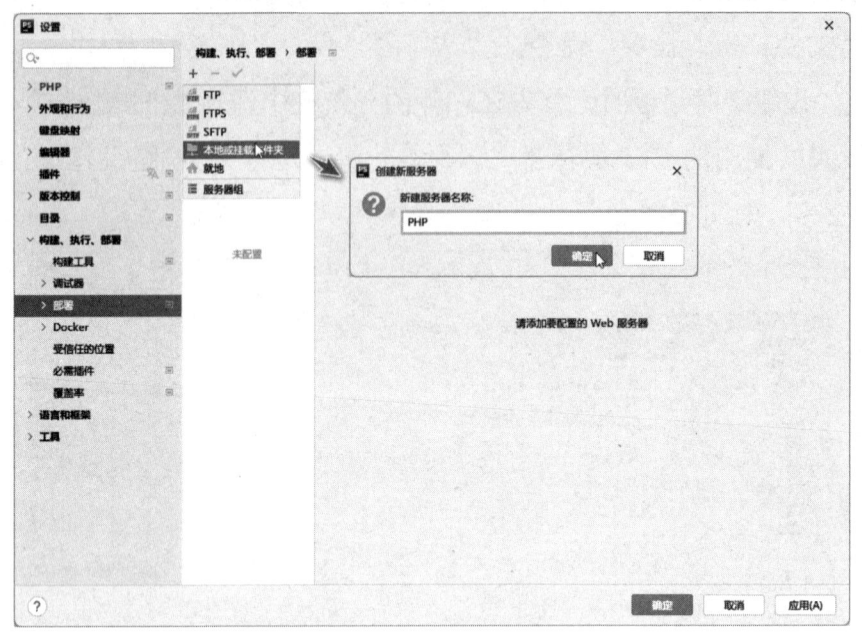

图 1.21　设置项目的部署方式

（5）在新建服务器后，设置项目的本地文件夹（可以是 Apache 站点主目录或虚拟目录）和 Web 服务器 URL（如 http://localhost），并单击"确定"按钮，如图 1.22 所示。

**提示**：PhpStorm 提供了一个内置的 Web 服务器，不需要任何配置，但它只能提供静态内容。如果要将该服务器与 PHP 文件一起使用，则可以为项目指定一个本地 PHP 解释器。

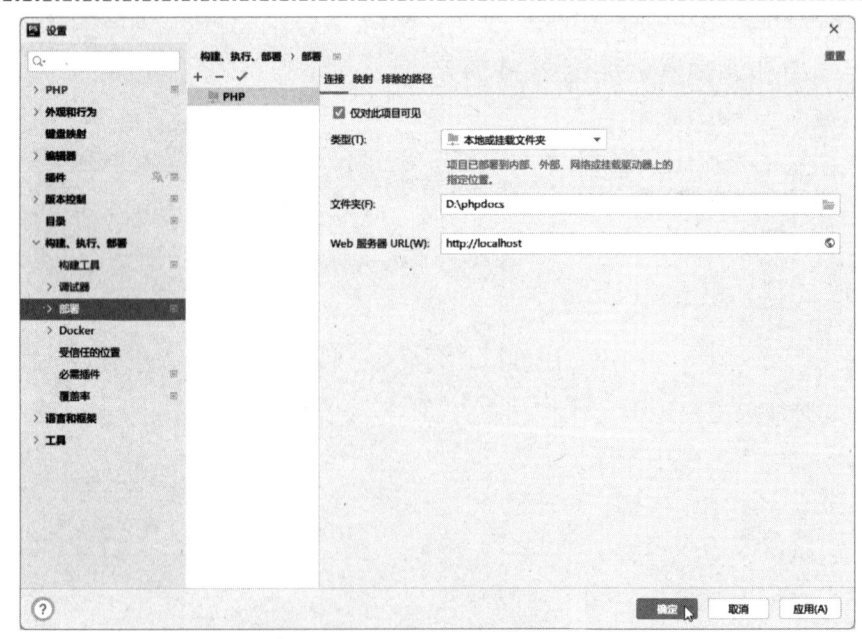

图 1.22　设置项目的本地文件夹和 Web 服务器 URL

## 1.3.4 创建 PHP 文件

设置好 PHP 项目的相关选项后，即可根据需要在该项目中创建文件，既可以是 HTML 文件，也可以是 PHP 文件。

【例 1.3】首先在 PhpStorm 集成开发环境中创建一个 PHP 项目，然后在该项目中创建一个 PHP 文件，其功能是通过 PHP 代码连接 MySQL 数据库，操作步骤如下。

（1）启动 PhpStorm 集成开发环境。

（2）在 PhpStorm 集成开发环境中创建一个 PHP 项目，在"设置"对话框中设置以下内容。

- PHP 语言级别：8.1。
- CLI 解释器：PHP（8.1.1）。
- 服务器主机：http://localhost。
- 端口：80。
- 调试器：Xdebug。
- 部署类型：本地或挂载文件夹。
- 本地文件夹：D:\phpdocs。
- Web 服务器 URL：http://localhost。

（3）在项目根目录中创建一个文件夹并命名为 01，在该文件夹中创建一个 PHP 文件并命名为 01-01.php。

（4）在编辑器中打开 01-01.php 文件，编写以下 PHP 代码。

```php
<?php
$link = mysqli_connect("localhost", "dba", "123456", "test");
if (mysqli_connect_errno()) {
    printf("连接 MySQL 数据库失败： %s\n", mysqli_connect_error());
    exit("退出运行！");
} else {
    printf("已成功创建数据库连接！");
}
mysqli_close($link);
?>
```

在 PHP 代码中，mysqli_connect()函数用于打开一个到 MySQL 服务器的新连接，传入的 4 个参数分别用于指定服务器名称、用户名、密码和要查询的默认数据库；mysqli_connect_errno()函数用于返回最近一次数据库连接中的错误信息，如果连接成功则返回 0；printf()函数用于输出格式化字符串；exit()函数用于输出一条消息并退出当前代码；mysqli_close()函数用于关闭由指定连接标识关联到的 MySQL 服务器连接。

（5）单击编辑器右上部的浏览器图标（如 Edge），在指定浏览器中查看页面的运行结果，如图 1.23 和图 1.24 所示。

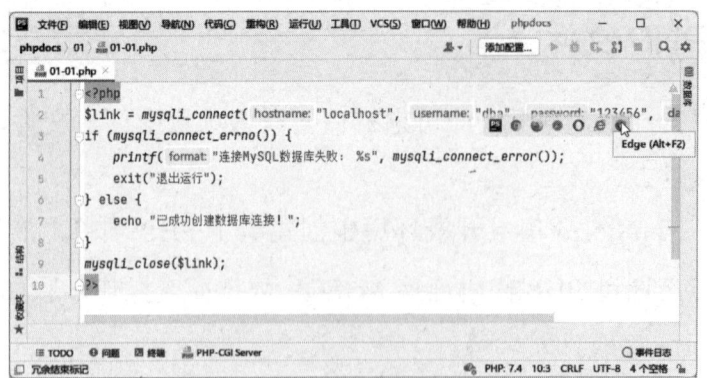

图 1.23　单击浏览器图标

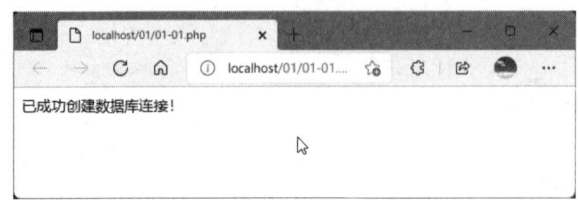

图 1.24　页面的运行结果

# 项 目 思 考

## 一、选择题

1．在下列选项中，（　　）不是 phpStudy 的组成部分。

A．Apache 服务器　　　　　　　　　B．PHP 语言

C．MySQL 数据库　　　　　　　　　D．SQL Server 数据库

2．MySQL 服务器的管理员账号是（　　）。

A．admin　　　　B．root　　　　C．sys　　　　D．sa

3．在下列选项中，（　　）不是 Apache 服务器的特点。

A．不提供用户会话过程的跟踪

B．支持最新的 HTTP/1.1 通信协议

C．支持基于 IP 和基于域名的虚拟主机

D．支持实时监视服务器状态和定制服务器日志

4．要在 Apache 服务器中创建虚拟目录，应使用（　　）指令。

A．Alias　　　　B．DirectoryIndex　　　　C．ServerName　　　　D．DocumentRoot

## 二、判断题

1．使用 phpStudy 可以在不同的 PHP 版本之间切换。　　　　　　　　　　　　　（　　）

2．使用 phpStudy 不能选择 MySQL 版本。　　　　　　　　　　　　　　　　　（　　）

3．Apache 服务器的配置文件是 httpd.conf。　　　　　　　　　　　　　　　　（　　）

4．Listen 指令仅指定 Apache 服务器监听的端口。（　　）

5．通过 Apache 服务器发布的文件只能保存在站点主目录中。（　　）

6．MySQL 服务器的配置文件是 mysql.ini。（　　）

7．"<" 和 ">" 是 PHP 代码的定界符。（　　）

### 三、简答题

1．phpStudy 集成包由哪些组件组成？

2．Apache 服务器有哪些主要特点？

3．PHP 语言有哪些主要特点？

4．MySQL 数据库有哪些主要特点？

5．phpStudy 有哪两种运行模式？

6．在 phpStudy 中，如何单独启动或停止 Apache 和 MySQL？

7．在 phpStudy 中，如何设置站点主目录和端口？

8．如何在 Apache 站点中创建虚拟目录？

9．在 PhpStorm 中，创建和配置 PHP 项目有哪些主要步骤？

## 项 目 实 训

1．在 D 盘上创建一个名为 phpdocs 的文件夹，利用 phpStudy 将该文件夹设置为站点主目录。

2．在 E 盘上创建一个名为 news 的文件夹，通过修改 Apache 服务器的配置文件将该文件夹设置为虚拟目录。

3．在 phpStudy 中切换不同的 PHP 版本，并查看 PHP 服务器配置页 phpinfo。

4．利用 phpStudy 设置 root 用户访问 MySQL 的登录密码。

5．利用 phpStudy 创建一个 MySQL 用户数据库。

6．在 PhpStorm 集成开发环境中创建一个 PHP 项目，并对其 PHP 服务器的相关选项进行设置。

7．打开第 6 题中创建的 PHP 项目，在该项目中创建一个 PHP 文件，通过编写代码连接第 5 题中创建的 MySQL 用户数据库，并在浏览器中查看相关操作的提示信息。

# 项目 2

# PHP 语言基础

PHP 是一种服务器端脚本语言，通过在 HTML 文档中嵌入 PHP 代码来构成 PHP 动态网页，从而完成处理数据、绘制图形、接收和响应用户请求及访问数据库等任务。在本项目中，读者将学习 PHP 语言的基础性内容，了解 PHP 基本知识并学会使用数据类型、变量与常量、运算符与表达式、流程控制语句及函数，相关源文件均存放在 02 文件夹内。

## 项目目标

- 了解 PHP 基本知识
- 掌握 PHP 数据类型的用法
- 掌握常量与变量的用法
- 掌握运算符与表达式的用法
- 掌握流程控制语句的用法
- 掌握函数的用法

## 任务 2.1　了解 PHP 基本知识

在创建 PHP 动态网页之前，需要了解一些关于 PHP 的基本知识。例如，PHP 动态网页是由哪些内容组成的，如何编写 PHP 代码和 PHP 注释，如何实现 PHP 与 HTML 混合编码、PHP 与 JavaScript 协同工作等。在本任务中，读者将对这些基本知识有所了解。

### 任务目标

- 了解 PHP 动态网页的组成
- 掌握编写 PHP 代码的方法
- 掌握编写 PHP 注释的方法
- 掌握 PHP 与 HTML 混合编码的方法

- 掌握 PHP 与 JavaScript 协同工作的方法

### 2.1.1 PHP 动态网页的组成

PHP 动态网页是混合使用 PHP 和 HTML 编写的 HTML 文档,实际上就是纯文本文件,其文件扩展名为.php。PHP 动态网页可以使用任何文本编辑器(如 Windows 附带的记事本)编写,也可以使用专业级的 PHP 集成开发环境(如 PhpStorm)创建、编辑和调试,以便提高工作效率。

PHP 动态网页可以由以下几个方面的内容组成。

(1) HTML 标签:PHP 文件中可以包含各种标准的 HTML 标签,如<html>…</html>、<head>…</head>、<title>…</title>、<p>…</p>、<br>、<form>…</form>及<input>等。使用这些 HTML 标签可以构建 HTML 文档结构并添加各种内容。

(2) CSS 样式表:PHP 文件中可以包含 CSS 样式表定义,用于设置网页的外观。既可以在文档中通过<style>…</style>嵌入 CSS 样式表定义,也可以通过<link>链接外部 CSS 样式表文件,此外,还可以在 HTML 标签中通过 style 属性设置元素的 CSS 样式。

(3) 客户端脚本:在 PHP 文件中,可以通过<script>…</script>添加基于 JavaScript 语言的客户端脚本,并由客户端脚本引擎负责解释执行,用于实现网页动画或表单检查等操作。

(4) PHP 脚本:在 PHP 文件中,可以在 PHP 定界符内编写符合 PHP 语法格式的各种语句,并由服务器端 PHP 引擎负责解释和执行,从而完成各种处理任务,如收集表单数据、管理会话、发送/接收 Cookie 及访问数据库等。

与 HTML 静态网页一样,PHP 动态网页也存储在网站服务器上,即存储在网站根目录或虚拟目录中。客户端可以通过 HTTP 访问这些资源,访问格式为 "http://虚拟路径"。在 PHP 动态网站开发过程中,同一台计算机往往既是服务器又是客户端计算机。即使在这种情况下,也必须通过 HTTP 访问 PHP 动态网页,因此可以在浏览器地址栏输入以 "http://" 开头的网址,如 "http://localhost/demo.php"。

Apache 服务器对 HTML 静态网页和 PHP 动态网页的处理过程有所不同。当用户通过客户端浏览器发出 HTML 静态网页请求时,服务器会直接将该网页发送给客户端浏览器。当用户通过客户端浏览器发出 PHP 动态网页请求时,Apache 服务器首先将 PHP 代码转发给 PHP 引擎进行处理,然后将其执行结果与原有的 HTML 代码合并成一个完整的 HTML 文档,最后发送给客户端浏览器。

### 2.1.2 编写 PHP 代码

PHP 动态网页是通过将 PHP 代码嵌入 HTML 文档而构成的。为了区分 PHP 代码与其他内容,需要用到 HTML 定界符和 PHP 定界符。HTML 定界符由一个小于号 "<" 和一个大于

号">"组成,而 PHP 定界符则有以下 4 种形式。

(1) <?php…?>：这是 PHP 定界符的标准形式,建议使用这种形式。若文档中仅包含 PHP 代码,则可以只使用开始标记"<?php",而省略结束标记"?>"。

(2) <?…?>：这是<?php…?>定界符的简写形式。若要在文档中使用这种类型的定界符,则必须先在配置文件 php.ini 中设置"short_open_tag=On",然后重启 Apache 服务器。

(3) <%…%>：这是 ASP 语言的定界符。若要在文档中使用这种形式的定界符,则必须先在配置文件 php.ini 中设置"asp_tags=On",然后重启 Apache 服务器。

(4) <script language="php">…</script>：这是一个 HTML 标签,其作用是指定由 PHP 语言解释<script>与</script>之间的脚本。但是从 PHP 7 开始不再支持这种写法。

在 PHP 代码中,每条语句均以分号结束,但一个代码块的最后一行可以省略分号；所有用户自定义函数、类和关键词都不区分大小写。例如,下面的所有 echo 语句都是合法的。

```php
<?php
ECHO "Hello World!<br>";
echo "Hello World!<br>";
Echo "Hello World!<br>";
?>
```

PHP 中规定,变量使用一个美元符号"$"后面跟变量名来表示,而且变量名是区分大小写的。例如,$username、$UserName 和$USERNAME 分别表示不同的变量。

### 2.1.3 编写 PHP 注释

在 PHP 代码中,可以使用以下 3 种方式编写注释。

#### 1. C++风格的单行注释

注释从"//"开始,到行尾结束,这种方式主要用于添加一行注释。若要添加多行注释,则应在每行前面都添加"//"。例如:

```php
echo 'Hello World!';   // 显示"Hello World!"
```

#### 2. UNIX Shell 风格的单行注释

注释从"#"开始,到行尾结束。例如:

```php
echo 'Hello World!';   # 显示"Hello World!"
```

单行注释"//"或"#"仅注释到行末或者当前的 PHP 代码块,这意味着在"//…?>"或"#…?>"之后的 HTML 代码将被显示出来。其中,"?>"的作用是跳出 PHP 模式并返回 HTML 模式,"//"或"#"并不会影响这一点。

#### 3. C 风格的多行注释

注释从"/*"开始,到"*/"结束,可以用于添加多行注释。例如:

```php
/*
```

```
这是一行注释
这是另一行注释
*/
```

这种形式的注释不能嵌套。当用户试图把一个代码块变成注释时很容易出现这种错误。例如：

```
/*
echo "Hello World!";  /*这个注释将出现错误*/
*/
```

### 2.1.4 PHP 与 HTML 混合编码

PHP 语句在语法上是完全独立的单元，但也可以使一条语句跨越两个 PHP 代码块，并在这两个代码块之间包含 HTML 代码或其他的非 PHP 代码，此时 PHP 将直接输出上一个结束标记与下一个开始标记之间的任何非 PHP 代码。当需要输出大量 HTML 内容时，退出 PHP 解析模式比使用 echo 语句或 print()函数等输出这些内容更为有效。

【例 2.1】在 HTML 文档中嵌入 PHP 代码。源文件为/02/02-01.php，源代码如下。

```
<!doctype html>
<html>
<head>
<meta charset="utf-8">
<title>在 HTML 文档中嵌入 PHP 代码示例</title>
</head>

<body>
<?php
date_default_timezone_set("Asia/Shanghai");    // 设置默认时区
?>
<p>当前时间是：<b><?php echo date("H:i:s"); ?></b></p>
<?php
$time = localtime();               // 使用 localtime()函数获取本地时间，返回一个数组
$hour = $time[2];                  // 从数组中获取小时数
if ($hour >= 6 && $hour < 12) {    // 若当前时间在早上 6 点以后且中午 12 点以前
?>
    <p>上午好！</p>
<?php } elseif ($hour >= 12 && $hour < 18) {    // 若当前时间在中午 12 点以后且下午 6 点以前 ?>
    <p>下午好！</p>
<?php } elseif ($hour < 23) {    // 若当前时间在 23 点以前 ?>
    <p>晚上好！</p>
<?php } ?>
</body>
</html>
```

本例中包含一个 if…elseif 语句，该语句跨越了 4 个 PHP 代码块，它的 3 个分支分别

给出一个 HTML 段落，用于在不同时间段显示不同的问候语。运行结果如图 2.1 所示。

### 2.1.5　PHP 与 JavaScript 协同工作

　　PHP 动态网页中可以同时包含 PHP 服务器端脚本和 JavaScript 客户端脚本，而且这两种脚本可以协同工作。当用户通过客户端浏览器发出对某个 PHP 动态网页的请求后，由 PHP 在运行中按照 HTML 的语法格式动态生成页面，并由服务器将整个页面的数据发送给客户端浏览器。该页面中可能包含<script>标签，从而动态生成 JavaScript 客户端脚本。使用 PHP 生成或操作 JavaScript 客户端脚本，可以增强其有效性。例如，可以编写 PHP 服务器端脚本，并根据服务器特有的变量、用户浏览器类型或 HTTP 请求参数对 JavaScript 客户端脚本进行组合。

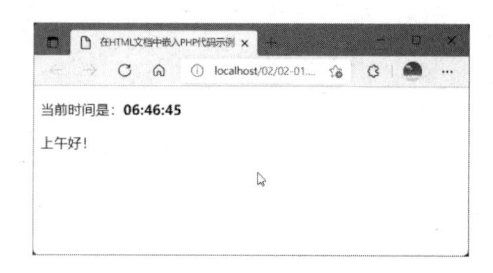

图 2.1　在 HTML 文档中嵌入 PHP 代码示例

　　将 PHP 服务器端脚本语句包含在 JavaScript 客户端脚本中，可以在请求时动态初始化和更改 JavaScript 客户端脚本。例如：

```
<script>
var js_var=<?php echo 服务器定义值; ?>;
…
// 在此处编写 JavaScript 客户端脚本
<?php 用于生成客户端语句的 PHP 服务器端脚本 ?>
// 在此处编写 JavaScript 客户端脚本
…
</script>
```

　　创造性地运用这项技术可以减少往返次数和简化服务器处理。

　　【例 2.2】创建一个 PHP 动态网页，用于演示如何实现 PHP 与 JavaScript 协同工作。源文件为/02/02-02.php，源代码如下。

```
<?php
date_default_timezone_set("Asia/Shanghai");    // 设置默认时区
$now=date("Y-m-d H:i:s");                      // 获取当前服务器时间
?>
<!doctypehtml>
<html>
<head>
<meta charset="utf-8">
<title>PHP 与 JavaScript 协同示例</title>
</head>

<body>
<script>
document.writeln("当前服务器时间是: <?php echo $now; ?>");
</script>
<?php
```

```
echo "<script>\n";
echo "alert('欢迎您访问本网站！\\n当前服务器时间是：" . $now . "')";
echo "</script>";
?>
</body>
</html>
```

本例中通过两种方式引用了服务器端变量 now 的值。首先在 JavaScript 客户端脚本中嵌入 PHP 代码<?php echo $now; ?>以引用该变量的值，然后在由 PHP 代码生成的 JavaScript 客户端脚本中直接引用该变量的值。在浏览器中打开该页面时，弹出显示欢迎语的对话框，单击"确定"按钮后，可以在页面中看到显示的当前服务器时间。运行结果如图 2.2 所示。

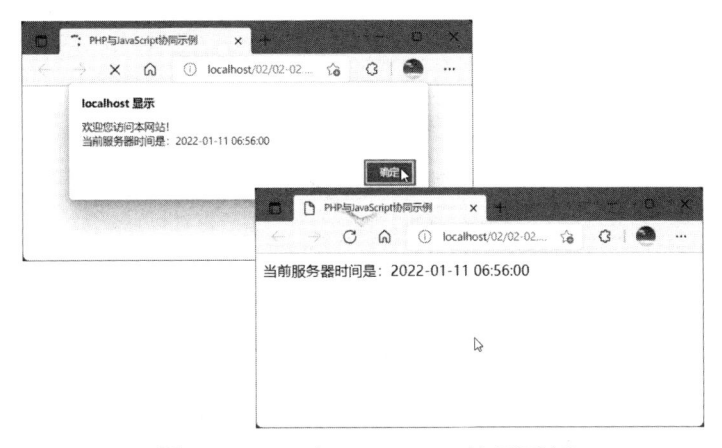

图 2.2　PHP 与 JavaScript 协同示例

## 任务 2.2　使用 PHP 数据类型

PHP 语言支持 10 种原始数据类型。原始数据类型包括 4 种标量类型、4 种复合类型和 2 种特殊类型。4 种标量类型包括整型（integer）、浮点型（float）、字符串（string）和布尔型（boolean）；4 种复合类型包括数组（array）、对象（object）、可调用（callable）和可迭代（iterable）；2 种特殊类型包括资源（resource）和空值（null）。在本任务中，读者将着重学习和掌握各种标量类型与特殊类型的用法。

### 任务目标

- 掌握 4 种标量类型的用法
- 掌握 2 种特殊类型的用法

### 2.2.1　使用整型

整型数是集合 $Z = \{\cdots, -2, -1, 0, 1, 2, \cdots\}$ 中的某个数。整型数可以使用十进制、十六进制、八进制或二进制形式表示，其前面可以加上可选的符号（+或-）。可以使用负运算符来表示一个负的整型数。

要使用八进制形式，必须在数字前加上 0 前缀。从 PHP 8.1.0 起，八进制形式的整型数也可以在前面加上 0o 或 0O 前缀。要使用十六进制形式，必须在数字前加上 0x 前缀。要使用二进制形式，必须在数字前加上 0b 前缀。

从 PHP 7.4.0 开始，整型数的值可能会包含下画线"_"，为了让用户得到更好的阅读体验，这些下画线在展示的时候会被 PHP 过滤掉。

整型数的字长与平台有关，通常最大值大约是 20 亿（32 位有符号数）。在 64 位平台上，整型数的最大值通常大约是 9e18（32 位有符号数）。PHP 不支持无符号整型数。整型数的最大值可以用常量 PHP_INT_MAX 表示，最小值可以用常量 PHP_INT_MIN 表示。

**注意**：如果给定的一个数超出了整型数的范围，则会被解释为浮点型数。如果执行的运算结果超出了整型数的范围，则会返回浮点型数。

下面给出整型数的示例。

```
<?php
$a = 1234;              // 十进制数
$b = 0123;              // 八进制数（等于十进制数 83）
$c = 0o123;             // 八进制数（PHP 8.1.0 起）
$d = 0x1A;              // 十六进制数（等于十进制数 26）
$e = 0b11111111;        // 二进制数（等于十进制数 255）
$f = 1_234_567;         // 整型数的值（PHP 7.4.0 以后）
?>
```

### 2.2.2 使用浮点型

浮点型数也被称为双精度数或实数，其取值范围和精度远大于整型数。浮点型数的字长与平台相关，通常最大值为 1.8e308，具有 14 位十进制数的精度。浮点型数可以用小数形式或科学记数法表示，科学记数法中用 E 或 e 表示以 10 为底的幂。

下面给出浮点型数的示例。

```
<?php
$x = 1.236;
$y = 1.2e8;
$z = 5E-10;
$d = 1_234.567;         // 从 PHP 7.4.0 开始支持
?>
```

### 2.2.3 使用字符串

在 PHP 中，字符串是由一系列字符组成的，1 个字符占用 1 字节，可能有 256 种不同字符，不支持 Unicode。从语法上讲，字符串可以通过以下 4 种方式来定义。

1. 使用单引号定义字符串

使用单引号"'"括起字符串是表示一个字符串的最简单的方法。在使用单引号定义的字符串中,如果需要表示一个单引号本身,则需要使用反斜线"\"进行转义,即表示为"\'";如果需要在单引号之前或字符串结尾出现一个反斜线,则需要使用两个反斜线"\\"。如果试图转义其他任何字符,则反斜线本身也会被显示出来。

**注意**:在使用单引号定义的字符串中出现的变量名不会被变量值替代,转义序列也不会被解释。

### 2. 使用双引号定义字符串

如果使用双引号"""括起字符串,则会使 PHP 处理更多特殊字符的转义序列。PHP 转义字符如表 2.1 所示。

表 2.1　PHP 转义字符

| 转义序列 | 含　义 |
| --- | --- |
| \n | 换行(LF 或 ASCII 字符 0x0A(10)) |
| \r | 回车(CR 或 ASCII 字符 0x0D(13)) |
| \t | 水平制表符(HT 或 ASCII 字符 0x09(9)) |
| \\ | 反斜线 |
| \$ | 美元符号 |
| \" | 双引号 |
| \[0-7]{1,3} | 此正则表达式序列匹配一个用八进制符号表示的字符 |
| \x[0-9A-Fa-f]{1,2} | 此正则表达式序列匹配一个用十六进制符号表示的字符 |

**注意**:在使用双引号定义的字符串中,变量名会被变量值替代,有时使用花括号将变量名括起来,以便变量解析。

### 3. 使用 heredoc 结构定义字符串

在处理长字符串时,可以先使用 heredoc 结构"<<<"定义字符串(文档字符串),即在"<<<"之后提供一个标识符(也可以用双引号将其括起来),接着是字符串的内容,最后使用相同的标识符结束字符串,语法格式如下。

```
<<<标识符
    字符串内容
标识符
```

下面是使用 heredoc 结构定义字符串的示例。

```
$str = <<<EOD
Example of string
spanning multiple lines
using heredoc syntax.
EOD;
```

**注意**:结束标识符可以使用空格或制表符缩进,此时文档字符串会删除所有缩进。在 PHP 7.3.0 之前的版本中,结束时所引用的标识符必须位于该行的第一列。标识符必须遵循 PHP 标识符的命名规则:只能包含字母、数字和下画线,而且必须以下画线或非数字开始。

与使用双引号定义字符串一样,在使用 heredoc 结构定义字符串时,字符串中包含的变量名在运行时将被变量值替代。此外,这种字符串中可以直接包含单引号和双引号,不必进行转义。

### 4. 使用 nowdoc 结构定义字符串

nowdoc 结构在语法上与 heredoc 结构相似,也是使用"<<<"来定义字符串的,但跟在后面的标识符需要使用单引号括起来,字符串内容后面的标识符则不需要使用单引号括起来,语法格式如下。

```
<<<'标识符'
    字符串内容
标识符
```

使用 nowdoc 结构定义的字符串类似于使用单引号定义的字符串,即在 nowdoc 结构中不执行解析操作,变量名不能被变量值替代;当试图转义任何字符时,反斜线都会被原样显示出来。这种结构适用于嵌入 PHP 代码或其他大段文本而无须对其中的特殊字符进行转义的情况。

下面是使用 nowdoc 结构定义字符串的示例。

```
echo <<<'EOD'
Example of string spanning multiple lines
using nowdoc syntax. Backslashes are always treated literally,
e.g. \\ and \'.
EOD;
```

【例 2.3】创建一个 PHP 动态网页,用于演示如何使用不同方式定义字符串。源文件为 /02/02-03.php,源代码如下。

```
<!doctype html>
<!doctype html>
<html>
<head>
<meta charset="utf-8">
<title>字符串应用示例</title>
</head>

<body>
<h3>字符串应用示例</h3>
<hr>
<?php
$nl = "<br>\n";    // 使用双引号定义字符串并将其赋给变量

echo '<ol><li><b>使用单引号(\')定义的字符串</b>' . $nl;
echo '在单引号中,除\'和\\,不能转义其他字符(如\n)。' . $nl;
echo '变量名 $nl 也不会被变量值替换。</li>';

echo "<li><b>使用双引号(\")定义的字符串</b>" . $nl;
echo "在双引号中,变量名 \$nl 将被变量值 $nl 替换。" . $nl;
```

```
    echo "在 PHP 中，变量名必须以美元符号\$开头。</li>";

    echo <<<STR1
<li><b>使用 heredoc 结构定义的字符串</b> $nl
其中可直接使用单引号（'）和双引号（"）$nl 而不必进行转义，<br>
变量名 \$nl 也将被变量值 $nl 替换。</li>
STR1;

    echo <<<'STR2'
<li><b>使用 nowdoc 结构定义的字符串</b><br>
其中可直接使用单引号（'）和双引号（"），不能转义其他字符（如\n），<br>
这个字符串中不执行解析操作，<br>
因此变量名 $nl 不会被变量值 $nl 替换。</li></ol>
STR2;
?>
</body>
</html>
```

本例中分别使用单引号、双引号、heredoc 结构和 nowdoc 结构定义了一些字符串。不同的定义方式在使用转义字符和变量名时效果各有不同，其中，使用单引号定义的字符串和使用 nowdoc 结构定义的字符串中不能使用转义字符，也不执行解析操作，包含的变量名在运行时不会被变量值替换；使用双引号定义的字符串和使用 heredoc 结构定义的字符串可以使用转义字符，而且执行解析操作，包含的变量名在运行时将被变量值替换。运行结果如图 2.3 所示。

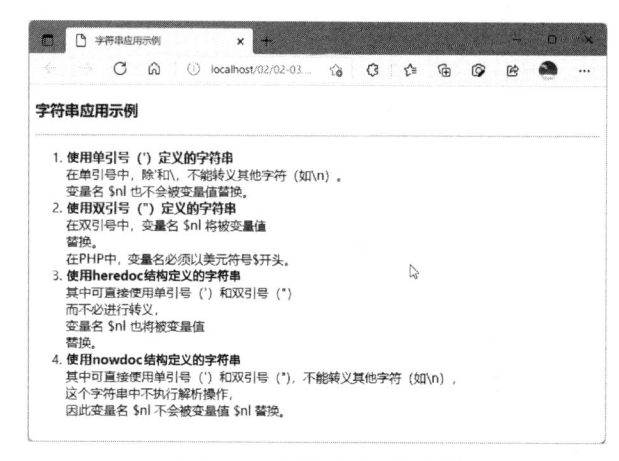

图 2.3　字符串应用示例

### 2.2.4　使用布尔型

布尔型用于表示真值，其取值可以是 true 或 false。布尔值通常用于控制程序的执行流程。

如果要定义一个布尔值，则可以使用关键字 true 或 false，这些关键字是不区分大小写的，因此也可以使用 True 或 False，或者使用 TRUE 或 FALSE。例如：

```
<?php
$b1 = true;
$b2 = false;
?>
```

### 2.2.5　使用特殊类型

PHP 中有以下 2 种特殊类型。

1. 资源

资源是一种特殊类型，用于保存对外部资源的一个引用。资源是通过专门的函数建立和使用的。由于资源通常被保存为打开文件、数据库连接、图形画布区域等特殊句柄，因此将其他类型的值转换为资源没有意义。

2. 空值

空值（null）表示一个变量没有值。该类型唯一可能的值就是不区分大小写的关键字 null。例如：

```
<?php
$x = null;
?>
```

在下列情况下，变量的数据类型被认为是空值：变量被赋值为 null；变量尚未被赋值；变量通过使用 unset()函数而被销毁。

### 2.2.6 数据类型转换

在 PHP 中，可以根据需要将一种数据类型转换为另一种数据类型。数据类型转换分为自动转换和强制转换。

1. 强制转换

在 PHP 中，要将一个值转换为其他数据类型，可以在该值前面添加一个目标类型关键字，并通过圆括号将该关键字括起来，语法格式如下。

```
(type) value
```

其中，value 表示要转换的值，type 用于指定目标数据类型。

强制转换的类型关键字如表 2.2 所示。

表 2.2　强制转换的类型关键字

| 类型关键字 | 类型转换 | 类型关键字 | 类型转换 |
|---|---|---|---|
| (int)、(integer) | 将值转换为整型 | (array) | 将值转换为数组 |
| (float)、(double)、(real) | 将值转换为浮点型 | (object) | 将值转换为对象 |
| (bool)、(boolean) | 将值转换为布尔型 | (string) | 将值转换为字符串 |

2. 整型转换

如果要显式地将一个值转换为整型，可以使用(int)或(integer)进行强制转换，还可以使用 intval()函数将一个值转换为整型。不过，在大多数情况下都不需要强制转换数据类型，因为当运算符、函数或流程控制需要一个整型参数时，数据类型会自动转换。

将其他数据类型转换为整型时，需遵循以下规则。

- 当从布尔型转换为整型时，false 转换为 0，true 转换为 1。

- 当从浮点型转换为整型时，浮点型数将丢弃小数位，即数字将被取整。如果浮点型数超出了整型数范围，则结果不确定，因为没有足够的精度使浮点型数给出一个确切的整型数结果。

### 3. 字符串转换

在 PHP 中，可以使用(string)标记或 strval()函数将一个值转换为字符串。当某个表达式需要使用字符串时，字符串的转换会在表达式范围内自动完成。例如，当使用 echo 语句或 print 语句，或者对一个变量值与一个字符串进行比较时，所有值会自动转换为字符串。

将一个值转换为字符串时，需遵循以下规则。

- 布尔值 true 将被转换为字符串"1"，而 false 将被表示为 ""（即空字符串，使用 echo 语句输出时看不到结果）。
- 整型数或浮点型数被转换为字符串时，字符串由表示这些数的数字字符组成，浮点型数还包含指数部分。
- 数组将被转换为字符串"array"，无法通过 echo 语句或 print 语句输出数组的内容。
- 对象将被转换为字符串"object"。
- 资源总是以"resource id #1"的格式被转换为字符串，其中，1 是 PHP 在运行时为资源指定的唯一标识。如果要获取资源的类型，则可以使用 get_resource_type()函数。
- 空值将被转换为空字符串。

当一个字符串被当作数字来求值时，根据以下规则决定结果的类型和值。

- 如果包括"."、"e"或"E"中的任何一个字符，则字符串被当作浮点型数来求值，否则被当作整型数来求值。
- 该值由字符串最前面的部分决定。如果字符串以合法的数字开始，则使用该数字作为其值，否则其值为 0。合法的数字由可选的正负号开始，跟着一个或多个数字，后面跟着可选的指数。指数是一个"e"或"E"后面跟着一个或多个数字。

### 4. 布尔型转换

如果要将一个值转换为布尔型，可以使用(bool)或(boolean)进行强制转换。不过，在很多情况下不需要使用强制转换，因为当运算符、函数或流程控制需要一个布尔型参数时，该值会被自动转换。当转换为布尔型时，下列各种值均被视为 false。

- 整型值 0（零）。
- 浮点型值 0.0（零）。
- 空字符串""和字符串"0"。
- 没有元素的数组。

- 没有成员的对象（仅适用于 PHP 4）。
- 特殊类型 null（包括尚未赋值的变量）。

所有其他值均被视为 true（包括任何资源和 NaN）。

### 5. 测试数据类型

在 PHP 中，可以使用 gettype() 函数测试一个值的数据类型，语法格式如下。

```
gettype(mixed $value): string
```

其中，参数 value 表示待测试的数据，关键字 mixed 表示"混合"伪类型，说明该参数可以接收多种不同的数据类型。gettype() 函数返回参数值的类型，返回的字符串的可能取值为 "boolean"、"integer"、"double"（由于历史原因，如果参数值的类型是 float，则返回"double"而非"float"）、"string"、"array"、"object"、"resource"和"null"。

【例 2.4】创建一个 PHP 动态网页，用于演示如何测试数据类型。源文件为/02/02-04.php，源代码如下。

```php
<!doctype html>
<html>
<head>
<meta charset="utf-8">
<title>测试数据类型</title>
</head>

<body>
<h3>测试数据类型</h3>
<hr>
<?php
$a = "PHP";
$b = 12345;
$c = 123.436;
$d = true;
$e = array(1, 2, 3);        // 定义数组
$f = null;
echo "<ol>";
echo "<li>变量 a 的类型: <i>" . gettype($a) . "</i></li>";
echo "<li>变量 b 的类型: <i>" . gettype($b) . "</i></li>";
echo "<li>变量 c 的类型: <i>" . gettype($c) . "</i></li>";
echo "<li>变量 d 的类型: <i>" . gettype($d) . "</i></li>";
echo "<li>变量 e 的类型: <i>" . gettype($e) . "</i></li>";
echo "<li>变量 f 的类型: <i>" . gettype($f) . "</i></li>";
echo "</ol>";
?>
</body>
</html>
```

本例中首先定义了一些变量，然后对其类型进行测试。运行结果如图 2.4 所示。

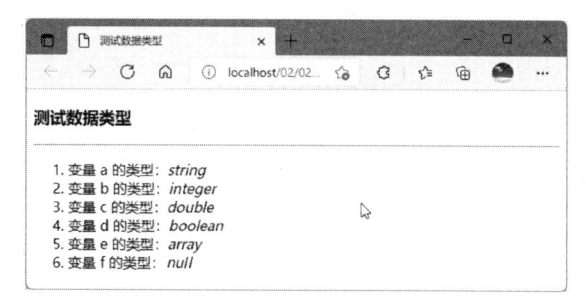

图 2.4　测试数据类型

## 任务 2.3　使用变量与常量

变量是一种用于访问计算机内存地址的占位符，该地址用于存储程序运行时可更改的数据。使用变量不需要了解变量在内存中的地址，通过变量名即可查看或设置变量的值。常量是一个简单值的标识符，其值在程序执行期间不能改变。通过学习本任务，读者将掌握变量与常量的用法。

### 任务目标

- 掌握定义和检测变量的方法
- 掌握检查变量是否被定义的方法
- 掌握可变变量与变量引用的用法
- 掌握自定义常量、预定义常量和魔术常量的用法

### 2.3.1　定义变量

前文已经介绍过，变量使用一个美元符号"$"后面跟变量名来表示，而且变量名是区分大小写的。变量名与其他标识符一样都遵循相同的命名规则：一个有效的变量名由字母或下画线开头，后面可以跟任意数量的字母、数字或下画线。

变量命名通常与变量赋值操作一起进行。下面给出一些变量命名的示例。

```php
<?php
$username = "李明";                    // 合法变量名，以字母开头
$_2site = "www.mysite.com.cn";        // 合法变量名，以下画线开头
$my站点 = "www.mysite.net";            // 合法变量名，可以用中文
$9site = "www.mysite.com";            // 非法变量名，以数字开头
num = 123;                            // 无效变量名，未加$前缀
?>
```

**注意**：虽然在PHP中并不需要初始化变量，但是对变量进行初始化是一个好习惯。未初始化的变量具有其类型的默认值：布尔型变量的默认值是 false；整型和浮点型变量的默认值是零；字符串变量的默认值是空字符串；数组变量的默认值是空数组。

### 2.3.2 检测变量

在 PHP 中，可以在同一个变量中存储不同类型的数据。例如，首先把一个整型数存储在某个变量中，然后把一个字符串存储到该变量中。在实际应用中，经常需要了解变量的数据类型及其他相关信息，这可以通过使用下列 PHP 函数来实现。

（1）使用如表 2.3 所示的类型检测函数可以检测变量或对象是否属于某种数据类型，若属于，则返回 true，否则返回 false。

表 2.3 类型检测函数

| 类型检测函数 | 功 能 |
| --- | --- |
| bool is_int(mixed $value) | 若参数 value 为整型，则返回 true，否则返回 false |
| bool is_float(mixed $value) | 若参数 value 为浮点型，则返回 true，否则返回 false |
| bool is_numeric(mixed $value) | 若参数 value 为数值型，则返回 true，否则返回 false |
| bool is_string(mixed $value) | 若参数 value 为字符串，则返回 true，否则返回 false |
| bool is_bool(mixed $value) | 若参数 value 为布尔型，则返回 true，否则返回 false |
| bool is_array(mixed $value) | 若参数 value 为数组，则返回 true，否则返回 false |
| bool is_object(mixed $value) | 若参数 value 为对象，则返回 true，否则返回 false |
| bool is_resource(mixed $value) | 若参数 value 为资源，则返回 true，否则返回 false |
| bool is_scalar(mixed $value) | 若参数 value 为标量类型（integer、float、string 或 boolean），则返回 true，否则返回 false |
| bool is_null(mixed $value) | 若参数 value 为空值，则返回 true，否则返回 false |

（2）使用 gettype() 函数检测一个变量的数据类型。请参阅 2.2.6 节的"测试数据类型"内容。

（3）使用 var_dump() 函数显示变量的相关信息，语法格式如下。

```
var_dump(mixed $expression[, mixed$expression[, $…]]): void
```

var_dump() 函数用于显示一个或多个表达式的结构信息，包括表达式的类型与值。数组将递归展开值，并通过缩进显示其结构。

（4）使用 print_r() 函数显示变量的易于理解的信息，语法格式如下。

```
print_r(mixed $expression[, bool $return=false]): bool
```

print_r() 函数用于显示一个变量的易于理解的信息。如果给出的变量是字符串、整型数或浮点型数，则显示变量值本身。如果给出的变量是数组，则按照一定格式显示键和元素。对象与数组类似。如果要获取 print_r() 函数输出的内容，则可以将 return 参数值设置为 true，此时 print_r() 函数将不显示结果，而是返回其输出内容。

### 2.3.3 检测变量是否被定义

为了保证 PHP 代码的安全运行，使用一个变量之前最好检测一下该变量是否已经被定义。下面介绍两个相关函数。

（1）empty() 函数。该函数用于检测一个变量是否为空，语法格式如下。

```
empty(mixed $value): bool
```

如果参数 value 是非空或非零的值,则 empty()函数返回 false。空字符串("")、0、"0"、null、false、array(),以及没有任何属性的对象都将被认为是空的。如果参数 value 为空,则 empty()函数返回 true。

(2)isset()函数。该函数用于检测变量是否被设置,语法格式如下。

```
isset(mixed $value[, mixed $value[, $...]]): bool
```

如果参数 value 存在,则返回 true,否则返回 false。isset()函数只能用于检测变量,为其传递其他任何参数都将造成解析错误。

如果使用 isset()函数测试一个被设置为 null 的变量,将返回 false。但同时需要注意,一个 null 字节("\0")并不等同于 PHP 的 null 常量。

【例 2.5】创建一个 PHP 动态网页,用于演示如何定义变量并对其进行检测。源文件为 /02/02-05.php,源代码如下。

```
<!doctype html>
<html>
<head>
<meta charset="utf-8">
<title>定义和检测变量</title>
</head>

<body>
<h3>定义和检测变量</h3>
<hr>
<ol>
    <?php
    $x = 12356;
    $y = "PHP 动态网站开发";
    $z = false;

    echo "<li>变量 x: ";
    var_dump($x);
    if (!empty($x)) {
        echo ", 不为空";
    } else {
        echo ", 为空";
    }

    echo "<li>变量 y: ";
    var_dump($y);
    if (!empty($y)) {
        echo ", 不为空";
    } else {
        echo ", 为空";
    }
```

```php
        echo "<li>变量 z: ";
        var_dump($z);
        if (isset($z)) {
            echo ", 已被设置";
        } else {
            echo ", 未被设置";
        }

        echo "<li>变量 t: ";
        if (!empty($t)) {
            echo "不为空; ";
        } else {
            echo "为空; ";
        }

        if (isset($t)) {
            echo "已被设置";
        } else {
            echo "未被设置";
        }
    ?>
</ol>
</body>
</html>
```

本例中首先定义了一些变量，然后使用 if…else 语句和相关函数对这些变量进行检测，使用 empty()函数检测变量是否为空，使用 isset()函数检测变量是否已被设置，使用 var_dump() 函数显示变量的相关信息。如果这些函数的返回值为 true，则执行第一个 echo 语句，否则执行第二个 echo 语句。对未定义变量而言，由于它本身并不存在，检测结果总是空且未被设置。该文档中用 HTML 标签<ol>定义了一个有序列表，各个列表项用<li>标签定义，这些 li 元素都是通过运行 PHP 代码生成的。运行结果如图 2.5 所示。

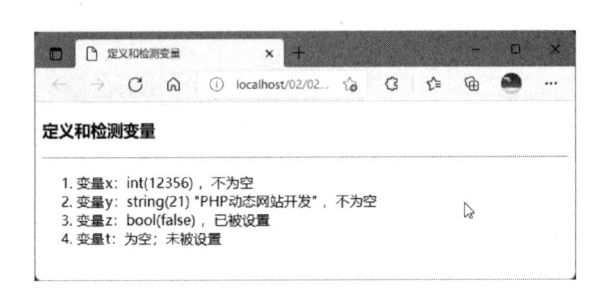

图 2.5　定义和检测变量

### 2.3.4　可变变量与变量引用

在 PHP 中，除了使用标识符表示变量名，还可以使用一个变量的值表示另一个变量的名称，这就是可变变量，也称动态变量。此外，还允许使用不同的变量名称引用同一变量的内容，这就是变量引用。

**1. 可变变量**

如果要动态地创建一个变量名，则可以使用可变变量语法来实现，即在其值要作为变量名使用的变量前面加一个美元符号"$"。如果在一个变量名前面放两个美元符号"$",则 PHP 将取右边变量的值作为变量名。例如:

```php
<?php
$x = "foo";
$$x = "bar";           // 变量 x 为可变变量,等效于变量 foo
echo "$x $foo";        // 输出结果为 "foo bar"
?>
```

**注意**:使用花括号还可以构造用于表示变量名的更复杂的表达式,此表达式中甚至可以包含函数的使用。PHP 会求出位于花括号内的表达式的值,并将该值作为一个变量名。

### 2. 变量引用

在 PHP 中,变量引用可以使不同变量指向同一个内容。如果要引用一个变量,则可以在该变量名前面加一个符号"&"。例如:

```php
<?php
$foo = 'Bob';                    // 将字符串'Bob'赋给变量 foo
$bar = &$foo;                    // 通过变量 bar 引用变量 foo,两者指向同一内容
$bar = "My name is $bar";        // 修改变量 bar,变量 foo 的值也被修改
echo $bar;                       // 输出: 'My name is Bob'
echo $foo;                       // 输出: 'My name is Bob'
?>
```

**提示**:如果想把一个变量传递给一个函数,并且希望保留在函数内部对该变量值的修改,则在定义函数时应指定它接收一个传递引用而不是传递值的变量作为参数,并将变量引用传递给函数。

## 2.3.5 使用常量

常量是使用一个标识符(名字)表示的简单值。在脚本执行期间,不能改变常量的值。在默认情况下,常量具有大小写敏感性,并且按照惯例,常量标识符总是使用大写字母来表示。在 PHP 中,常量分为自定义常量、预定义常量和魔术常量。

### 1. 自定义常量

在 PHP 中,可以使用 define()函数定义常量,语法格式如下。

```
define(string $name, mixed $value[, bool $case_insensitive=false]): bool
```

其中,参数 name 用于指定常量名,应遵循 PHP 标识符命名规则,即以字母或下画线开头,后面跟任何字母、数字或下画线;参数 value 用于指定常量的值;参数 case_insensitive 用于指定常量名是否区分大小写,若将其值设置为 true,则不区分大小写。当定义常量成功时,该函数返回 true;当定义常量失败时,该函数返回 false。

当使用自定义常量时,应注意以下几点。

- 常量只能使用 define()函数定义,而不能通过赋值语句定义。
- 一个常量一旦被定义,就不能再改变或者取消定义。
- 常量只能包含标量类型(即 integer、float、string 和 boolean)的数据。
- 不要在常量名前面加上美元符号"$"。
- 如果常量名是动态的,则可以使用 constant()函数读取常量的值。
- 使用 get_defined_constants()函数可以获取所有已定义的常量列表。
- 如果只想检测是否定义了某个常量,则可以使用 defined()函数。
- 常量可以在任何地方被定义和访问。

下面给出定义和使用常量的示例。

```
<?php
define("USER", "root");      // 定义常量,默认区分大小写
echo USER;                   // 输出"root"
echo User;                   // 输出 User 时出错
?>
```

在 PHP 5.3.0 以后,也可以使用关键字 const 定义常量,语法格式如下。

```
const 常量名 = 值;
```

例如,使用关键字 const 定义常量 USER。

```
const USER = "root";
```

在使用关键字 const 定义常量时,只能包含标量类型(即 integer、float、string 和 boolean)的数据。

### 2. 预定义常量

PHP 提供了大量的预定义常量,可以在脚本中直接使用。不过,很多常量都是由不同的扩展库定义的。它们只有在加载这些扩展库后才会出现,或者在动态加载后,或者在编译时被包括进去。表 2.4 所示为一些常用的 PHP 预定义常量。

表 2.4 一些常用的 PHP 预定义常量

| 预定义常量 | 描述 |
| --- | --- |
| PHP_VERSION | 当前 PHP 的版本号 |
| PHP_OS | 运行 PHP 的操作系统名称 |
| PHP_INT_MIN | 当前 PHP 版本支持的最小整型数 |
| PHP_INT_MAX | 当前 PHP 版本支持的最大整型数 |
| PHP_FLOAT_MIN | 最小的可表示的正浮点型数 |
| PHP_FLOAT_MAX | 最大的可表示的浮点型数 |

### 3. 魔术常量

PHP 中有 9 个特殊的常量,称为魔术常量。它们的名称不区分大小写,其值随着它们在代码中位置的改变而改变。例如,__LINE__的值就取决于它在脚本中所处的行。表 2.5 所示

为 PHP 魔术常量。

表 2.5 PHP 魔术常量

| 魔术常量 | 描 述 |
|---|---|
| __LINE__ | 文件中的当前行号 |
| __FILE__ | 文件的完整路径和文件名。如果将其用在被包含文件中，则返回被包含文件的名称 |
| __DIR__ | 文件所在的目录。如果将其用在被包含文件中，则返回被包含文件所在的目录 |
| __FUNCTION__ | 当前函数的名称。如果当前函数是匿名函数，则返回{closure} |
| __CLASS__ | 当前类的名称。类名包括其被声明的作用域（如 Foo\Bar） |
| __TRAIT__ | Trait 的名称。Trait 名包括其被声明的作用域（如 Foo\Bar） |
| __METHOD__ | 类的方法名 |
| __NAMESPACE__ | 当前命名空间的名称 |

【例 2.6】创建一个 PHP 动态网页，用于演示如何使用自定义常量、预定义常量和魔术常量。源文件为/02/02-06.php，源代码如下。

```
<!doctype html>
<html>
<head>
<meta charset="utf-8">
<title>常量应用示例</title>
</head>

<body>
<h3>常量应用示例</h3>
<hr>
<ol>
    <?php
    const NL = "\n";            // 声明自定义常量
    echo "<ol>" . NL;
    echo "<li>当前操作系统：" . PHP_OS;
    echo "<li>PHP 版本号：" . PHP_VERSION . NL;
    echo "<li>支持的最小整型数：" . PHP_INT_MIN . NL;
    echo "<li>支持的最大整型数：" . PHP_INT_MAX . NL;
    echo "<li>当前目录：" . __DIR__ . NL;
    echo "<li>当前文件：" . __FILE__ . NL;
    echo "<li>当前代码行号：" . __LINE__ . NL;
    ?>
</ol>
</body>
</html>
```

本例中首先声明了一个自定义常量，然后通过预定义常量输出当前操作系统、PHP 版本号、支持的最小整型数和最大整型数，并通过魔术常量输出当前目录、当前文件及当前代码行号等信息。运行结果如图 2.6 所示。

图 2.6　常量应用示例

## 任务 2.4　使用运算符与表达式

PHP 提供了丰富的运算符，可以用来进行各种运算。运算符与变量、常数、文本、属性、函数的返回值等值元素组合在一起形成表达式，将产生一个新值。运算符通过执行计算、比较或其他运算来处理数据。在本任务中，读者将学习和掌握运算符与表达式的用法。

### 任务目标

- 掌握算术运算符和赋值运算符的用法
- 掌握递增/递减运算符的用法
- 掌握字符串运算符和位运算符的用法
- 掌握比较运算符、条件运算符、null 合并运算符和逻辑运算符的用法
- 掌握表达式的用法和运算符的优先级

### 2.4.1　使用算术运算符

算术运算符包括加号"+"、减号"-"、乘号"*"、除号"/"、取模"%"和求幂"**"，分别用于执行加法、减法、乘法、除法、求余数和求幂运算。

算术运算符"-"除了作为减号使用，也可以作为一元运算符（负号）使用，即对一个数取相反数。

算术运算符"/"总是返回浮点型数，但如果两个操作数都是整型数（或者字符串转换成的整型数）且正好能够整除，则此时它将返回一个整型数。

算术运算符"%"的操作数在运算之前会被转换成整型数，运算结果与被除数的符号（正负号）相同。例如，$a % $b 的运算结果的符号与 $a 的符号相同。

下面给出使用算术运算符的示例。

```
<?php
$a = 32;
$b = 6;
echo $a + $b;          // 输出：38
echo $a - $b;          // 输出：26
```

```
echo $a * $b;          // 输出：192
echo $a / $b;          // 输出：5.3333333333333
echo $a % $b;          // 输出：2
echo $a ** 2;          // 输出：1024
?>
```

### 2.4.2 使用赋值运算符

基本赋值运算符是"="，其作用是将右边表达式的值赋给左边的操作数。

赋值运算表达式的值就是所赋的值。例如，$a = 10 的值是 10。所以，一个赋值运算表达式也可以用在其他表达式中，例如：

```
$a = ($b = 2) + 6;     // 执行赋值操作后，$b 等于 2，$a 等于 8
```

除了基本赋值运算符，还可以将其他运算符与基本赋值运算符组合起来构成复合赋值运算符。常用的复合赋值运算符如表 2.6 所示。

表 2.6　常用的复合赋值运算符

| 运 算 符 | 语　　法 | 等价形式 |
|---|---|---|
| += | $x += $y | $x = $x + $y |
| -= | $x -= $y | $x = $x - $y |
| *= | $x *= $y | $x = $x * $y |
| /= | $x /= $y | $x = $x / $y |
| %= | $x %= $y | $x = $x % $y |
| **= | $x **= $y | $x = $x ** $y |
| .= | $x .= $y | $x = $x . $y |

【例 2.7】创建一个 PHP 动态网页，用于演示如何使用基本赋值运算符和复合赋值运算符。源文件为/02/02-07.php，源代码如下。

```
<!doctype html>
<html>
<head>
<meta charset="utf-8">
<title>赋值运算符应用示例</title>
<style>
   ol {
      margin-top: 0;
   }
</style>
</head>

<body>
<h3>赋值运算符应用示例</h3>
<hr>
<?php
echo '假设$x = ' . ($x = 3) . ',$y=' . ($y = 5) . ',则';// 基本赋值运算符"="
echo '<ol>';
```

```
    echo '<li>执行$x += $y后: $x= ' . ($x += $y);        // 复合赋值运算符 "+="
    echo '<li>执行$x -= $y后: $x= ' . ($x -= $y);        // 复合赋值运算符 "-="
    echo '<li>执行$x *= $y后: $x= ' . ($x *= $y);        // 复合赋值运算符 "*="
    echo '<li>执行$x /=$y后: $x= ' . ($x /= $y);         // 复合赋值运算符 "/="
    echo '<li>执行$x **= $y后: $x= ' . ($x **= $y);      // 复合赋值运算符 "**="
    echo '<li>执行$x %= $y后: $x= ' . ($x %= $y);        // 复合赋值运算符 "%="
    echo '<li>执行$x .= $y后: $x= ' . ($x .= $y);        // 复合赋值运算符 ".="
    echo '</ol>';
?>
</body>
</html>
```

运行结果如图 2.7 所示。

### 2.4.3 使用递增/递减运算符

PHP 支持 C 语言风格的前/后递增运算符"++"和递减运算符"--"，这些运算符都是单目运算符，经常用在循环语句中。递增/递减运算符如表 2.7 所示。

图 2.7　赋值运算符应用示例

表 2.7　递增/递减运算符

| 运 算 符 | 语　　法 | 说　　明 |
|---|---|---|
| ++（递增） | ++$x（前加） | 首先将$x 的值加 1，然后返回$x |
| | $x++（后加） | 首先返回$x，然后将$x 的值加 1 |
| --（递减） | --$x（前减） | 首先将$x 的值减 1，然后返回$x |
| | $x--（后减） | 首先返回$x，然后将$x 的值减 1 |

递增/递减运算符对布尔值没有影响。递减空值也没有效果，递增空值的结果是 1。

【例 2.8】创建一个 PHP 动态网页，用于演示如何使用递增/递减运算符。源文件为/02/02-08.php，源代码如下。

```
<!doctype html>
<html>
<head>
<meta charset="utf-8">
<title>递增/递减运算符应用示例</title>
<style>
    ol {
        margin-top: 0;
    }
</style>
</head>

<body>
<h3>递增/递减运算符应用示例</h3>
<hr>
```

```php
<?php
echo '假设 $x 的原值为' . ($x = 5) . ', 则: ';
echo '<ol>';
$y = $x++;
echo '<li>执行$y = $x++后: $x = ' . $x . ', $y = ' . $y;
$y = ++$x;
echo '<li>执行$y = ++$x 后: $x = ' . $x . ', $y = ' . $y;
$y = $x--;
echo '<li>执行$y = $x--后: $x = ' . $x . ', $y = ' . $y;
$y = --$x;
echo '<li>执行$y = --$x 后: $x = ' . $x . ', $y = ' . $y;
$y = ++$x + $y++;
echo '<li>执行$y = ++$x + $y++后: $x = ' . $x . ', $y = ' . $y;
echo '</ol>';
?>
</body>
</html>
```

运行结果如图 2.8 所示。

### 2.4.4 使用字符串运算符

PHP 中有两个字符串运算符：一个是连接运算符".",它返回两个操作数连接后的字符串；另一个是连接赋值运算符".=",它将右边的操作数附加到左边的操作数后面。

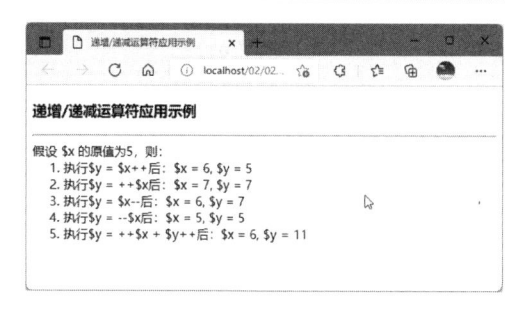

图 2.8 递增/递减运算符应用示例

下面给出字符串运算符的示例。

```php
<?php
$a="Hello "; $b=$a . "World!";     // 现在变量 b 包含字符串"Hello World!"
$a="Hello "; $a .= "World!";       // 现在变量 a 包含字符串"Hello World!"
?>
```

### 2.4.5 使用位运算符

位运算符允许对整型数中指定的位进行置位，即对二进制位从低位到高位对齐后进行运算。在执行位运算时，首先会将操作数转换为二进制整数，然后按位进行相应的运算，运算结果以十进制整数表示。如果两个操作数都是字符串，则位运算符将对字符的 ASCII 值进行操作，结果也是一个字符串。PHP 提供的位运算符如表 2.8 所示。

表 2.8 PHP 提供的位运算符

| 运算符 | 语法 | 说明 |
| --- | --- | --- |
| &（按位与） | $x & $y | 将$x 和$y 中都为 1 的位设置为 1 |
| \|（按位或） | $x \| $y | 将$x 或$y 中为 1 的位设置为 1 |
| ^（按位异或） | $x ^ $y | 将$x 和$y 中不同的位设置为 1 |
| ~（按位取反） | ~$x（一元运算符） | 将$x 中为 0 的位设置为 1，为 1 的位设置为 0 |

续表

| 运 算 符 | 语 法 | 说 明 |
|---|---|---|
| <<（向左移位） | $x << $y | 将$x中的位向左移动$y次（每次移动都表示"乘以2"） |
| <<（向右移位） | $x >> $y | 将$x中的位向右移动$y次（每次移动都表示"除以2"） |

在PHP中，位运算属于数学运算。向任何方向移出去的位均会被丢弃；在向左移动时，右侧以零填充，符号位被移走意味着正负号不被保留；在向右移动时，左侧以符号位填充，意味着正负号被保留。

【例2.9】创建一个PHP动态网页，用于演示如何使用各种位运算符。源文件为/02/02-09.php，源代码如下。

```html
<!doctype html>
<html>
<head>
<meta charset="utf-8">
<title>位运算符应用示例</title>
<style>
   ol {
       margin-top: 0;
   }
</style>
</head>

<body>
<h3>位运算符应用示例</h3>
<hr>
<?php
echo "<ol>";
echo "<li>3 & 5 = " . (3 & 5);      // 00000011 & 00000101 = 00000001
echo "<li>3 | 5 = " . (3 | 5);      // 00000011 | 00000101 = 00000111
echo "<li>3 ^ 5 = " . (3 ^ 5);      // 00000011 ^ 00000101 = 00000110
echo "<li>~3 = " . (~3);            // ~00000011 = 11111100
echo "<li>3 << 2 = " . (3 << 2);    // 00000011 << 10 = 00001100
echo "<li>32 >> 2 = " . (32 >> 2);  // 00100000 >> 10 = 00001000
echo "</ol>";
?>
</body>
</html>
```

运行结果如图2.9所示。

图2.9 位运算符应用示例

## 2.4.6 使用比较运算符

比较运算符用于比较两个值的大小。使用比较运算符连接操作数将构成比较表达式，其值为布尔值 true 或 false。PHP 提供的比较运算符如表 2.9 所示。

表 2.9 PHP 提供的比较运算符

| 运 算 符 | 语 法 | 说 明 |
| --- | --- | --- |
| ==（等于） | $x == $y | 若$x 等于$y，则表达式的值为 true；否则为 false |
| ===（全等） | $x === $y | 若$x 等于$y 且两者类型相同，则表达式的值为 true；否则为 false |
| !=（不等于） | $x != $y | 若$x 不等于$y，则表达式的值为 true；否则为 false |
| <>（不等于） | $x <> $y | 若$x 不等于$y，则表达式的值为 true；否则为 false |
| !==（非全等） | $x !== $y | 若$x 不等于$y 或两者类型不同，则表达式的值为 true；否则为 false |
| <（小于） | $x < $y | 若$x 小于$y，则表达式的值为 true；否则为 false |
| >（大于） | $x > $y | 若$x 大于$y，则表达式的值为 true；否则为 false |
| <=（小于或等于） | $x <= $y | 若$x 小于或等于$y，则表达式的值为 true；否则为 false |
| >=（大于或等于） | $x >= $y | 若$x 大于或等于$y，则表达式的值为 true；否则为 false |

## 2.4.7 使用条件运算符

PHP 中还有一个条件运算符，即 "?:"。这是一个三元运算符，通过它连接 3 个操作数可以构成一个条件表达式，语法格式如下。

```
(expr1) ? (expr2) : (expr3)
```

条件表达式(expr1)?(expr2):(expr3)的值按照以下规则计算：当 expr1 的值为 true 时，它的值为 expr2 的值；当 expr1 的值为 false 时，它的值为 expr3 的值。也可以省略这个三元运算符的中间部分。表达式 expr1 ?: expr3 在 expr1 的值为 true 时返回 expr1 的值，否则返回 expr3 的值。

条件运算符用于快速构造条件语句，可以视为 if…else 语句的简写形式。

例如，可以使用条件运算符计算一个数的绝对值，即：

```
$abs = $x > 0 ? $x : (-$x);
```

【例 2.10】创建一个 PHP 动态网页，用于演示如何使用比较运算符和条件运算符。源文件为/02/02-10.php，源代码如下。

```
<!doctype html>
<html>
<head>
<meta charset="utf-8">
<title>比较运算符和条件运算符应用示例</title>
<style type="text/css">
    ol {
        margin-top: 0;
    }
</style>
</head>
```

```
<body>
<h3>比较运算符和条件运算符应用示例</h3>
<hr>
<?php
echo '假设 $x = ' . ($x = 3) . ',$y = ' . ($y = 5) . ',则:';
echo '<ol>';
echo '<li>$x == $y? ' . ($x == $y ? 'true' : 'false');
echo '<li>$x === $y? ' . ($x === $y ? 'true' : 'false');
echo '<li>$x <> $y? ' . ($x <> $y ? 'true' : 'false');
echo '<li>$x != $y? ' . ($x != $y ? 'true' : 'false');
echo '<li>$x !== $y? ' . ($x !== $y ? 'true' : 'false');
echo '<li>$x < $y? ' . ($x < $y ? 'true' : 'false');
echo '<li>$x > $y? ' . ($x > $y ? 'true' : 'false');
echo '<li>$x <= $y? ' . ($x <= $y ? 'true' : 'false');
echo '<li>$x >= $y? ' . ($x >= $y ? 'true' : 'false');
echo '</ol>';
?>
</body>
</html>
```

运行结果如图 2.10 所示。

## 2.4.8　使用 null 合并运算符

null 合并运算符 "??" 是一个二元运算符，其语法格式如下。

```
(expr1) ?? (expr2)
```

表达式 (expr1) ?? (expr2) 的计算规则如下：当 expr1 的值为 null 时，它的值为 expr2 的值，否则为 expr1 的值。

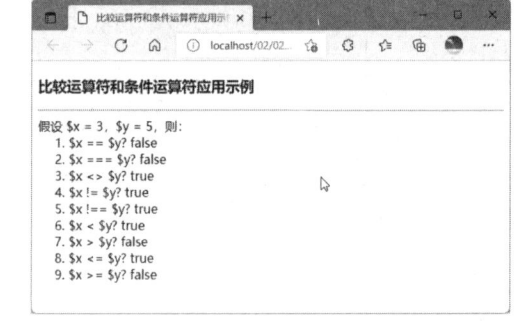

图 2.10　比较运算符和条件运算符应用示例

null 合并运算符常用来设置默认值，例如：

```
<?php
$action = $pos ?? 'default';
// 以上赋值语句等效于以下 if…else 语句
if (isset($post)) {
    $action = $post;
} else {
    $action = 'default';
}
?>
```

null 合并运算符还支持简单的嵌套，例如：

```
<?php
$foo = null;
$bar = null;
```

```
$baz = 1;
$qux = 2;
echo $foo ?? $bar ?? $baz ?? $qux; // 输出: 1
?>
```

### 2.4.9 使用逻辑运算符

逻辑运算符用于连接布尔表达式并构成逻辑表达式，逻辑表达式的值为布尔值 true 或 false。在 PHP 中，逻辑运算符包括逻辑与、逻辑或、逻辑异或及逻辑非，这些逻辑运算符如表 2.10 所示。

表 2.10 逻辑运算符

| 运 算 符 | 语　　法 | 说　　明 |
| --- | --- | --- |
| and（逻辑与） | $x and $y | 若$x 和$y 的值均为 true，则表达式的值为 true |
| or（逻辑或） | $x or $y | 若$x 或$y 中任意一个的值为 true，则表达式的值为 true |
| xor（逻辑异或） | $x xor $y | 若$x 或$y 中任意一个的值为 true 但不同时为 true，则表达式的值为 true |
| !（逻辑非） | !$x | 若$x 的值为 true，则表达式的值为 false |
| &&（逻辑与） | $x && $y | 若$x 和$y 的值均为 true，则表达式的值为 true |
| \|\|（逻辑或） | $x \|\| $y | 若$x 或$y 中任意一个的值为 true，则表达式的值为 true |

逻辑与和逻辑或都有两种不同形式的运算符，但是它们的运算优先级不同。

【例 2.11】创建一个 PHP 动态网页，用于演示如何使用各种逻辑运算符。源文件为/02/02-11.php，源代码如下。

```
<!doctype html>
<html>
<head>
<meta charset="utf-8">
<title>逻辑运算符应用示例</title>
<style>
    ol {
        margin-top: 0;
    }
</style>
</head>

<body>
<h3>逻辑运算符应用示例</h3>
<hr>
<?php
echo '假设 $a = '. ($a = 3) .', $b = '. ($b = 6) .', $c = '. ($c = 8) .'，则：';
echo '<ol>';
echo '<li>$a > 0 && $b * $b - 4 * $a * $c > 0? ';
echo ($a > 0 && $b * $b - 4 * $a * $c > 0) ? 'true' : 'false';
echo '<li>$a + $b > $c || $a - $b < $c? ';
echo ($a + $b > $c || $a - $b < $c) ? 'true' : 'false';
```

```
    echo '<li>$a > $b xor $b < $c? ';
    echo ($a > $b xor $b < $c) ? 'true' : 'false';
    echo '<li>!($a > $c)? ';
    echo !($a > $c) ? 'true' : 'false';
    echo '</ol>';
?>
</body>
</html>
```

运行结果如图 2.11 所示。

### 2.4.10 使用表达式

PHP 提供了一套完整、强大的表达式。表达式是 PHP 的重要基础之一，在表达式后面添加一个分号";"即可构成一个语句。

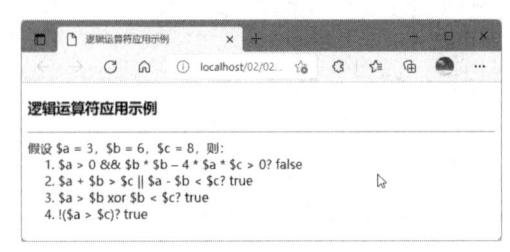

图 2.11 逻辑运算符应用示例

最基本的表达式是常量和变量，稍微复杂的表达式是函数。在 PHP 中，表达式可以说是无处不在的。除了常见的算术表达式，还有各种各样的其他表达式。

下面来看一个简单的赋值语句。

```
$x = 100;
```

请问上述语句包含几个表达式呢？

很明显，在赋值运算符"="的左边，$x 是一个表达式；在该运算符的右边，100 是一个整型常量，也是一个值为 100 的表达式。因此，上述语句至少有两个表达式。

实际上，这个例子中还有一个表达式，就是位于分号";"左边的$x = 100，这是一个赋值表达式，其值也是 100。在该赋值表达式右边添加一个分号，表示语句的结束，由此构成一个赋值语句。

赋值表达式也可以出现在另一个赋值语句中。例如：

```
$y = ($x = 100);
```

执行这个语句后，$x 和$y 的值都变为 100。赋值运算符具有右结合性，即赋值操作的顺序是由右到左的。因此，上述语句也可以写成以下形式。

```
$y = $x = 100;
```

常用的表达式类型是比较表达式，这些表达式的值为 false 或 true。PHP 支持各种比较运算符，使用这些运算符构成的比较表达式经常应用在条件判断语句中。使用逻辑运算符连接比较表达式可以构成逻辑表达式，用来表示更为复杂的条件。

使用条件运算符"?:"可以构成条件表达式。例如：

```
$condition ? $expr1 : $expr2
```

如果表达式 condition 的值为 true（非零），则计算表达式 expr1 的值，并将其值作为整个条件表达式的值，否则将表达式 expr2 的值作为条件表达式的值。

## 2.4.11 运算符的优先级

前面介绍了 PHP 中的各种运算符。在实际应用中，一个表达式中通常包含多种运算符，在这种情况下，运算符的优先级决定了计算的先后顺序，运算符的结合方向也对表达式的计算有所影响。此外，可以使用圆括号提高某些运算符的优先级。

运算符的优先级指定了两个表达式绑定得有多"紧密"。例如，表达式 1 + 5 * 3 的结果是 16 而不是 18，这是因为乘号"*"的优先级比加号"+"高。如果需要，也可以用括号强制改变优先级。例如，表达式(1 + 5) * 3 的值为 18。

如果运算符的优先级相同，则运算符的结合方向决定了应该如何运算。例如，减号"-"是左联的，1 - 2 - 3 等同于(1 - 2) - 3，结果是-4。又如，赋值运算符"="是右联的，因此，$a = $b = $c 等同于 $a = ($b = $c)。

没有结合性的相同优先级的运算符是不能连在一起使用的。例如，在 PHP 中，表达式 1 < 2 > 1 是不合法的，但表达式 1 <= 1 == 1 是合法的，这是因为"=="的优先级低于"<="。

括号的使用：即使在不必要的场合下，也可以使用括号明确标明运算顺序，而不是根据运算符的优先级和结合性来决定运算顺序，这样通常能够提高代码的可读性。

表 2.11 从高到低列出了 PHP 中各种运算符的优先级。同一行中的运算符具有相同的优先级，此时它们的结合方向决定了求值顺序。左联表示表达式从左向右求值，右联则相反。

表 2.11 PHP 中各种运算符的优先级

| 结合方向 | 运 算 符 | 附加信息 |
| --- | --- | --- |
| 无 | clone new | clone 和 new |
| 左 | [ | array() |
| 右 | ** | 算术运算符 |
| 不适用 | + - ++ -- ~ (int) (float) (string) (array) (object) (bool) @ | 一元运算符，递增/递减运算符，位运算符，类型转换，错误控制 |
| 无 | instanceof | 二元运算符 |
| 右 | ! | 逻辑运算符 |
| 左 | * / % | 算术运算符 |
| 左 | + - . | 算术运算符和字符串运算符 |
| 左 | << >> | 位运算符 |
| 无 | < <= > >= | 比较运算符 |
| 无 | == != === !== <> <=> | 比较运算符 |
| 左 | & | 位运算符和引用 |
| 左 | ^ | 位运算符 |
| 左 | \| | 位运算符 |
| 左 | && | 逻辑运算符 |
| 左 | \|\| | 逻辑运算符 |
| 左 | ?? | null 合并运算符 |

续表

| 结合方向 | 运算符 | 附加信息 |
|---|---|---|
| 无 | ?: | 条件运算符 |
| 右 | = += -= *= **= /= .= %= &= \|= ^= <<= >>= | 赋值运算符 |
| 左 | and | 逻辑运算符 |
| 左 | xor | 逻辑运算符 |
| 左 | or | 逻辑运算符 |

注：表中的"<=>"为太空船运算符（组合比较符）。$a <=> $b 的运算规则为：当 $a 小于、等于、大于 $b 时分别返回一个小于、等于、大于 0 的整型值。

## 任务 2.5  使用流程控制语句

流程控制语句用于控制程序执行的流程，使用这些语句可以编写制定决策或重复操作的代码。在本任务中，读者将学习和掌握各种流程控制语句的用法，能够使用选择语句、循环语句、跳转语句及包含文件语句。

### 任务目标

- 掌握选择语句的用法
- 掌握循环语句的用法
- 掌握跳转语句的用法
- 掌握包含文件语句的用法

### 2.5.1  使用选择语句

当需要在 PHP 代码中进行两个或两个以上的选择时，可以通过测试条件来选择要执行的一组语句。PHP 提供的选择语句包括 if 语句和 switch 语句。

#### 1. 使用 if 语句

if 语句是最常用的选择语句，它根据表达式的值来选择要执行的语句，基本语法格式如下。

```
if (expr)
    statements
```

当执行上述 if 语句时，首先对表达式 expr 求布尔值。若 expr 的值为 true，则执行 statements 语句；若 expr 的值为 false，则忽略 statements 语句。statements 可以是单条语句或多条语句。对于多条语句，应使用花括号"{}"将这些语句括起来以构成语句组。

若要在满足某个条件时执行一组语句，而在不满足该条件时执行另一组语句，则可以使用 else 来扩展 if 语句，语法格式如下。

```
if (expr)
```

```
    statements
else
    elsestatements
```

当执行上述语句时,首先对表达式 expr 求布尔值。若 expr 的值为 true,则执行 statements 语句;否则执行 elsestatements 语句。其中,statements 和 elsestatements 可以是单条语句或语句组。

若要同时判断多个条件,则需要使用 elseif 来扩展 if 语句,语法格式如下。

```
if (expr1)
    statements
elseif (expr2)
    elseifstatements
…
else
    elsestatements
```

当执行上述语句时,首先对表达式 expr1 求布尔值。若 expr1 的值为 true,则执行 statements 语句;否则对表达式 expr2 求布尔值。若 expr2 的值为 true,则执行 elseifstatements 语句;否则执行 elsestatements 语句。其中,statements、elseifstatements 和 elsestatements 都可以是单条语句或语句组。

根据需要,也可以将一个 if 语句嵌套在其他 if 语句中。

【例 2.12】创建一个 PHP 动态网页,用于演示如何使用 if 语句进行选择判断。源文件为 /02/02-12.php,源代码如下。

```
<!doctype html>
<!doctype html>
<html>
<head>
<meta charset="utf-8">
<title>判断一元二次方程求根情况</title>
</head>

<body>
<h3>判断一元二次方程求根情况</h3>
<hr>
<?php
$a = 1;
$b = -5;
$c = 6;
$d = $b ** 2 - 4 * $a * $c;
echo '<p>假设 a = ' . $a . ',b = ' . $b . ',c = ' . $c . ',则</p>';
echo '<p>一元二次方程 ax<sup><small>2</small></sup> + bx + c = 0 ';
if ($d > 0) {
    $x1 = (-$b + $d ** 0.5) / (2 * $a);
    $x2 = (-$b - $d ** 0.5) / (2 * $a);
```

```
        echo '有两个不相等的实数根：';
      echo 'x<sub><small>1</small></sub> = ' . $x1 . ', x<sub><small>2</small></sub>
= ' . $x2 . '</p>';
    } elseif ($d == 0) {
        $x = -$b / (2 * $a);
        echo '有两个相等的实数根：';
        echo 'x<sub><small>1</small></sub> = ' . $x . ', x<sub><small>2</small>
</sub> = ' . $x . '</p>';
    } else {
        echo '没有实数根</p>';
    }
    ?>
  </body>
</html>
</html>
```

本例中根据 a、b、c 的值判断一元二次方程 $ax^2+bx+c=0$ 的求根情况。运行结果如图 2.12 所示。

### 2. 使用 switch 语句

若要将同一个变量或表达式与多个不同的值进行比较，并根据它等于哪个值来执行不同的代码，则可以使用 switch 语句实现，语法格式如下。

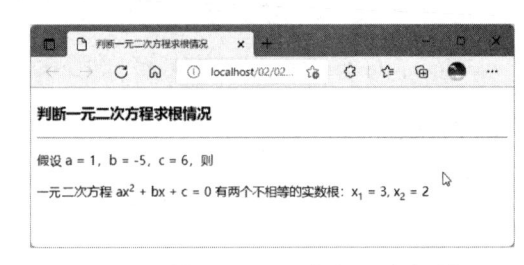

图 2.12　判断一元二次方程求根情况

```
switch (expr) {
  case expr1:
    statements1
    break;
  case expr2:
    statements2
    break;
  …
  default:
    defaultstatements
    break;
}
```

当执行 switch 语句时，首先计算表达式 expr 的值。若 expr 的值等于 expr1 的值，则执行 statements1 语句，直到遇到首个 break 语句或 switch 语句结束，否则检查 expr 的值是否等于 expr2 的值。若两者相等，则执行 statements2 语句，直到遇到首个 break 语句或 switch 语句结束，以此类推。若 expr 的值不等于 expr1、expr2 等的值，则执行 defaultstatements 语句，然后结束 switch 语句。

**注意**：当使用 switch 语句时，如果不在 case 语句段的后面写上 break，则 PHP 将继续执行下一个 case 分支中的语句段。

【**例 2.13**】创建一个 PHP 动态网页，用于演示如何使用 switch 语句进行多分支选择。源文件为/02/02-13.php,源代码如下。

```php
<!doctype html>
<html>
<head>
<meta charset="utf-8">
<title>switch 语句应用示例</title>
</head>

<body>
<h3>switch 语句应用示例</h3>
<hr>
<?php
date_default_timezone_set('Asia/Shanghai');      //设置默认时区
echo '今天是' . date('Y年n月d日') . ' ';
$d = date('D');
switch ($d) {     //将英文星期转换为中文星期
    case 'Mon':
        echo '星期一';
        break;
    case 'Tue':
        echo '星期二';
        break;
    case 'Wed':
        echo '星期三';
        break;
    case 'Thu':
        echo '星期四';
        break;
    case 'Fri':
        echo '星期五';
        break;
    case 'Sat':
        echo '星期六';
        break;
    case 'Sun':
        echo '星期日';
        break;
}
?>
</body>
</html>
```

本例中使用 date()函数格式化一个本地日期,传递给该函数的参数为格式字符串。其中,Y 表示年份;n 表示月份;d 表示月份中的第几天;D 表示星期中的第几天,使用 3 个英文字母表示。使用 switch 语句将英文星期转换为中文星期,运行结果如图 2.13 所示。

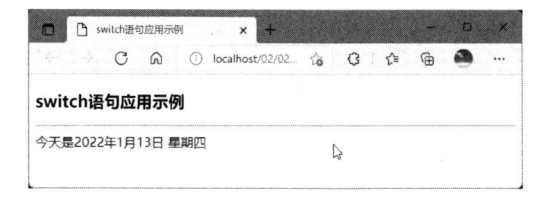

图 2.13  switch 语句应用示例

## 2.5.2 使用循环语句

PHP 提供了 4 种形式的循环语句,包括 while 语句、do…while 语句、for 语句和 foreach 语句,分别适用于不同的情形。

### 1. 使用 while 语句

while 语句根据指定的条件将一组语句执行零遍或若干遍,语法格式如下。

```
while (expr)
  statements
```

当执行 while 语句时,只要表达式 expr 的值为 true 就重复执行 statements 语句,直至 expr 的值变为 false 时结束循环。每次开始循环时都会检查 expr 的值,即使该值在循环语句中改变了,语句也不会停止执行,直至本次循环结束。若 expr 的值一开始就是 false,则循环语句一次也不会执行。statements 可以是单条语句或语句组。语句组应使用花括号"{}"括起来。

### 2. 使用 do…while 语句

do…while 语句根据指定的条件将一组语句执行一遍或若干遍,语法格式如下。

```
do {
  statements
} while (expr);
```

do…while 语句与 while 语句十分相似,区别在于表达式 expr 的值是在每次循环结束时而不是在开始时检查的,因此 do…while 语句至少会执行一次。

【例 2.14】创建一个 PHP 动态网页,用于演示如何使用 while 和 do…while 语句。源文件为/02/02-14.php,源代码如下。

```
<!doctype html>
<html>
<head>
<meta charset="utf-8">
<title>while 和 do…while 语句应用示例</title>
</head>

<body>
<h3>while 和 do…while 语句应用示例</h3>
<hr>
<?php
$i = 1;
$sum = 0;
while ($i <= 100) {
    $sum = $sum + $i;
    $i++;
}
echo '<p>1+2+3+…+99+100=' . $sum . '</p>';
```

```
$i = 1;
$sum = 0;
do {
    $sum = $sum + $i;
    $i += 2;
} while ($i <= 199);
echo '<p>1+3+5+…+197+199=' . $sum . '</p>';
?>
</body>
</html>
```

本例中首先通过 while 语句计算前 100 个自然数之和，然后通过 do…while 语句计算前 100 个奇数之和。运行结果如图 2.14 所示。

### 3. 使用 for 语句

for 语句是 PHP 中最复杂、使用频率最高的循环语句。在事先知道循环次数的情况下，使用 for 语句是比较方便的。for 语句的语法格式如下。

图 2.14　while 和 do…while 语句应用示例

```
for (expr1; expr2; expr3)
  statements
```

其中，表达式 expr1 在循环开始前无条件求值一次；表达式 expr2 在每次循环开始前求值，若其值为 true，则继续循环，执行 statements 语句；若其值为 false，则终止循环；表达式 expr3 在每次循环之后执行。

在上述语法格式中，3 个表达式均可省略。若省略表达式 expr2，则意味着将无限循环，因为与 C 语言一样，PHP 会将其值视为 true。在这种情况下，通常会使用 break 语句结束循环。

【例 2.15】创建一个 PHP 动态网页，用于演示如何使用双重结构的 for 语句。源文件为 /02/02-15.php，源代码如下。

```
<!doctype html>
<!doctype html>
<html>
<head>
<meta charset="utf-8">
<title>for 语句应用示例</title>
</head>

<body>
<?php
echo '<table border="2" align="center" cellpadding="5">';
echo '<caption style="margin-bottom: 12px;">用 for 语句动态生成表格</caption>';
for ($row = 1; $row <= 5; $row++) {
    echo '<tr>';
```

```
            for ($col = 1; $col <= 5; $col++) {
                echo '<td>第' . $row . '行第' . $col . '列</td>';
            }
            echo '</tr>';
        }
        echo '</table>';
    ?>
    </body>
</html>
</html>
```

本例中通过执行双重结构的 for 语句动态生成了一个 5 行 5 列的表格，其中，执行一次外层 for 循环会生成表格中的一行，执行一次内层 for 循环会生成表格行中的一个单元格。运行结果如图 2.15 所示。

### 4. 使用 foreach 语句

foreach 语句提供了遍历数组的简单方式，但是该语句只能应用于数组和对象，如果尝试将其应用于其他数据类型的变量或未初始化的变量，将发出错误信息。该语句有以下两种语法格式。

图 2.15　for 语句应用示例

```
foreach (iterable_expression as $value)
    statement
foreach (iterable_expression as $key => $value)
    statement
```

第一种语法格式遍历给定的 iterable_expression 迭代器，并在每次循环中将当前单元的值赋给变量 value。第二种语法格式执行相同的操作，还会在每次循环中将当前单元的键名赋给变量 key。

**注意**：foreach 语句不会修改使用的数组内部指针。在 $value 之前加上 & 可以修改数组的元素，此时将以引用方式赋值而不是复制一个值。

下面的例子演示了 foreach 语句的用法。

```
<?php
$arr = array(1, 2, 3, 4);
foreach ($arr as $value) {
    echo "{$value} ";
}
// 输出：1 2 3 4

echo '<br>';
foreach ($arr as $key => $value) {
    echo "{$key} => {$value} ";
}
```

```
// 输出：0 => 1 1 => 2 2 => 3 3 => 4
?>
```

### 2.5.3 使用跳转语句

在 PHP 中，break 和 continue 是两个常用的跳转语句，可以用在 switch 语句和各种循环语句中，以加强对程序流程的控制。

#### 1. 使用 break 语句

break 语句用于结束当前 for、foreach、while、do…while 或 switch 语句的执行。在该语句中，可以添加一个可选的数字参数，以决定跳出几重循环。

#### 2. 使用 continue 语句

continue 语句用在各种循环结构中，用于跳过本次循环中剩余的代码，并在条件的值为真时开始执行下一次循环。continue 语句也可以用在 switch 语句中。

在 continue 语句中，可以使用一个可选的数字参数，以决定跳过几重循环到循环结尾。默认值为 1，即跳到当前循环结尾。

【例 2.16】创建一个 PHP 动态网页，用于演示如何在循环结构中使用跳转语句改变执行流程。源文件为/02/02-16.php，源代码如下。

```
<!doctype html>
<!doctype html>
<html>
<head>
<meta charset="utf-8">
<title>跳转语句应用示例</title>
<style type="text/css">
    span {
        display: inline-block;
        width: 2.5em;
        margin-left: 6px;
        margin-bottom: 6px;
        padding: 3px;
        background-color: #f10c8a;
        color: white;
        text-align: center;
        font-weight: bold;
    }
</style>
</head>

<body>
<h3>跳转语句应用示例</h3>
<?php
```

```
    $i = 0;
    for (;;) {                                          // 此循环貌似无限循环,因为循环条件恒为真
        $i++;
        if ($i == 20 || $i == 40) continue;     // 若遇到数字 20 和 40,则结束本次循环
        if ($i != 1 && ($i - 1) % 10 == 0) echo "<br>";    // 若遇到 10 的倍数,则添加一
个换行标签
        if ($i > 50) break;                             // 若数字大于 50,则结束整个循环
        echo "<span>$i</span>";
    }
?>
</body>
</html>
</html>
```

在本例中,for 语句将 true 作为循环条件,是无法正常结束的。在循环体中对 i 值进行检查,如果其值为 20 或 40,则结束本次循环,跳过剩余语句,继续执行下一次循环;如果其值大于 50,则结束整个循环。运行结果如图 2.16 所示。

图 2.16　跳转语句应用示例

### 2.5.4　使用包含文件语句

PHP 提供了一组包含文件语句,包括 include、include_once、require 和 require_once。这些语句用于在一个 PHP 文件中包含并运行指定的其他文件,从而实现代码的可重用性,并简化代码结构。

#### 1. 使用 include 语句

include 语句用于包含并运行指定文件,语法格式如下。

```
include filepath;
include(filepath);
```

其中,参数 filepath 是一个字符串,用于指定被包含文件的路径。被包含文件既可以是 PHP 文件,也可以是其他类型的文件。

搜索被包含文件的顺序是:首先在当前工作目录对应的 include_path 下查找,然后在当前运行脚本所在目录对应的 include_path 下查找。例如,假设 include_path 为 ".",当前工作目录为/www/,在脚本中要包含 include/a.php 文件,并且该文件中有一条语句"include "b.php"",则搜索 b.php 文件的顺序是:首先查看/www/,然后查看/www/include/。如果文件名以"./"或"../"开头,则只在当前工作目录对应的 include_path 下查找。

include_path 是 php.ini 文件中的一个配置选项,用于指定一组目录的列表,表示 require 和 include 语句搜索被包含文件的先后顺序。这个选项的格式与系统的 PATH 环境变量类似。在 Windows 操作系统中,使用分号分隔各个目录。例如,在 Windows 操作系统中,可以把

include_path 设置如下。

```
include_path=".;d:\php\includes"
```

包含路径中允许使用相对路径,可以使用"."表示当前目录,使用".."表示上一级目录。

include 语句在开发 PHP 动态网站时非常有用。在一个网站中,大多数页面的页眉和页脚都是相同的,为了避免在每个页面中编写相同的代码,可以将页眉和页脚的内容分别放在 header.php 文件和 footer.php 文件中,然后在其他页面中包含这两个文件。此外,还可以把一些经常使用的函数放在专门的文件中,通过包含该文件即可使用其中的所有函数。

使用 include 语句时,应注意以下几点。

- 当一个文件被包含时,PHP 语法解析器在目标文件开头脱离 PHP 模式并进入 HTML 模式,到文件结尾处恢复。因此,如果要在目标文件中编写 PHP 代码,则必须将其包括在有效的 PHP 定界符之间。
- 当使用 include 语句包含一个文件时,如果找不到指定的文件,则会产生一个警告信息,同时继续运行脚本。
- 在被包含的文件中,可以使用 return 语句终止该文件中程序的执行并返回调用它的脚本,也可以从被包含文件中返回一个值。在 include 语句调用脚本中,可以像普通函数那样获得 include 调用的返回值。
- include 语句是一个特殊的语言结构,其参数两端的括号不是必需的。不过,如果要使用 include 调用的返回值,则必须使用括号把整个 include 语句括起来。
- 如果要在条件语句中使用 include 语句,则必须将其放在语句组中,即放在花括号中。

【例 2.17】创建两个 PHP 动态网页,分别作为主文件和被包含文件使用,用于演示如何使用包含文件语句。被包含文件为/02/includes/vars.php,源代码如下。

```php
<?php
$domain = "www.myphp.org";      // 定义一个变量
$email = "admin@myphp.org";     // 定义另一个变量
return "OK";                    // 设置返回值
?>
```

主文件为/02/02-17.php,源代码如下。

```
<!doctype html>
<html>
<head>
<meta charset="utf-8">
<title>包含文件语句应用示例</title>
<style>
    div, p {
        text-align: center;
    }
    div {
        font-family: "华文隶书";
```

```
            font-size: 46px;
            color: red;
            height: 100px;
            line-height: 100px;
            text-shadow: 5px 5px 5px grey;
        }
</style>
</head>

<body>
<div>欢迎光临本网站! </div>
<hr>
<footer>
<p><small>
<?php
if ((include "../includes/vars.php")=="OK") {
  echo "版权所有; ";
  echo "域名: " . $domain;
  echo "; 电子信箱: " . $email;
}
?>
</small></p>
</footer>
</body>
</html>
```

运行结果如图 2.17 所示。

### 2. 使用 include_once 语句

include_once 语句用于在脚本执行期间包含并运行指定文件，其功能与 include 语句类似，唯一的区别在于：如果该文件中的代码已经被包含了，则不会被再次包含，如同此语句名称暗示的那样，只会被包含一次。include_once 语句应该应用于在脚本执行期间同一个文件可能被包含超过一次的情况下，确保该文件中的代码只被包含一次，以避免函数重定义、变量重新赋值等问题。

图 2.17 包含文件语句应用示例

include_once 语句与 include 语句的返回值相同。如果指定文件已被包含，则返回 true。

### 3. 使用 require 语句

require 语句用于包含并运行指定文件，语法格式如下。

```
require filename;
require (filename);
```

require 语句与 include 语句的功能类似，唯一的区别在于：如果找不到文件，则 include 语句会产生一个警告，而 require 语句会导致一个致命错误。如果想在丢失文件时停止处理页面，则应该使用 require 语句。

下面给出使用 require 语句的示例。

```php
<?php
require "prepend.php";
require $somefile;
require ("somefile.txt");
?>
```

#### 4. 使用 require_once 语句

require_once 语句用于在脚本执行期间包含并运行指定文件，其功能与 require 语句类似，区别在于：如果该文件中的代码已经被包含了，则不会被再次包含。

在脚本执行期间，同一个文件可能被包含超过一次。在这种情况下，如果要确保文件只被包含一次，以避免函数重定义、变量重新赋值等问题，则应该使用 require_once 语句。

## 任务 2.6　使用函数

函数是拥有名称的一组语句。在使用函数时，可以向它传递一些参数，当函数执行完成后，还可以向调用代码返回一个值。在 PHP 应用开发中，可以直接使用内部函数完成某项功能，也可以将需要多次执行的代码定义为一个函数。在本任务中，读者将学习和掌握函数的用法。

### 📝 任务目标

- 了解 PHP 内部函数类型
- 掌握自定义函数的用法
- 掌握函数参数的用法
- 掌握函数返回值的用法
- 掌握可变函数、匿名函数和箭头函数的用法

### 2.6.1　了解 PHP 内部函数

PHP 提供了丰富的标准函数和语言结构，这些标准函数被称为内部函数或内置函数。大多数内部函数都可以在代码中直接使用。按照功能，可以将 PHP 内部函数分为以下类别。

- 影响 PHP 行为的扩展
- 音频格式操作
- 身份认证服务
- 日历和事件相关扩展
- 数学扩展
- 非文本内容的 MIME 输出
- 进程控制扩展
- 其他基本扩展

- 命令行特有的扩展
- 压缩与归档扩展
- 信用卡处理
- 加密扩展
- 数据库扩展
- 文件系统相关扩展
- 国际化与字符编码支持
- 图像生成和处理
- 邮件相关扩展
- 其他服务
- 搜索引擎扩展
- 面向服务器的扩展
- Session 扩展
- 文本处理
- 与变量和类型有关的扩展
- Web 服务
- Windows 平台下的扩展
- XML 操作

一些内部函数需要与特定的 PHP 扩展模块一起进行编译，应通过修改 php.ini 文件启用相关模块，否则在使用它们时会出现一个致命错误。例如，要使用 mysqli_connect()函数连接 MySQL 数据库，则需要启用 php_mysqli 模块。又如，要使用图像函数 imagecreatetruecolor()创建一个真彩色图像，则需要启用 php_gd 模块，以添加 GD 库的支持。

为了有效地使用内部函数，在使用函数之前可以对可用函数信息进行检测。

### 1. 检查函数是否存在

使用 function_exists()函数可以检查指定的函数是否存在，语法格式如下。

```
function_exists(string $function_name): bool
```

其中，参数 function_name 用于指定要检查的函数名。使用 function_exists()函数可以检查已定义函数的列表，其中包含内部函数和用户自定义函数。如果指定的函数已存在，则返回 true，否则返回 false。

### 2. 检查模块中包含的函数

使用 get_extension_funcs()函数可以获取一个模块中所有函数名组成的数组，语法格式如下。

```
get_extension_funcs(string $module_name): array
```

其中，参数 module_name 用于指定模块名，必须用小写形式表示。如果 module_name 不是一个有效的扩展模块，则返回 false。例如，下面的代码用于显示 XML 和 GD 模块包含的函数。

```
print_r(get_extension_funcs("xml"));
print_r(get_extension_funcs("gd"));
```

### 3. 检查所有已定义函数

使用 get_defined_functions()函数可以获取包含所有已定义函数的一个数组，语法格式如下。

```
get_defined_functions(): array
```

本函数将返回一个多维数组,其中包含所有已定义函数,包括内部函数和用户自定义函数。内部函数可以通过键名 internal 访问,用户自定义函数可以通过键名 user 访问。

【例 2.18】创建一个 PHP 动态网页,用于说明如何对 PHP 内部函数进行检测。源文件为 /02/02-18.php,源代码如下。

```
<!doctype html>
<html>
<head>
<meta charset="utf-8">
<title>检测 PHP 函数相关信息</title>
<style>
    h3 {
        text-align: center;
    }
    div {
        column-count: 3; /* 分 3 列显示 div 元素 */
        column-rule: thin dashed gray; /* 设置分隔线样式 */
        column-gap: 36px; /* 设置列间距 */
    }
    ul, ol {
        margin-top: 0;
        margin-left: 12px;
        padding-left: 6px;
    }
</style>
</head>

<body>
<h3>检测 PHP 函数相关信息</h3>
<hr>
<div>
    <?php
    echo "<ul>";
    echo "<li>函数 mysqli_connect" . (function_exists("mysqli_connect") ? "已" : "不") . "存在";
    echo "<li>函数 no_exist" . (function_exists("no_exist") ? "已" : "不") . "存在";
    echo "<li>GD 模块中包含 " . count(get_extension_funcs("gd")) . " 个函数";
    $arr = get_defined_functions();       // 获取包含所有已定义函数的数组
    $n = count($arr["internal"]);         // count()函数返回数组中元素的数目
    sort($arr["internal"]);               // 对数组中的元素按字母进行升序排列
    echo "<li>PHP " . PHP_VERSION . " 提供了 {$n} 个内部函数:";
    echo "<ol>";
    foreach ($arr["internal"] as $v) {
        echo "<li>$v";
    }
    ?>
```

```
        </div>
    </body>
</html>
```

本例中首先检测 mysqli_connect() 和 no_exist() 函数是否存在，然后检测 GD 模块中包含的函数数目并列举当前 PHP 版本提供的所有内部函数。运行结果如图 2.18 所示。

图 2.18　检测 PHP 函数相关信息

### 2.6.2　使用自定义函数

在 PHP 中，除了内部函数，用户还可以通过关键字 function 定义自己的函数，语法格式如下。

```
function function_name ($arg1, $arg2, …$argN) {
    statements
    return expr;
}
```

其中，function_name 表示要创建函数的名称。在命名函数时，应遵循与命名变量时相同的规则，但函数名不能以美元符号"$"开头。函数名不区分大小写，不过在使用函数的时候，通常使用与其定义时相同的形式。

$arg1～$argN 是函数的参数，可以通过这些参数向函数传递信息。一个函数可以有多个参数，它们之间用逗号分隔。不过，函数的参数是可选的，也可以不为函数指定参数。参数可以是各种数据类型，如整型、浮点型、字符串及数组等。statements 表示在函数中执行的一组语句，称为函数体。任何有效的 PHP 代码都可以在函数内部使用，甚至包括其他函数和类的定义。

return 语句用于立即结束此函数的执行并将它的参数作为函数的值返回，也用于终止脚本文件的执行。任何类型都可以作为函数的返回值，其中包括列表和对象。在执行 return 语句时，函数将立即结束运行，并将控制权传递回它被调用的行。return() 是语言结构而不是函数，仅在参数包含表达式时才需要使用括号将其括起来。

【例 2.19】创建一个 PHP 动态网页，用于说明如何声明和使用用户自定义函数。源文件为 /02/02-19.php，源代码如下。

```
<!doctype html>
<html>
<head>
<meta charset="utf-8">
<title>用户自定义函数应用示例</title>
</head>

<body>
<h3>用户自定义函数应用示例</h3>
<hr>
<?php
// 声明用户自定义函数 show_text()，其功能是在页面指定位置上显示文字信息
// 函数的参数分别用于指定文字内容、x 和 y 坐标、字体、字号和文字颜色
function show_text($text, $x, $y, $font_name, $font_size, $color) {
    $str = '<div style="position: absolute; ';
    $str .= 'top: ' . $y . 'px; left: ' . $x . 'px; ';
    $str .= 'font-family: ' . $font_name . '; ';
    $str .= 'font-size: ' . $font_size . 'px; ';
    $str .= 'text-shadow: 3px 3px 3px grey; ';
    $str .= 'color: ' . $color . ';">' . $text . '</div>';
    echo $str;
}

//使用函数
show_text("phpStudy", "60", "90", "华文隶书", "36", "red");
show_text("PHP动态网站开发", "100", "120", "华文行楷", "40", "blue");
?>
</body>
</html>
```

本例中定义了一个用户自定义函数 show_text()，其功能是在页面指定位置上显示文字信息。该函数包含 6 个参数，分别用于指定文字内容、x 和 y 坐标、字号和文字颜色。连续两次使用该函数，会在不同位置上显示不同内容。运行结果如图 2.19 所示。

图 2.19　用户自定义函数应用示例

## 2.6.3　传递函数参数

通过函数的参数列表可以将信息传递到函数，参数列表就是以逗号作为分隔符的表达式列表。PHP 支持按值传递参数（默认）、通过引用传递参数及默认参数。PHP 4 和后续版本中还支持可变长度参数列表。

### 1. 通过引用传递参数

在默认情况下，函数参数通过值传递，这意味着即使在函数内部改变参数的值，也不会改

变函数外部的值。如果希望函数外部的值也可以被修改，则必须通过引用传递参数。如果要求函数的一个参数通过引用传递，则可以在函数定义中该参数的前面预先加上引用符号"&"。

下面给出一个通过引用传递函数参数的示例。

```php
<?php
function add_some_extra (&$string) {
    $string .= " World!";
}
$str = "Hello";
add_some_extra($str);
echo $str;        // 变量str已被修改，输出："Hello World!"
?>
```

### 2. 设置参数的默认值

在定义函数时，还可以为函数的参数设置默认值。默认值既可以是标量类型，也可以是数组和特殊类型，如数组和空值。但默认值必须是常量表达式，不能是变量、类成员或函数。当使用默认参数时，任何默认参数都必须被放在任何非默认参数的右侧，否则函数可能不会按照预期的情况工作。自 PHP 5 起，默认值也可以通过引用传递。

下面给出一个在函数中使用默认参数的示例。

```php
<?php
function fruit ($name, $color = "红") {    // 为参数$color设置了默认值
    return "这是一个{$color}{$name}。";
}
echo fruit ("苹果");                        // 输出："这是一个红苹果。"
echo fruit ("苹果", null);                  // 输出："这是一个苹果。"
echo fruit ("苹果", "青");                  // 输出："这是一个青苹果。"
?>
```

### 3. 使用可变长度参数列表

从 PHP 4 起，在用户自定义函数中可以使用可变长度参数列表。在定义可变长度参数列表时，可以使用下列函数获取参数的信息。

（1）使用 func_num_args() 函数返回传递给函数的参数数目，语法格式如下。

```
func_num_args (): int
```

这个函数返回传递给当前用户自定义函数的参数数目。

（2）使用 func_get_arg() 函数从参数列表中获取一个参数，语法格式如下。

```
func_get_arg (int $arg_num): mixed
```

其中，arg_num 用于指定参数在参数列表中的偏移量，首个参数的偏移量为 0。如果 arg_num 大于实际传递的参数数目，则产生一个警告，且 func_get_arg() 函数将返回 false。

（3）使用 func_get_args() 函数返回一个由函数参数列表组成的数组，语法格式如下。

```
func_get_args (): array
```

这个函数返回一个数组，该数组中的每个元素都是当前用户自定义函数的参数列表中的对应成员的一个拷贝，但不考虑那些默认参数。

**注意**：上述函数不能被用作函数的参数。要传递一个值，可以将结果赋给一个变量，然后向函数传递该变量。此外，如果在自定义函数外部使用这些函数，则会产生一个警告。

【例 2.20】创建一个 PHP 动态网页，用于演示如何通过引用传递参数、设置参数的默认值及使用可变长度参数列表。源文件为/02/02-20.php，源代码如下。

```php
<!doctype html>
<html>
<head>
<meta charset="utf-8">
<title>设置函数参数示例</title>
</head>

<body>
<h3>设置函数参数示例</h3>
<hr>
<?php
// 定义 swap()函数，其功能是交换两个参数的值
function swap(&$x, &$y) {
    $t = $x;
    $x = $y;
    $y = $t;
}
// 定义 show_text()函数，其功能是显示文本
function show_text($text, $font_size = "14px", $color = "black") {
    echo "<span style=\"font-size:{$font_size};color:{$color}\">{$text}</span>";
}
// 定义 sum()函数，其功能是计算一组参数之和
function sum() {
    $num_args = func_num_args();                    // 获取参数个数
    $sum = 0;
    if ($num_args >= 2) {                           // 若参数个数大于或等于2
        $arg_list = func_get_args();                // 获取参数数组
        $sum = 0;                                   // 变量初始化
        for ($i = 0; $i < $num_args; $i++) {        // 对所有参数求和
            $sum += $arg_list[$i];
        }
    }
    return $sum;
}

$a = 'this';
$b = 'that';
echo "<ol>";
echo "<li>通过引用传递参数：<i>交换变量</i><br>";
```

```php
echo "交换前：\$a={$a}, \$b={$b}<br>";
swap($a, $b);
echo "交换后：\$a={$a}, \$b={$b}<br>";
echo "<li>设置参数的默认值：<i>指定文本的字号和颜色</i><br>";
show_text("PHP");
show_text("动态网站", "22px");
show_text("开发", "26px", "red");
echo "<li>使用可变长度参数列表：<i>求和</i><br>";
echo "1+2+3+4=" . sum(1, 2, 3, 4) . "<br>";
echo "1+2+3+4+5+6=" . sum(1, 2, 3, 4, 5, 6);
?>
</body>
</html>
```

本例中定义了 3 个函数，即 swap()、show_text() 和 sum()。在 swap() 函数中通过引用传递参数，其目的是实现两个参数值的交换；show_text() 函数一共有 3 个参数，并且对后面两个参数设置了默认值，如果使用该函数时未传递这两个参数，则会在函数中使用其默认值；sum() 函数用于计算一组参数之和，虽然参数数目不确定，但是总能顺利完成求和任务。运行结果如图 2.20 所示。

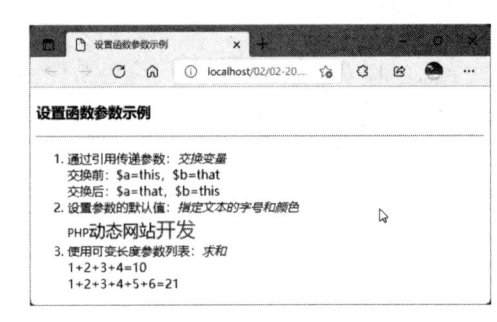

图 2.20　设置函数参数示例

### 2.6.4　设置函数返回值

函数返回值通过使用可选的 return 语句返回。返回值可以是任何类型，其中包括列表和对象。在执行 return 语句时，函数将立即结束运行，并将控制权传递回它被调用的行。如果在一个函数中调用 return 语句，将立即结束此函数的运行，并将 return 语句的参数作为函数的值返回给调用代码。

下面给出一个设置和使用函数返回值的示例。

```php
<?php
function square($x) {
    return $x*$x;
}

echo square(3);                              // 输出：9
?>
```

虽然不能从函数中返回多个值，但是可以通过返回一个数组来达到类似的效果。例如：

```php
<?php
function small_numbers(){
    return array(0, 1, 2);                   // 返回一个数组
}

list($zero, $one, $two) = small_numbers();   // 使用list()函数把数组中的值赋给一些变量
```

```
echo $zero . ', ' . $one . ', ' . $two;    // 输出：0, 1, 2
?>
```

如果要从函数中返回一个引用，则必须在声明函数和指派返回值给一个变量时都使用引用符号"&"。例如：

```
<?php
function &test(&$x) {       // 在声明函数时，在函数名前添加"&"，并通过引用传递参数 x
    $x++;
    return $x;              // 从函数中返回对参数$x的引用
}

$a = 100;
$b = &test($a);             // 在使用函数时，在函数名前添加"&"，使变量b指向变量a的内容
test($b);                   // 不使用函数返回值，在改变变量b的同时也改变了变量a
echo $a . ', ' . $b;        // 输出：102, 102
?>
```

【例 2.21】创建一个 PHP 动态网页，用于演示如何设置函数的返回值。源文件为/02/02-21.php，源代码如下。

```
<!doctype html>
<html>
<head>
<meta charset="utf-8">
<title>计算最大公约数</title>
</head>

<body>
<h3>计算最大公约数</h3>
<hr>
<?php
function gcd($x, $y) {
    if ($x < $y) {
        $t = $x;
        $x = $y;
        $y = $t;
    }
    while ($y != 0) {
        $t = $x % $y;
        $x = $y;
        $y = $t;
    }
    return $x;
}

echo "<ul>";
echo "<li>32 和 56 的最大公约数是 " . gcd(32, 56);
echo "<li>900 和 1500 的最大公约数是 " . gcd(900, 1500);
echo "</ul>";
```

```
?>
</body>
</html>
```

本例中定义了一个名为 gcd 的函数，其功能是对传入的两个参数计算最大公约数。运行结果如图 2.21 所示。

### 2.6.5 使用变量作用域

变量作用域即变量定义的上下文背景，也就是变量的生效范围。根据作用域，变量可以分为局部变量、全局变量和静态变量。

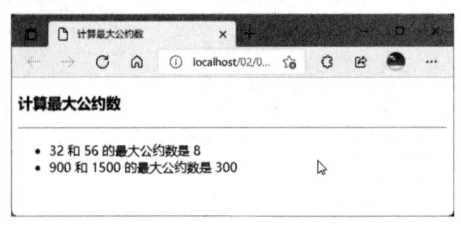

图 2.21　计算最大公约数

#### 1. 变量的作用域与包含文件

大多数 PHP 变量不仅在当前 PHP 文件中有效，其作用域也将包含 include 语句和 require 语句引入的文件。例如：

```
<?php
$a = 1;
include "another.php";      // 变量 a 也将在被包含文件 another.php 中生效
?>
```

#### 2. 局部变量

在用户自定义函数中，将引入一个局部函数范围。在默认情况下，任何用于函数内部的变量都将被限制在局部函数范围内，这种变量称为局部变量。例如：

```
<?php
$a = 1;                     // 在函数外部定义的是全局变量
function test() {
    echo $a;                // 这里引用的是局部变量
}
test();                     // 不会产生任何输出
?>
```

其中，由于 echo 语句引用了一个局部变量 a，但在函数内部并未对该变量赋值，因此上述代码不会有任何输出，而且会产生一个未定义变量的警告。

#### 3. 全局变量

在任何函数外部定义的变量是全局变量。要在函数内部使用全局变量，可以先使用关键字 global 声明全局变量，然后对全局变量进行访问。例如：

```
<?php
$a = 1;
$b = 2;
function sum() {
    global $a, $b;          // 声明全局变量 a、b
```

```
        $b = $a + $b;              // 结果：b 的值为 3
}
sum();
echo $b;                            // 输出全局变量，结果为 3
?>
```

在函数内部，也可以直接通过预定义数组 GLOBALS 访问全局变量。在 GLOBALS 数组中，每个变量为一个元素，键名对应变量名，值对应变量的内容。GLOBALS 之所以在全局范围内存在，是因为 GLOBALS 是一个超全局变量。上述示例也可以改写成：

```
<?php
$a = 1;
$b = 2;
function sum(){
    $GLOBALS["b"] = $GLOBALS["a"] + $GLOBALS["b"];// 通过 GLOBALS 数组引用全局变量
}
sum();
echo $b;                                                                // 输出全局变量
?>
```

#### 4. 使用静态变量

静态变量使用关键字 static 来声明，仅在局部函数范围内存在，但是当程序执行离开函数作用域时，其值并不会丢失。例如：

```
<?php
function test() {
    static $a = 0;              // 声明静态变量
    echo $a . "<br>";
    $a++;
}                               // 在离开函数作用域时保留 a 的值
test();                         // 输出：0
test();                         // 输出：1
test();                         // 输出：2
?>
```

### 2.6.6 使用可变函数

PHP 支持可变函数的概念。这意味着如果一个变量名后有圆括号，则 PHP 将寻找与变量的值同名的函数，并且尝试执行它。可变函数也被称为变量函数，可以用来实现包括回调函数、函数表在内的一些用途。可变函数不能用于语言结构，如 echo、print、unset、isset、empty、include、require 及类似的语句。

【例 2.22】创建一个 PHP 动态网页，用于演示如何使用可变函数。源文件为/02/02-22.php，源代码如下。

```
<!doctype html>
<html>
<head>
```

```
<meta charset="utf-8">
<title>可变函数应用示例</title>
</head>

<body>
<h3>可变函数应用示例</h3>
<hr>
<?php
function f1() {
  return "f1() 函数输出的内容";
}
function f2($var) {
  return "f2() 函数输出的内容: $var";
}
function f3($var1, $var2) {
  return "f3() 函数输出的内容: $var1, $var2";
}
echo "<ul>";
$func = "f1"; echo "<li>" . $func();
$func = "f2"; echo "<li>" . $func("Hello");
$func = "f3"; echo "<li>" . $func("Hello", "PHP");
?>
</body>
</html>
```

本例中首先分别定义了 3 个函数，然后使用同一个变量 func 依次指定这些函数，并通过该变量使用这些函数。运行结果如图 2.22 所示。

### 2.6.7 使用匿名函数

图 2.22 可变函数应用示例

匿名函数也被称为闭包函数，它允许临时创建一个没有指定名称的函数。匿名函数经常被用作回调函数的参数。当然，也有其他应用的情况。匿名函数也可以作为变量的值来使用。

下面给出一个使用匿名函数对变量赋值的示例。

```
<?php
$greet = function($name) {
  echo "Hello $name";
};
$greet("World");        // 输出: "Hello World"
$greet("PHP");          // 输出: "Hello PHP"
?>
```

### 2.6.8 使用箭头函数

箭头函数是 PHP 7.4 的新语法，是一种更简洁的匿名函数写法，其基本语法格式如下。

```
fn(argument_list) => expr
```

其中，argument_list 用于给出函数的参数列表，expr 则作为函数的返回值。箭头函数支持与匿名函数相同的功能，也可以作为变量的值来使用。

在下面的示例中，箭头函数$fn1与匿名函数$fn2的作用是一样的。

```
<?php
$fn1 = fn($x, $y) => $x + $y;
// 相当于下面的匿名函数:
$fn2 = function ($x, $y) {
   return $x + $y;
};

echo $fn1(2, 3);       // 输出: 5
echo $fn2(2, 3);       // 输出: 5
?>
```

## 项 目 思 考

### 一、选择题

1．访问 PHP 动态网页可以通过（　　）协议来实现。

　A．FTP　　　　　　B．FILE　　　　　　C．HTTP　　　　　　D．NETBEUI

2．在下列选项中，（　　）不属于 PHP 定界符。

　A．<%…%>　　　　B．<#…#>　　　　　C．<?…?>　　　　　D．<?php…?>

3．gettype(1.23)的返回值类型是（　　）。

　A．boolean　　　　B．string　　　　　　C．integer　　　　　D．double

4．使用（　　）函数可以检查变量是否为字符串。

　A．is_int()　　　　B．is_string()　　　　C．is_numeric()　　　D．is_float()

5．使用魔术常量（　　）可以返回当前文件的完整路径和文件名。

　A．\_\_CLASS\_\_　　　B．\_\_DIR\_\_　　　　C．\_\_FILE\_\_　　　　D．\_\_LINE\_\_

### 二、判断题

1．在使用单引号定义字符串时，字符串中的变量名运行时会被变量值替代。（　　）

2．若要创建动态变量，可以在其值作为变量名使用的变量前面添加一个"@"符号。（　　）

3．若要引用一个变量，可以在该变量名前添加一个"&"符号。（　　）

4．在 PHP 中，不等于运算符用"≠"表示。（　　）

5．while 语句根据条件将一组语句执行一次或多次。（　　）

6．do…while 语句根据条件将一组语句执行零次或多次。（　　）

7. continue 语句可以结束整个循环语句的执行，break 语句可以跳过剩余语句并结束本次循环的执行。（    ）

8．在使用函数的默认参数时，任何默认参数都必须被放在任何非默认参数的右侧。（    ）

9．使用 get_defined_functions() 函数可以获取所有用户自定义函数。（    ）

10．箭头函数也是一种匿名函数。（    ）

### 三、简答题

1．PHP 文件包含的主要内容是什么？
2．服务器对 HTML 静态网页和 PHP 动态网页的处理过程有什么不同？
3．在 PHP 中定义字符串有哪些方法？
4．$x++ 与 ++$x 有什么区别？
5．条件运算符"？:"的运算规则是什么？
6．include 语句与 include_once 语句有什么区别？
7．require 语句与 include 语句有什么区别？
8．局部变量与全局变量有什么区别？

## 项 目 实 训

1．创建一个 PHP 动态网页，使用 3 种不同格式定义字符串并显示在页面中。

2．创建一个 PHP 动态网页，使用预定义常量获取当前操作系统名称、PHP 版本号、当前目录、当前文件及当前行号并显示在页面中。

3．创建一个 PHP 动态网页，使用 if 语句判断给定的 3 个数字能否构成一个三角形。

4．创建一个 PHP 动态网页，使用 switch 语句将英文星期转换为中文星期。

5．创建一个 PHP 动态网页，分别使用 while 和 do…while 语句计算前 100 个奇数之和。

6．创建一个 PHP 动态网页，使用双重结构的 for 语句创建一个 10 行 10 列的表格。

7．创建两个 PHP 文件，在其中一个文件中定义两个变量，在另一个文件中包含变量文件并显示这些变量的值。

8．创建一个 PHP 动态网页，要求通过用户自定义函数在页面指定位置以指定字体、字号和颜色显示一个字符串。

9．创建一个 PHP 动态网页，定义和使用下列函数。

（1）用于交换两个变量值的函数。

（2）用于设置文本的字体和颜色的函数。

（3）用于计算若干个数字之和的函数。

# 项目 3

# PHP 数据处理

PHP 提供了丰富的数据类型，既有标量类型，也有复合类型和特殊类型。如何处理各种类型的数据，是 PHP 编程的重要内容之一。在本项目中，读者将学习和掌握 PHP 中常用数据类型的处理方法，能够对字符串、数组和日期/时间进行处理。

## 项目目标

- 掌握字符串的处理方法
- 掌握数组的处理方法
- 掌握日期/时间的处理方法

## 任务 3.1 字符串处理

字符串是一种标量类型，同时也是数组等复合类型的构成要素。PHP 提供了许多用于字符串处理的内部函数。在本任务中，读者将学习如何利用这些内部函数实现字符串的比较、查找、替换及格式化等操作。

### 任务目标

- 掌握字符串的格式化输出方法
- 了解常用字符串函数的作用
- 掌握 HTML 文本格式化的方法
- 掌握连接和分割字符串的方法
- 掌握查找和替换字符串的方法
- 掌握从字符串中获取子串的方法

### 3.1.1 字符串的格式化输出

在 PHP 中，可以使用 echo 语句输出包括字符串在内的各种数据。前面的项目中已经多次用到了 echo 语句。除了 echo 语句，还可以利用以下 3 个内部函数输出字符串。

（1）使用 print() 函数输出一个字符串，语法格式如下。

```
print(string $arg): int
```

其中，参数 arg 用于指定要输出的字符串。

实际上，print() 函数并不是一个真正的函数，它与 echo 语句一样，也是一个语言结构，因此也可以不对参数使用圆括号。与 echo 语句不同的是，print() 函数仅支持一个参数，并且总是返回 1。

（2）使用 printf() 函数输出一个格式化的字符串并返回输出的字符串的长度，语法格式如下。

```
printf(string $format[,mixed $args[, mixed…]]): int
```

其中，参数 args 用于指定要输出的参数，不同参数之间用逗号分隔；参数 format 用于指定输出格式，为每个输出参数分别指定一个输出格式，所有格式说明均以"%"开始，如下所示。

```
%[argnum$][flags][width][.precision]specifier
```

其中，argnum 是一个整型数，后面跟一个美元符号"$"，用于指定在转换过程中要处理的数字参数。flags 用于指定变量值的对齐方式、填充方式，以及正数是否加正号"+"，其取值如表 3.1 所示。

表 3.1 flags 取值

| flags 取值 | 说　　明 |
| --- | --- |
| - | 在给定的字段宽度内左对齐；默认设置为右对齐 |
| + | 在正数前面加上加号"+"；默认只有负数以负号"-"为前缀 |
| （空格）c | 仅用空格填充结果。这是默认设置 |
| 0 | 仅用零填充数字。当使用 s 说明符时，也可以向右填充零 |
| '(char) | 使用字符（char）填充结果 |

width 是一个整型数，用于指定变量值占用的宽度。precision 用于指定小数点后显示的位数，用一个小数点"."后跟一个整型数表示，其含义取决于使用的说明符。

- e 或 E、f 或 F 说明符：指定在小数点后显示的位数（默认为 6）。
- s 说明符：充当截止点，为字符串设置最大字符限制。

**注意**：如果小数点"."后面没有指定明确的精度值，则假定为 0。

specifier 用于指定说明符，常用说明符如表 3.2 所示。

表 3.2 常用说明符

| 说 明 符 | 说　　明 |
| --- | --- |
| % | 一个标量字符，即百分号"%"。不需要参数。如果要打印一个符号"%"，则必须使用"%%" |
| b | 将参数处理为整型数并显示为二进制数 |
| c | 将参数处理为整型数并显示为具有该 ASCII 值的字符 |
| d | 将参数处理为整型数并显示为有符号的十进制数 |

续表

| 说明符 | 说 明 |
|---|---|
| e 或 E | 将参数用科学记数法显示出来，如 1.6e+2 或 1.6E+2 |
| f 或 F | 将参数处理为浮点型数并显示出来，两者的区别在于是否对语言区域设置感知 |
| u | 将参数处理为整型数并显示为无符号的十进制数 |
| o | 将参数处理为整型数并显示为八进制数 |
| s | 将参数处理为一个字符串并显示出来 |
| x 或 X | 将参数处理为整型数并显示为十六进制数，两者的区别在于字母是用小写的还是用大写的 |

（3）使用 sprintf()函数返回（而不是输出）一个格式化的字符串，语法格式如下。

```
sprintf(string $format[, mixed $args[,mixed $…]]): string
```

其中，参数 format 和 args 的作用与 printf()函数中的相同。不同的是，sprintf()函数执行结束时，将返回一个按 format 指定的格式进行处理而生成的字符串。表 3.1 和表 3.2 中列出的 flags 取值与常用说明符同样适用于 sprintf()函数。

【例 3.1】创建一个 PHP 动态网页，用于说明如何对字符串进行格式化输出。源文件为 /03/03-01.php，源代码如下。

```html
<!doctype html>
<html>
<head>
<meta charset="utf-8">
<title>字符串格式化输出示例</title>
<style>
    div {
        column-count: 2;
        column-gap: 56px;
        column-rule: thin solid gray;
    }

    ul {
        margin-top: 0;
    }
</style>
</head>

<body>
<h3 style="text-align: center;">字符串格式化输出示例</h3>
<hr>
<div>
    <?php
    $a = 345.678;
    $username = '张三';
    $gender = '男';
    $age = 30;
    $wages = 5099.96;
```

```
        printf("整型数 a 显示如下：<ul><li>十进制：%'#10d</li><li>八进制：%'#-10o</li>
          <li>十六进制：%'#-8X</li><li>二进制：%'#10b</li></ul>", $a, $a, $a, $a);
        $msg = sprintf("用户信息如下：<ul><li>姓名：%s</li><li>性别：%s</li>
          <li>年龄：%d</li><li>工资：%'#-10.2f</li></ul>\n",
            $username, $gender, $age, $wages);
        print($msg);
        ?>
</div>
</body>
</html>
```

本例中定义了一些整型变量和字符串变量，分别以不同数制显示了整型数 a 的值，并对其他整型变量和字符串变量进行格式化输出。运行结果如图 3.1 所示。

### 3.1.2 了解常用字符串函数

PHP 提供了许多用于字符串处理的内部函数，为应用开发带来了很大的便利。表 3.3 所示为一些常用字符串函数。

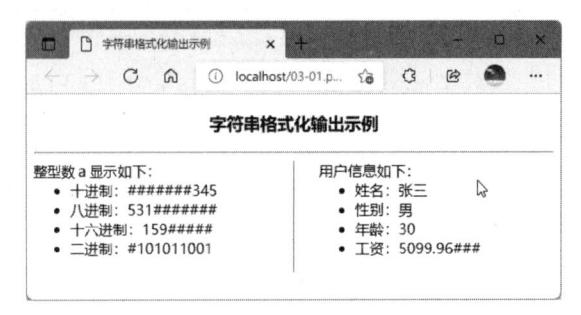

图 3.1 字符串格式化输出示例

表 3.3 常用字符串函数

| 函　　数 | 说　　明 |
| --- | --- |
| addslashes(string $str): string | 使用反斜线引用字符串。返回字符串。该字符串因数据库查询语句等的需要而在某些字符前加上反斜线 |
| chr(int $ascii): string | 返回对应 ASCII 值的单个字符 |
| explode(string $separator, string $str[, int $limit ] ): array | 使用一个字符串分割另一个字符串。返回由字符串组成的数组，每个元素均为字符串 str 的一个子字符串（简称子串），它们被字符串 separator 作为边界点分割出来。若设置了参数 limit，则返回的数组包含最多 limit 个元素，而最后那个元素将包含字符串 str 的剩余部分 |
| htmlentities( string $str[, int $flags[, string $encoding]] ): string | 将字符串中的 HTML 标签转换为 HTML 实体并返回处理后的字符串。参数 str 用于指定要处理的字符串；参数 flags 用于指定字符转换方式；参数 encoding 用于指定转换中使用的字符集 |
| htmlspecialchars(string $str[, int $flags[, string $encoding]]): string | 将字符串中的特殊字符替换为 HTML 实体并返回经过处理的字符串。参数 str 用于指定要处理的字符串；参数 flags 用于指定字符转换方式；参数 encoding 用于指定转换中使用的字符集 |
| implode(string $glue, array $pieces): string | 将数组元素连接成一个字符串并返回该字符串。参数 glue 用于指定连接数组元素的符号；参数 pieces 表示要连接成一个字符串的数组 |
| lcfirst(string $str ): string | 将一个字符串的首字符转换为小写形式 |
| ltrim(string $str[, string $charlist]): string | 去除字符串左边的空格或其他字符并返回处理后的字符串。参数 str 用于指定要处理的字符串；参数 charlist 用于指定要去除的字符 |
| money_format(string $format, float $number): string | 将一个数字格式化为一个货币字符串。参数 format 用于指定货币字符串的格式；参数 number 用于指定要处理的数字 |

续表

| 函　数 | 说　明 |
|---|---|
| nl2br(string $str[, bool $is_xhtml]): string | 在字符串的所有新行之前插入 HTML 换行标签并返回处理后的字符串。参数 str 用于指定要处理的字符串；参数 is_xhtml 用于指定是否使用 XHTML 兼容换行符 |
| ord(string $str): int | 返回字符串 str 中首字符的 ASCII 值 |
| parse_str(string $str[, array &$arr]): void | 将字符串 str 解析为变量。参数 str 用于指定要解析的字符串。若提供参数 arr（数组），则变量值将成为该数组的元素 |
| rtrim(string $str[, string $charlist]): string | 删除字符串末端的空白字符（或其他字符）并返回改变后的字符串。参数 str 用于指定要处理的字符串；参数 charlist 用于指定要删除的字符列表 |
| str_getcsv(string $input [, string $delimiter[, string $enclosure[, string $escape]]]): array | 解析字符串 CSV 为一个数组并返回一个包含读取到的字段的索引数组。参数 input 用于指定要解析的字符串；参数 delimiter 用于指定字段定界符（仅单个字符）；参数 enclosure 用于指定字段包裹字符（仅单个字符）；参数 escape 用于设置转义字符（仅单个字符），默认为反斜线"\" |
| str_pad(string $input, int $pad_length[, string $pad_string[, int $pad_type]]): string | 使用字符串 pad_string 填充字符串 input 到指定长度 pad_length 并返回 input 从左端、右端或者两端被同时填充到指定长度后的结果。若未指定可选的参数 pad_string，则字符串 input 将被空格字符填充，否则它将被字符串 pad_string 填充到指定长度 |
| str_repeat(string $input, int $multiplier): string | 重复一个字符串并返回重复后的结果。参数 input 用于指定待操作的字符串；参数 multiplier 用于指定对 input 进行重复的次数 |
| str_replace(mixed $search, mixed $replace, mixed $subject [, int &$count]): mixed | 执行子串替换并返回替换后的数组或字符串。参数 search 用于指定查找的目标值，可以是字符串或数组；参数 replace 用于指定参数 search 的替换值，数组可用来指定多重替换；参数 subject 用于指定执行替换的数组或字符串；参数 count 用于指定匹配和替换的次数 |
| str_ireplace | 参数和功能与 str_replace()函数相同，但忽略大小写 |
| str_shuffle(string $str): string | 随机打乱一个字符串并返回打乱后的字符串。参数 str 为输入字符串 |
| str_split(string $str [, int $split_length]): array | 将字符串转换为数组。参数 str 用于指定要处理的字符串；参数 split_length 用于指定每一段的长度。若指定了可选的参数 split_length，则返回数组中的每个元素均是一个长度为 split_length 的字符串，否则每个字符串为单个字符 |
| strcmp(string $str1, string $str2): int | 二进制安全字符串比较。参数 str1 为第一个字符串；参数 str2 为第二个字符串。若字符串 str1 小于字符串 str2，则返回负数；若字符串 str1 大于字符串 str2，则返回正数；若二者相等，则返回 0 |
| strip_tags(string $str [, string $allowable_tags]): string | 从字符串中去除 HTML 和 PHP 标签并返回处理后的字符串。参数 str 为输入字符串；参数 allowable_tags 用于指定不被去除的字符列表 |
| strlen(string $str): int | 返回给定的字符串 str 的长度。参数 str 用于指定要计算长度的字符串 |
| strpbrk(string $haystack, string $char_list ): string | 在字符串 haystack 中查找 char_list 中的字符并返回一个以找到的字符开始的子串。参数 haystack 用于指定在其中查找的字符串；参数 char_list 用于指定要查找的字符列表 |
| strpos(string $haystack, mixed $needle[, int $offset]): int | 查找字符串首次出现的位置并以整型数返回位置信息。参数 haystack 用于指定在哪个字符串中进行查找；参数 needle 用于指定要查找的目标；参数 offset 用于指定从哪个字符开始查找 |
| stripos(string $haystack, string $needle[, int $offset]): int | 查找字符串首次出现的位置（不区分大小写）并以整型数返回位置信息。参数 haystack 用于指定在哪个字符串中进行查找；参数 needle 用于指定要查找的目标；参数 offset 用于指定从哪个字符开始查找 |

续表

| 函　数 | 说　明 |
|---|---|
| strrchr(string $haystack, mixed $needle): string | 查找指定字符串在目标字符串中最后一次出现的位置并返回字符串的一部分。参数 haystack 用于指定在哪个字符串中进行查找；参数 needle 用于指定要查找的目标 |
| string strrev(string $str ) | 反转字符串并返回反转后的字符串。参数 str 用于指定要反转的原始字符串 |
| strrpos(string $haystack, string $needle[, int $offset]): int | 查找指定字符串在目标字符串中最后一次出现的位置（区分大小写）并以整型数返回该位置。参数 haystack 用于指定在哪个字符串中进行查找；参数 needle 用于指定要查找的字符串；参数 offset 用于指定从何处开始查找 |
| strstr(string $haystack, mixed $needle [, bool $before_needle]): string | 查找字符串首次出现的位置并返回字符串的一部分或 false。参数 haystack 为输入字符串；参数 needle 用于指定要查找的目标字符串；参数 before_needle 为可选参数，若其值为 true，则返回 needle 在 haystack 中的位置之前的部分 |
| strtok(string $str, string $token): string | 标记分割字符串并返回标记后的字符串。参数 str 用于指定被分成若干子串的原始字符串；参数 token 用于指定分割 str 时使用的分界字符 |
| strtolower(string $str ) string | 将字符串转换为小写形式并返回转换后的小写字符串。参数 str 为输入字符串 |
| strtoupper(string $str) string | 将字符串转换为大写形式并返回转换后的大写字符串。参数 str 为输入字符串 |
| strtr(string $str, string $from, string $to): string | 转换指定字符并返回转换后的字符串。参数 str 为待转换的字符串；参数 from 用于指定源字符；参数 to 用于指定目标字符 |
| substr_count(string $haystack, string $needle[, int $offset[, int $length]]): int | 计算子串出现的次数并返回该次数。参数 haystack 用于指定在哪个字符串中进行查找；参数 needle 用于指定要查找的字符串；参数 offset 用于指定开始计数的偏移位置；参数 length 用于指定偏移位置之后的最大查找长度 |
| substr_replace(mixed $str, string $replacement, int $start[, int $length]): mixed | 替换字符串的子串并返回结果字符串或数组。参数 str 为输入字符串；参数 replacement 用于指定替换字符串；参数 start 用于指定从何处开始替换，若其值为正数，则从 str 的第 start 个字符处开始替换，若其值为负数，则从 str 的倒数第 start 个字符处开始替换；参数 length 用于指定替换的子串长度 |
| substr(string $str, int $start[, int $length]): string | 返回字符串的子串或 false。参数 str 为输入字符串；参数 start 用于指定从何处开始提取子串；参数 length 用于指定子串的长度 |
| trim(string $str [, string $charlist]): string | 去除字符串首尾处的空白字符（或者其他字符）并返回过滤后的字符串。参数 str 用于指定要处理的字符串；参数 charlist 用于列出所有希望过滤的字符，也可以使用 ".." 列出字符范围 |
| ucfirst(string $str): string | 将字符串的首字母转换为大写形式并返回结果字符串。参数 str 为输入字符串 |
| ucwords(string $str): string | 将字符串中每个单词的首字母转换为大写形式并返回处理结果。参数 str 为输入字符串 |

【例 3.2】创建一个 PHP 动态网页，用于说明如何使用内部函数对字符串进行处理。源文件为/03/03-02.php，源代码如下。

```
<!doctype html>
<html>
<head>
<meta charset="utf-8">
<title>字符串函数应用示例</title>
</head>

<body>
<h3>字符串函数应用示例</h3>
<hr>
```

```php
<?php
$sql = "SELECT * FROM 员工 WHERE 姓名='张三'";
printf("<ol><li>原始字符串：%s<br>", $sql);
printf("添加反斜线：%s", addslashes($sql));
$str = "This is a map.";
printf("<li>原始字符串：%s<br>", $str);
printf("字符串长度：%d<br>", strlen($str));
printf("转换为小写：%s<br>", strtolower($str));
printf("转换为大写：%s<br>", strtoupper($str));
printf("单词首字母大写：%s", ucwords($str));
$trans = array("hello" => "hi", "hi" => "hello");
echo "<li>转换字符串 hello<=>hi: ", strtr("hi all, I said hello", $trans);
?>
</body>
</html>
```

本例中演示了一些常见字符串函数的应用，例如，计算字符串长度、转换大小写等。运行结果如图 3.2 所示。

图 3.2　字符串函数应用示例

### 3.1.3　HTML 文本格式化

使用 PHP 内部函数可以对 HTML 文本进行格式化处理，例如，将字符串中的换行符转换为 HTML 换行标签，在特殊字符与 HTML 实体之间相互转换，以及去除所有 HTML 和 PHP 标签等。下面介绍相关函数的用法。

（1）使用 nl2br()函数可以将字符串中的所有换行符（\r\n）转换为 HTML 换行标签（<br/>或<br>）并返回调整后的字符串，语法格式如下。

```
nl2br(string $str[, bool $is_xhtml=true]): string
```

其中，参数 str 用于指定要处理的字符串。参数 is_xhtml 用于指定是否使用 XHTML 兼容换行符，默认值为 true，表示使用<br/>形式的换行标签，当其值被设置为 false 时，表示使用<br>形式的换行标签。

（2）使用 htmlspecialchars()函数可以将字符串中的一些特殊字符替换为 HTML 实体并返回调整后的字符串，语法格式如下。

```
htmlspecialchars(string $str[, int $flags[, string $encoding[, bool $double_
```

```
encode=true]]]): string
```

其中，参数 str 用于指定要处理的字符串。

参数 flags 为位掩码，由以下某一个或多个标记组成，用于设置转义处理细节、无效单元序列及文档类型。默认值为 ENT_COMPAT | ENT_HTML401。

- ENT_COMPAT：转换双引号，不转换单引号。
- ENT_QUOTES：既转换双引号，又转换单引号。
- ENT_NOQUOTES：单/双引号都不转换。
- ENT_IGNORE：静默丢弃无效的代码单元序列，而不是返回空字符串。
- ENT_SUBSTITUTE：替换无效的代码单元序列为 Unicode 代替符、U+FFFD（UTF-8）或&#xFFFD;（其他），而不是返回空字符串。
- ENT_DISALLOWED：将文档的无效代码点替换为 Unicode 代替符、U+FFFD（UTF-8）或&#xFFFD;（其他），而不是把它们留在原处。
- ENT_HTML401：使用 HTML 4.01 处理代码。
- ENT_XML1：使用 XML1 处理代码。
- ENT_XHTML：使用 XHTML 处理代码。
- ENT_HTML5：使用 HTML5 处理代码。

参数 encoding 用于指定转换过程中使用的字符集。例如，ISO-8859-1 表示西欧 Latin-1 字符集；UTF-8 表示 ASCII 兼容多字节 8-bit Unicode 的字符集；BIG5 表示繁体中文字符集（主要用于中国台湾地区），GB2312 表示简体中文字符集（中国国家标准字符集）；BIG5-HKSCS 是 BIG5 的延伸，表示繁体中文字符集（主要用于中国香港特别行政区）。

参数 double_encode 为可选参数，其取值为布尔值，用于规定是否对已存在的 HTML 实体进行编码。默认值为 true，这时将对每个实体进行编码；如果将其值设置为 false，则不会对已经存在的 HTML 实体进行编码。

htmlspecialchars()函数的转换结果为："&"→"&amp;"；"""→"&quot"（当参数 flags 的值未被设置为 ENT_NOQUOTES 时）；"'"→"&#039"（仅当参数 flags 的值被设置为 ENT_QUOTES 时）；"<"→"&lt"；">"→"&gt"。

htmlspecialchars()函数将特殊的 HTML 字符转换为 HTML 实体并以普通文本显示出来，可以防止恶意脚本对网站的攻击。

（3）使用 htmlentities()函数可以将字符串中的一些 HTML 标签转换为 HTML 实体并返回调整后的字符串，语法格式如下。

```
htmlentities(string $str[, int $flags[, string $encoding[, bool $double_encode=true]]]): string
```

其中，参数 str 用于指定要处理的字符串；参数 flags 用于指定字符转换方式；参数 encoding 用于指定转换过程中使用的字符集。关于参数 flags、charset 和 double_encode 的取值，请参阅 htmlspecialchars()函数。

（4）使用 strip_tags()函数可以在字符串中去除所有 HTML 和 PHP 标签并返回调整后的字符串，语法格式如下。

```
strip_tags ( string $str[,string $allowable_tags]): string
```

其中，参数 str 用于指定要处理的字符串；参数 allowable_tags 用于指定要保留的某些 HTML 和 PHP 标签。

【例3.3】创建一个 PHP 动态网页，用于说明如何实现 HTML 文本格式化。源文件为/03/03-03.php，源代码如下。

```
<!doctype html>
<html>
<head>
<meta charset="utf-8">
<title>HTML 文本格式化示例</title>
</head>

<body>
<h3>HTML 文本格式化示例</h3>
<hr>
<?php
$str = "欢迎光临！\r\n 这是一个PHP 动态网页。\r\n";
echo nl2br($str, false);
$str = '<a href="http://www.baidu.com/">百度一下，你就知道</a>';
echo $str . '<br>';
echo '源代码：' . htmlspecialchars($str, ENT_QUOTES, 'UTF-8');
$str = '<p style="color: red;">心想事成</p>';
echo $str;
echo '源代码：', htmlentities($str, ENT_IGNORE, 'UTF-8'); // ENT_COMPAT
$str = '<div>这是 HTML div 元素</div><!-- 这里是 HTML 注释 -->';
echo '<br>输出 HTML：' . $str;
echo '<br>移除 HTML 标签：', strip_tags($str);
?>
</body>
</html>
```

本例中首先使用 nl2br()函数将换行符转换为 HTML 换行标签<br>，然后使用 htmlentities()函数将 HTML 标签转换为 HTML 实体，最后使用 strip_tags()函数移除字符串中的 HTML 标签。运行结果如图 3.3 所示。

### 3.1.4 连接和分割字符串

字符串的连接与分割可以通过字符串与数

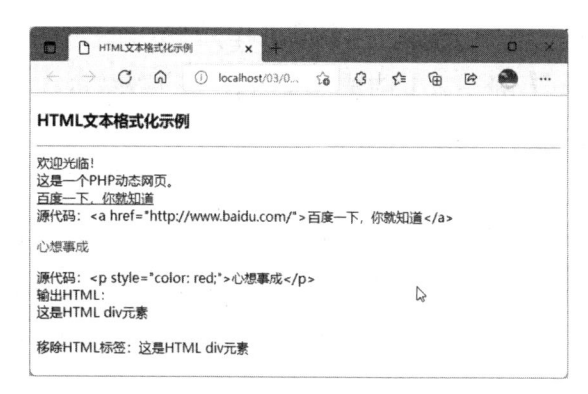

图 3.3 HTML 文本格式化示例

组的相互转换来实现：将一个数组包含的元素合并为一个字符串，或者反过来将一个字符串转换为一个数组，该数组中的每个元素都是字符串的一个子串。在 PHP 中，可以通过以下内部函数完成字符串的连接与分割。

（1）使用 implode()函数可以将数组元素连接成一个字符串并返回该字符串，语法格式如下。

```
implode(string $glue, array $pieces): string
```

其中，参数 glue 用于指定连接数组元素的符号；参数 pieces 用于指定要连接成字符串的数组。

（2）使用 explode()函数可以用指定字符串分割一个字符串并返回数组，语法格式如下。

```
explode(string $separator, string $str[, int $limit = PHP_INT_MAX]): array
```

其中，参数 separator 用于指定分隔符。若 separator 为空字符串（""），则返回 false；若在字符串 str 中找不到 separator 包含的值，则返回包含字符串的单个元素的数组；若在 str 中找到了 separator 包含的值，则将 separator 作为分隔符对 str 进行分割并返回由字符串组成的数组，该数组中的每个元素均为字符串 str 的子串。

若设置了参数 limit，则返回的数组最多包含 limit 个元素，而最后一个元素将包含字符串 str 的剩余部分。若 limit 的值为负数，则返回除最后-limit 个元素以外的所有元素；若 limit 的值为 0，则返回 1。

（3）使用 strtok()函数可以将一个字符串按另一个字符串的值分割为若干字符串，语法格式如下。

```
strtok(string $str, string $token): string
```

其中，参数 str 是被分割的字符串；参数 token 用于指定使用的分割字符串。

在使用 strtok()函数时，被分割的字符串会按照分割字符串中的每个字符进行分割，而不是按照整个分割字符串进行分割。该函数的返回值是标记后的字符串。

只有在第一次分割时，才需要通过第一个参数指定被分割的字符串。当完成第一次分割时，将自动记录下第一次分割后的指针位置。如果继续使用该函数，则会在新的指针位置进行分割。因此，在第二次分割开始后，可以省略第一个参数。如果要使指针返回初始状态，则应该将被分割的字符串作为第一个参数传递给 strtok()函数。

【例 3.4】创建一个 PHP 动态网页，用于说明如何连接和分割字符串。源文件为/03/03-04.php，源代码如下。

```
<!doctype html>
<html>
<head>
<meta charset="utf-8">
<title>连接和分割字符串示例</title>
</head>
```

```
<body>
<h3>连接和分割字符串示例</h3>
<hr>
<?php
$arr =["Apache", "PHP", "MySQL", "PhoStorm"];          // 定义数组
echo '<ol type="I"><li>原始数组: ';
print_r($arr);                                          // 显示数组信息
$str = implode("→", $arr);                              // 使用箭头连接数组元素以构成一个字符串
echo "<br>将数组元素连接成一个字符串: ", $str;
$str = "AAA-BBB-CCC";                                   // 定义字符串
$arr = explode("-", $str);      // 以"-"为分割字符串进行字符串分割并得到一个数组
echo "<li>原始字符串: ", $str;
echo "<br>将字符串分割成数组元素:";
print_r($arr);                                          // 显示数组信息
$n = 1;
$str = "Will convert both double and single quotes";    // 定义字符串
echo "<li>原始字符串: ", $str;
echo "<br>分割成单词: ";
$tok = strtok($str, " ");                               // 以空格为分割字符串进行字符串分割
while ($tok) {                                          // 连续进行分割
    echo "$n. $tok   ";                       // 显示数字编号、单词和空格
    $tok = strtok(" ");                                 // 省略第一个参数,继续分割
    $n++;
}
?>
</body>
</html>
```

本例中首先使用字符"→"连接数组元素以构成一个字符串,然后以"-"为分割字符串进行字符串分割并得到一个数组,最后以空格为分割字符串从句子中分割出单词。运行结果如图 3.4 所示。

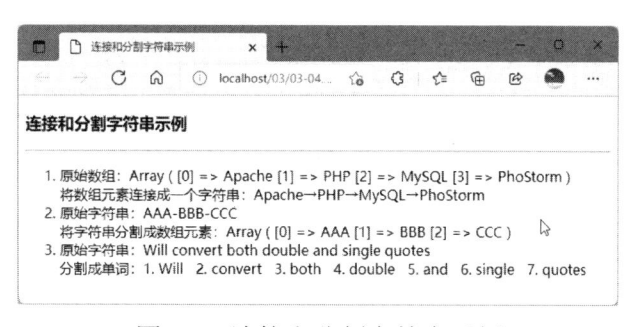

图 3.4 连接和分割字符串示例

## 3.1.5 查找和替换字符串

在字符串处理过程中,经常需要在一个字符串中查找另一个字符串出现的位置,或者在一个字符串中查找指定的内容并进行替换。在 PHP 中,可以通过以下内部函数实现字符串的查找和替换。

（1）使用 strpos() 函数可以在一个字符串中查找另一个字符串首次出现的位置，语法格式如下。

```
strpos(string $haystack, mixed $needle[, int $offset=0]): int
```

其中，参数 haystack 表示被查找的字符串；参数 needle 表示要查找的字符串，如果该参数的参数类型不是字符串，则它将被转换为整型并表示字符的顺序值；参数 offset 为整型数，用于指定从字符串 haystack 的第 offset 个字符处开始查找，该参数值不能为负数。首字符的位置为 0。

如果在字符串 haystack 中找到了字符串 needle，则 strpos() 函数将返回一个数字，表示 needle 在 haystack 中首次出现的位置。如果未找到，则返回 false。

在使用 strpos() 函数执行查找操作时，需要区分大小写。如果希望在执行查找操作时不区分大小写，则应使用 stripos() 函数。

（2）使用 strrpos() 函数在一个字符串中查找另一个字符串最后一次出现的位置，语法格式如下。

```
strrpos(string $haystack, mixed $needle[, int $offset=0]): int
```

其中，参数 haystack 表示被查找的字符串；参数 needle 表示要查找的字符串，如果该参数的数据类型不是字符串，则它将被转换为整型并表示字符的顺序值；参数 offset 用于指定从什么位置开始查找，如果将其值设置为负数，则从字符串尾部第 offset 个字符开始查找。

如果在字符串 haystack 中找到了字符串 needle，则 strpos() 函数将返回一个数字，表示 needle 在 haystack 中最后一次出现的位置。如果未找到，则返回 false。

（3）使用 str_replace() 函数在一个字符串中查找一个子串出现的所有位置，并使用新字符串替换该字符串，语法格式如下。

```
str_replace(mixed $search, mixed $replace, mixed $subject[, int &$count]): mixed
```

其中，参数 search 表示要被替换的目标字符串（即子串）；参数 replace 表示用于替换的新字符串；参数 subject 表示原字符串；参数 count 表示被替换的次数。

在使用 str_replace() 函数时，传入的前 3 个参数的参数类型可以是字符串或数组，分为以下几种情况。

- 如果 search 是一个数组，而 replace 是一个字符串，则用字符串 replace 替换数组 search 中的所有元素。
- 如果 search 和 replace 都是数组，则使用数组 replace 中的元素替换数组 search 中的对应元素，如果 replace 中的元素少于 search 中的元素，则 search 中的剩余元素用空字符串进行替换。
- 如果 subject 是一个数组，则使用 replace 依次替换数组 subject 每个元素中的 search，此时 str_replace() 函数将返回一个数组。

在使用str_replace()函数执行查找操作时是区分大小写的。如果希望在执行查找操作时不区分大小写，则应使用str_irepalce()函数。

（4）使用substr_replace()函数替换子串的文本内容并返回替换后的字符串，语法格式如下。

```
substr_replace(mixed $str, string $replacement, int $start[, int $length]): mixed
```

其中，参数str表示原字符串；参数replacement表示用来替换原有内容的新字符串；参数start用于指定执行替换操作的起始位置；参数length用于指定替换范围的大小，如果省略该参数，则从起始位置开始执行替换操作。

如果参数start的值为正数，将从字符串str中的第start个字符处开始执行替换操作；如果参数start的值为负数，将从字符串str中倒数第start个字符处开始执行替换操作。

如果参数length的值为正数，则表示字符串str中被替换的子串的长度；如果参数length的值为负数，则表示待替换的子串结尾处距离字符串str末端的字符个数（在GB2312和UTF-8编码中，每个中文字符分别计为2个字符和3个字符）；如果省略参数length，则默认值为字符串的长度strlen(string)；如果参数length的值为0，则字符串replacement将被插入字符串str中的第start个字符处。

【例3.5】创建一个PHP动态网页，用于说明如何查找和替换字符串。源文件为/03/03-05.php，源代码如下。

```
<!doctype html>
<html>
<head>
<meta charset="utf-8">
<title>字符串查找和替换示例</title>
<style>
   ol li {
       margin-bottom: 1em;
   }
</style>
</head>

<body>
<h3>字符串查找和替换示例</h3>
<hr>
<?php
$str = "a very beatiful way";
$needle = "y";
$pos = strpos($str, $needle);
printf("<ol><li>\"%s\" 在 \"%s\" 中的第一次出现位置为：%d", $needle, $str, $pos);
$pos = strrpos($str, $needle);
printf("<li>\"%s\" 在 \"%s\" 中的最后一次出现位置为：%d", $needle, $str, $pos);

$str = "<div style=\"%color%\">demo</div>";
```

```
$divtag = str_replace("%color%", "color: blue;", $str);
printf("<li>原字符串：%s<br>", htmlentities($str));
printf("执行替换操作后：%s", htmlentities($divtag));

$str = "Hello World of PHP";
$vowels = array("a", "e", "i", "o", "u", "A", "E", "I", "O", "U");
$onlyconsonants = str_replace($vowels, "", $str);
printf("<li>原字符串：%s<br>", $str);
printf("执行替换操作后（删除元音字母）：%s", $onlyconsonants);

$str = "我喜欢ASP动态网站开发。";
printf("<li>原字符串：%s<br>", $str);
$str = substr_replace($str, "JSP", 9, 3);
printf("第一次替换后：%s<br>", $str);
$str = substr_replace($str, "PHP", 9, -21);
printf("第二次替换后：%s", $str);
?>
</body>
</html>
```

本例中首先在一个字符串中分别查找字母 y 的第一次和最后一次出现的位置，然后对一段 HTML 标签代码执行替换操作，接着从一个字符串中删除所有元音字母，最后对一个字符串连续执行两次替换操作。运行结果如图 3.5 所示。

图 3.5 字符串查找和替换示例

### 3.1.6 从字符串中获取子串

在处理字符串时，经常需要从一个字符串中提取一部分内容，提取的这部分内容就是原字符串的一个子串。从字符串中获取子串可以通过 PHP 提供的以下函数来实现。

（1）使用 substr() 函数从指定字符串中返回一个子串，语法格式如下。

```
substr(string $str, int $start[, int $length]): string
```

其中，参数 str 表示原字符串；参数 start 用于指定子串的起始位置，如果省略该参数，则从第一个字符处开始返回字符串；参数 length 用于指定子串的长度，如果省略该参数或其值大于字符串 str 的长度，则返回从起始位置之后的所有字符。

如果 start 的值为非负数，则从第 start 个字符处开始返回字符串。start 从 0 开始计算。例如，在字符串"abcdef"中，位置 0 处的字符为"a"，位置 1 处的字符为"b"，以此类推。如果 start 的值为负数，则从原字符串末尾向前数 start 个字符，并从此处开始返回字符串。如果 start 的值超出了字符串 str 的范围，则返回 false。

如果 length 的值为负数，则表示从字符串 str 末尾开始计算忽略的字符长度。

（2）使用 strstr()函数在一个字符串中查找一个子串首次出现的位置，并返回字符串的一部分，语法格式如下。

```
strstr(string $haystack, mixed $needle[, bool $before_needle]): string
```

其中，参数 haystack 表示原字符串；参数 needle 表示要查找的子串。如果 needle 不是一个字符串，则它将被转换为一个整型数并作为一个普通字符来使用。

如果在字符串 haystack 中找到了子串 needle，则 strstr()函数返回从 needle 首次出现的位置到 haystack 结尾的所有字符串。如果在 haystack 中找不到 needle，则返回 false。如果参数 before_needle 的值为 true，则返回 needle 在 haystack 中的位置之前的部分。

在使用 strstr()函数执行查找操作时，需要区分大小写。如果要在执行查找操作时不区分大小写，则应使用 stristr()函数。

（3）使用 strrchr()函数在一个字符串中查找一个子串最后一次出现的位置，并返回字符串的一部分，语法格式如下。

```
strrchr(string $haystack, string $needle): string
```

其中，参数 haystack 表示原字符串；参数 needle 表示要查找的子串。

如果在字符串 haystack 中找到了子串 needle，则 strrchr()函数返回从 needle 最后一次出现的位置到 haystack 结尾的子串。如果在字符串 haystack 中找不到子串 needle，则返回 false。

【例 3.6】创建一个 PHP 动态网页，用于说明如何从一个字符串中获取子串。源文件为 /03/03-06.php，源代码如下。

```
<!doctype html>
<html>
<head>
<meta charset="utf-8">
<title>从字符串中获取子串示例</title>
<style>
   ol li {
       margin-bottom: 1em;
   }
</style>
</head>

<body>
<h3>从字符串中获取子串示例</h3>
<hr>
```

```php
<?php
print("<ol><li>从字符串 \"abcdefg\" 中获取不同部分：<br>");
printf("%s, ", substr("abcdefg", 1));          // bcdefg
printf("%s, ", substr("abcdefg", 1, 3));       // bcd
printf("%s, ", substr("abcdefg", 0, 10));      // abcdefg
printf("%s, ", substr("abcdefg", -3, 2));      // ef
printf("%s, ", substr("abcdefg", -2));         // fg
printf("%s, ", substr("abcdefg", -5, -2));     // cde
printf("%s, ", substr("abcdefg", 0, -3));      // abcd
printf("%s, ", substr("abcdefg", 2, -1));      // cdef
printf("%s, ", substr("abcdefg", 8, -1));      // flase（显示为空）
printf("%s", substr("abcdefg", -3, -1));       // ef

$email = "andy@126.com";
$username = strstr($email, "@", true);         // 返回@字符之前的部分
$domain = substr(strstr($email, "@"), 1);      // 内层 strstr()函数返回@字符及其之后的部分
// 外层substr()函数返回除首字符之外的部分（即域名）
printf("<li>电子邮件地址为：%s<br>", $email);
printf("从中获取用户名：%s<br>", $username);
printf("获取域名：%s", $domain);

$path = __FILE__;         // 使用魔术变量__FILE__获取当前文件的物理路径
$filename = substr(strrchr($path, "\\"), 1);   // 使用strrchr()函数从路径中获取最后一个 "\" 及其之后的部分
/* 使用substr()函数从strrchr()的结果中获取除首字符之外的部分 */
printf("<li>当前文件的完整路径：%s<br>", $path);
printf("从路径中获取文件名：%s", $filename);
?>
</body>
</html>
```

本例中首先从字符串"abcdefg"中获取不同的部分，为此分别将不同的参数传入 substr() 函数；然后从一个电子邮件地址中分别获取用户名和域名部分，在获取域名时，将 substr() 函数作为参数传入 substr() 函数；最后使用魔术变量 __FILE__ 获取当前页面的物理路径，使用 strrchr()函数和substr()函数获取文件名。运行结果如图 3.6 所示。

图 3.6 从字符串中获取子串示例

# 任务 3.2 数组处理

数组是一种复合类型,用于保存一组类型相同或不相同的数据,并将一组值映射为键。键也被称为数组的索引,可以是整型数或字符串,其相应的数组分别被称为枚举数组和关联数组;键可以有一个或多个,其相应的数组分别被称为一维数组或多维数组。在本任务中,读者将学习和掌握在 PHP 中创建和使用数组的方法。

### 任务目标

- 掌握创建数组的方法
- 掌握遍历数组的方法
- 初步掌握预定义数组的用法
- 掌握数组函数的用法

## 3.2.1 创建数组

在 PHP 中,创建数组有两种方法:一种方法是使用 array()语言结构;另一种方法是使用方括号语法。

### 1. 使用 array()语言结构创建数组

array()语言结构用于创建一个数组,可接收一定数量的用逗号分隔的 key => value 参数对,语法格式如下。

```
array(mixed ...$values): array
```

其中,参数 values 用于定义索引和值,采用 index => values 语法,其中的元素用逗号分隔。索引可以是字符串或整型数。如果省略了索引,则会自动产生从 0 开始的整型数索引。如果索引是整型数,则下一个产生的索引将是当前最大的整型数索引加 1。如果定义了两个完全一样的索引,则后面一个会覆盖前面一个。

在最后一个定义的数组元素后加一个逗号并不常见,却也是合法的语法。

array()语言结构返回根据参数创建的数组。

创建一个数组并将数组引用赋给一个变量之后,就可以通过该变量(表示数组名)和索引来引用数组内的任何一个元素的值,语法格式如下。

```
$array_name[key]
```

如果要引用多维数组内的元素,则需要使用数组名和多个键来实现。例如,二维数组可以通过以下语法格式来访问其元素。

```
$array_name[key1][key2]
```

下面给出一个使用 array()语言结构创建数组的示例。

```
<?php
```

```php
$arr = array(1=>10,2=>20,30,40,"aa"=>50,"bb"=>60,70);   // 索引既有整型数,也有字符串
echo $arr[3];                                            // 输出:30
echo $arr["aa"];                                         // 输出:50
echo $arr["bb"];                                         // 输出:60
echo $arr[5];                                            // 输出:70
?>
```

在使用 array() 语言结构时,应注意以下几点。

- 如果没有对给出的值指定键名,则新的键名将是当前最大的整型数索引加 1。如果指定的键名已经有值,则该值将会被覆盖。
- 如果将键名指定为浮点型数,则浮点型数会被取整为整型数。
- 如果使用 true 作为键名,则整型数 1 将成为键名;如果使用 false 作为键名,则整型数 0 将成为键名。
- 如果使用 null 作为键名,则等同于使用空字符串作为键名。使用空字符串作为键名将新建(或覆盖)一个使用空字符串作为键名的值,这与使用空的方括号不同。
- 不能使用数组和对象作为键名。

### 2. 使用方括号语法创建或修改数组

使用方括号语法创建数组,并将数组引用赋给一个变量,语法格式如下。

```
$array_name = [index->value...];
```

在方括号内指定键名,可以对数组元素进行赋值。

```
$array_name[key] = value;
```

其中,array_name 表示数组名;key 表示键名,可以是整型数或字符串;value 可以是任何值。如果数组 array_name 目前尚不存在,则会新建一个数组。这也是一种定义数组的替换方法。如果要改变一个数组元素的值,则可以对它赋一个新值。如果要删除一个键-值对,则可以对它使用 unset() 函数。

也可以不指定键名,此时应在变量名后面加上一对空的方括号"[]",语法格式如下。

```
$array_name[] = value;
```

如果给出了方括号但没有指定键名,则取当前最大的整型数索引,新的键名将是该值加 1。如果当前没有整型数索引,则键名将被设置为 0。如果指定的键名已经有值了,则该值将会被覆盖。下面给出一个使用方括号语法创建和修改数组的示例。

```php
<?php
$username = [3 => "张三", 5 => "李四", 8 => "kk"];
$username[] = "tt";                  // 添加一个新元素,键名为9
$username[12] = "mary";              // 添加一个新元素,键名为12
$username["sa"] = "root";            // 添加一个新元素,键名为"sa"
unset($username[5]);                 // 删除数组元素$username[5]
unset($username);                    // 删除整个数组
?>
```

【例 3.7】创建一个 PHP 动态网页，用于说明如何使用 array()语言结构创建数组。源文件为/03/03-07.php，源代码如下。

```
<!doctype html>
<html>
<head>
<meta charset="utf-8">
<title>创建数组示例</title>
<style>
    ol li {
        margin-bottom: 1em;
    }
</style>
</head>

<body>
<h3>创建数组示例</h3>
<hr>
<?php
// 未指定键名，默认键名为 0、1、2
$a1 = array(3000, 4000, 6000);
printf("<ol><li>键为整型数<br>");
var_dump($a1);
printf("<br>  %s  %s  %s", $a1[0], $a1[1], $a1[2]);
// 指定字符串作为键名
$a2 = ["username" => "张三丰", "gender" => "男", "birthdate" => "1999-9-19"];
printf("<li>键为字符串<br>");
var_dump($a2);
printf("<br>用户名：%s；性别：%s；出生日期：%s", $a2["username"], $a2["gender"], $a2["birthdate"]);
// 指定整型数或字符串作为键名
$a3 = [100, 5 => 666, 3 => 777, "aa" => 999, 111, "8" => 333, "02" => 9999, 0 => 1212];
printf("<li>键为整型数或字符串<br>");
var_dump($a3);
printf("<br>  %s  %s  %s", $a3[0], $a3["aa"], $a3["02"]);
// 指定数组作为值（多维数组）
$a4 = array("fruits" => array("a" => "砀山梨", "b" => "水蜜桃", "c" => "灵宝苹果"),
    "numbers" => array(20, 30, 50, 60), "quality" => array("优", "良", "尚可"));
echo "<li>多维数组<br>";
var_dump($a4);
printf("<br>  %s  %s  %s", $a4["fruits"]["c"],
    $a4["numbers"][3], $a4["quality"][0]);
?>
</body>
</html>
```

本例中分别创建了 4 个数组。其中，第 1 个数组未指定键名（默认键名为整型数 0、1、2），第 2 个数组以字符串为键名，第 3 个数组以整型数或字符串为键名，第 4 个数组是多维数组。运行结果如图 3.7 所示。

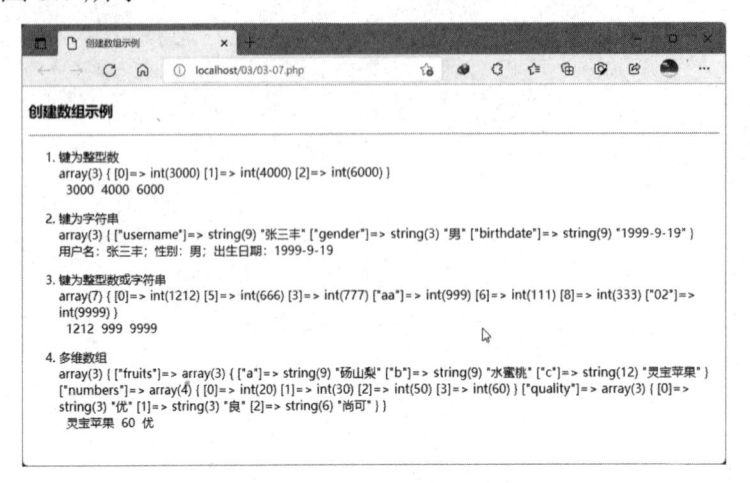

图 3.7 创建数组示例

### 3.2.2 遍历数组

在 PHP 中，可以使用 foreach 循环语句遍历数组。foreach 语句只能应用于数组和对象，如果尝试将其应用于其他数据类型的变量或者未初始化的变量，将发出错误信息。

foreach 语句有以下两种语法格式。

```
foreach (array_expr as $value)
    statements
foreach (array_expr as $key=>$value)
    statements
```

第一种语法格式遍历给定的数组 array_expr。在每次循环中，当前元素的值被赋给变量 value，并且数组内部的指针向前移一步，因此在下一次循环中将得到下一个元素。

第二种语法格式是第一种语法格式的扩展，其作用与第一种语法格式的作用相同，但当前元素的键名会在每次循环中被赋给变量 key。这种语法格式还能用于遍历对象。

【例 3.8】创建一个 PHP 动态网页，用于说明如何使用 foreach 语句遍历数组。源文件为 /03/03-08.php，源代码如下。

```
<!doctype html>
<html>
<head>
<meta charset="utf-8">
<title>遍历数组示例</title>
<style>
    ul {
        margin-top: 0;
    }
</style>
```

```
</head>

<body>
<h3>遍历数组示例</h3>
<hr>
<?php
$nums = array(1, 2, 3, 4, 5);
$student = array("姓名" => "张三", "性别" => "男",
    "出生日期" => "2005-5-5", "电子邮箱" => "zhangsan@126.com");
echo '<p>数组元素：<br>';
foreach ($nums as $element) {
    echo "  $element";
}
echo '</p>用户信息：<ul>';
foreach ($student as $key => $value) {
    printf("<li>%s: %s</li>", $key, $value);
}
echo '</ul>';
?>
</body>
</html>
```

本例中分别定义了两个数组，分别以整型数和字符串为键名，然后通过 foreach 语句遍历这两个数组。运行结果如图 3.8 所示。

图 3.8 遍历数组示例

### 3.2.3 使用预定义数组

PHP 提供了一些预定义数组，它们可以在 PHP 代码中直接使用，不需要进行初始化。这些预定义数组包含来自 Web 服务器（如果可用）、运行环境及用户输入的数据，而且能在全局范围内自动生效，因此这些预定义数组也被称为超全局变量。一些常用的预定义数组如表 3.4 所示。

表 3.4 常用的预定义数组

| 预定义数组 | 描 述 | 应用示例 |
| --- | --- | --- |
| $GLOBALS | 包含一个引用指向每个当前脚本的全局范围内有效的变量，该数组的键名为全局变量的名称 | 使用$GLOBALS["a"]可访问在脚本中定义的全局变量 a |

续表

| 预定义数组 | 描述 | 应用示例 |
|---|---|---|
| $_SERVER | 由 Web 服务器设定或者直接与当前脚本的执行环境相关联,是一个包含头信息、路径和脚本位置的数组,该数组的实体由 Web 服务器创建。在脚本中可以使用 phpinfo()函数查看其内容 | 使用 $_SERVER["PHP_SELF"]可获取当前正在执行脚本的文件名,其值与 document root 相关 |
| $_GET | 经由 URL 请求提交至脚本的变量,是由通过 HTTP GET 方法传递的变量组成的数组,可用来获取附加在 URL 后面的参数值 | 使用$_GET["id"]可获取附加在 URL 后的名为 id 的参数的值 |
| $_POST | 经由 HTTP POST 方法提交至脚本的变量,是由通过 HTTP POST 方法传递的变量组成的数组,可用来获取用户通过表单提交的数据 | 使用$_POST["name"]可获取通过表单提交的名为 name 的表单元素的值 |
| $_COOKIE | 经由 HTTP Cookies 方法提交至脚本的变量,是由通过 HTTP Cookies 方法传递的变量组成的数组,可用于读取 Cookie 值 | 使用$_COOKIE["email"]可获取存储在客户端的名为 email 的 Cookie 值 |
| $_REQUEST | 经由 GET、POST 和 Cookie 机制提交至脚本的变量,因此该数组并不值得信任。所有包含在该数组中的变量的存在与否及变量的顺序均按照 php.ini 文件中的 variables_order 配置指示来定义 | $_REQUEST 数组包括 GET、POST 和 Cookie 的所有数据 |
| $_FILES | 经由 HTTP POST 方法上传而提交至脚本的变量,是由通过 HTTP POST 方法传递的已上传文件项组成的数组,可用于 PHP 文件上传编程 | 使用 $_FILES["userfile"]["name"]可获取客户端文件的文件名 |
| $_SESSION | 当前注册给脚本会话的变量,是包含当前脚本中会话变量的数组,可用于访问会话变量 | 使用$_SESSION["user_level"]可检索名为 user_level 的会话变量的值 |

常用的$_SERVER 数组元素如表 3.5 所示。

表 3.5　常用的$_SERVER 数组元素

| 元素键名 | 元素值描述 |
|---|---|
| PHP_SELF | 当前正在执行脚本的文件名,与 document root 相关 |
| GATEWAY_INTERFACE | 服务器使用的 CGI 规范的版本,如"CGI/1.1" |
| SERVER_NAME | 当前运行脚本所在服务器主机的名称。如果该脚本运行在一个虚拟主机上,该名称由此虚拟主机设置的值决定 |
| SERVER_SOFTWARE | 服务器标识的字符串,在响应请求时的头信息中给出 |
| SERVER_PROTOCOL | 请求页面时通信协议的名称和版本,如"HTTP/1.0" |
| REQUEST_METHOD | 访问页面时的请求方法,如"GET""HEAD""POST""PUT" |
| REQUEST_TIME | 请求开始时的时间戳。从 PHP 3.2.0 起有效 |
| QUERY_STRING | 查询字符串,即 URL 中第一个问号"?"之后的内容 |
| DOCUMENT_ROOT | 当前运行脚本所在的文档根目录,在服务器配置文件中定义 |
| HTTP_ACCEPT | 当前请求的 Accept 头信息的内容 |
| HTTP_ACCEPT_CHARSET | 当前请求的 Accept-Charset:头信息的内容,如"iso-8859-1,*,utf-8" |
| HTTP_ACCEPT_ENCODING | 当前请求的 Accept-Encoding:头信息的内容,如"gzip" |
| HTTP_ACCEPT_LANGUAGE | 当前请求的 Accept-Language:头信息的内容,如"zh-cn" |
| HTTP_CONNECTION | 当前请求的 Connection:头信息的内容,如"Keep-Alive" |
| HTTP_HOST | 当前请求的 Host:头信息的内容 |
| HTTP_REFERER | 链接到当前页面的前一页面的 URL 地址 |
| HTTP_USER_AGENT | 当前请求的 User-Agent:头信息的内容 |
| HTTPS | 如果脚本是通过 HTTPS 协议访问的,则被设置为一个非空的值 |

续表

| 元素键名 | 元素值描述 |
|---|---|
| REMOTE_ADDR | 正在浏览当前页面的用户的 IP 地址 |
| REMOTE_HOST | 正在浏览当前页面的用户的主机名。反向域名解析基于该用户的 REMOTE_ADDR |
| REMOTE_PORT | 用户连接到服务器时使用的端口 |
| SCRIPT_FILENAME | 当前执行脚本的绝对路径名 |
| SERVER_ADMIN | 该值指明了 Apache 服务器配置文件中的 SERVER_ADMIN 参数。如果脚本运行在一台虚拟主机上，则该值是此虚拟主机的值 |
| SERVER_PORT | 服务器使用的端口，默认为 80。如果使用 SSL 安全连接，则为用户设置的 HTTP 端口 |
| SERVER_SIGNATURE | 包含服务器版本和虚拟主机名的字符串 |
| PATH_TRANSLATED | 当前脚本所在文件系统（不是文档根目录）的基本路径。这是在服务器进行虚拟到真实路径的映像后的结果 |
| SCRIPT_NAME | 包含当前脚本的路径 |
| REQUEST_URI | 访问此页面所需的 URI |
| PHP_AUTH_USER | 当 PHP 运行在 Apache 或 IIS（PHP 5 是 ISAPI）模块方式下，并且正在使用 HTTP 认证功能时，这个变量为用户输入的用户名 |
| PHP_AUTH_PW | 当 PHP 运行在 Apache 或 IIS（PHP 5 是 ISAPI）模块方式下，并且正在使用 HTTP 认证功能时，这个变量为用户输入的密码 |

【例 3.9】创建一个 PHP 动态网页，用于说明如何使用预定义数组来获取服务器变量列表。源文件为/03/03-09.php，源代码如下。

```
<!doctype html>
<html>
<head>
<meta charset="utf-8">
<title>服务器变量列表</title>
<style>
    table {
        border-collapse: collapse;
    }
</style>
</head>

<body>
<?php
printf("<h3>服务器变量列表（总共%d 个）</h3>", count($_SERVER));
echo "<table border=\"1\">";
echo "<tr><th>变量名</th><th>变量值</th></tr>";
foreach ($_SERVER as $key => $value) {
    printf("<tr><td>%s</td><td>%s</td></tr>", $key, $value);
}
echo "</table>";
?>
</body>
</html>
```

运行结果如图 3.9 所示。

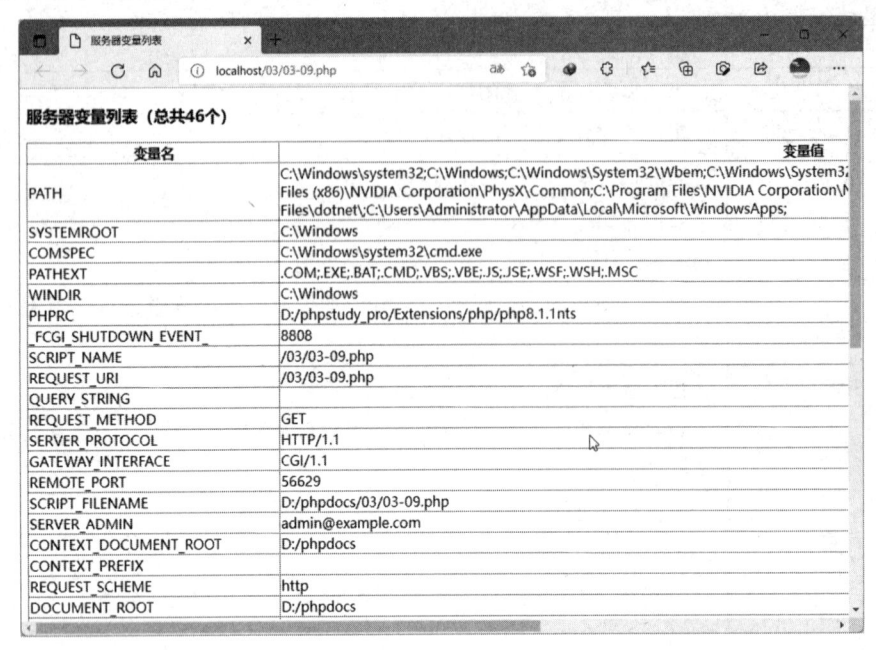

图 3.9　服务器变量列表

## 3.2.4　使用数组函数

PHP 提供了丰富的数组函数，这些函数可以使用多种方法来操作数组。这些函数是 PHP 内核的一部分，无须安装外部库文件即可使用。常用的数组函数如表 3.6 所示。

表 3.6　常用的数组函数

| 数组函数 | 说　　明 |
| --- | --- |
| array_key_exists(mixed $key, array $search): bool | 检查给定的键名或索引是否存在于数组中。key 表示键名或索引，search 表示待搜索的数组。如果给定的 key 存在于数组中，则返回 true |
| array_pop(array &arr): mixed | 弹出并返回数组 arr 的最后一个元素（出栈），并将数组 arr 的长度减 1。如果 arr 为空或者不是数组，则返回 null |
| array_push(array &$arr, mixed $var[, mixed $...]): int | 将一个或多个传入的单元添加到数组 arr 的末尾（入栈）。var 表示传入的单元。arr 的长度将根据入栈单元的数目增加 |
| array_reverse( array $arr[, bool $preserve_keys]): array | 返回一个元素顺序相反的新数组。若 preserve_keys 的值为 true，则保留原来的键名 |
| array_shift(array &$arr): mixed | 将数组 arr 的第一个元素移出并作为结果返回，将 arr 的长度减 1 并将所有其他元素向前移动一位。所有的数值键名将修改为从零开始计数，所有的字符串键名将保持不变。如果 arr 为空或不是数组，则返回 null。使用本函数后会重置数组指针 |
| array_sum(array $arr): number | 计算数组 arr 中所有值的和并以整型数或浮点型数返回 |
| array_unique(array $arr): array | 接收数组 arr 作为输入并返回没有重复值的新数组 |
| array_unshift(array &$arr, mixed $var[, mixed $...]): int | 将传入的单元插入数组 arr 的开头。单元是作为整体被插入的，因此传入的单元将保持同样的顺序。所有的数值键名将修改为从零开始计数，所有的字符串键名将保持不变。本函数返回数组 arr 新的元素数目 |
| array_values(array $input): array | 返回数组 input 中所有的值并为其建立数字索引 |

续表

| 数组函数 | 说明 |
|---|---|
| asort(array &arr[, int $sort_flags]): bool | 对数组 arr 进行排序，数组的索引保持和元素的关联。如果成功，则返回 true，否则返回 false |
| count(mixed $var[, int $mode]): int | 返回 var（通常为数组）中的元素数目，而除数组外的任何其他类型都只有一个单元。mode 为可选参数，默认值为 0，如果将该参数的值设置为 1，则将递归地对数组进行计数，这对计算多维数组的所有元素尤其有用 |
| current(array &arr): mixed | 函数返回当前被内部指针指向的数组元素的值，并不移动指针。本函数返回数组 arr 中的当前元素。如果内部指针指向超出了数组端，则返回 false |
| each(array &arr): array | 返回数组 arr 中当前的键-值对并将数组指针向前移动一步。键-值对被返回为 4 个单元的数组，键名分别为 0、1、key 和 value，其中，元素 0 和 key 包含数组单元的键名，元素 1 和 value 包含数据。如果内部指针越过了数组末端，则返回 false |
| end(array &arr): mixed | 将数组 arr 的内部指针移动到最后一个元素并返回其值 |
| ksort(array &arr[, int $sort_flags]): bool | 对数组 arr 排序，并保留键名到数据的关联。本函数主要用于关联数组。如果成功，则返回 true，否则返回 false |
| list(mixed $varname, mixed $...): void | 通过一个操作对一组变量进行赋值。list()仅能用于数字索引的数组并假定数字索引从 0 开始。与 array()一样，list()不是真正的函数，而是语言结构 |
| next(array &$arr): mixed | 返回数组 arr 的内部指针指向的下一个元素的值，或者当没有更多元素时返回 false |
| prev(array &$arr): mixed | 返回数组 arr 的内部指针指向的前一个元素的值，或者当没有更多元素时返回 false |
| range(mixed $low, mixed $high[, number $step]): array | 返回数组中从 low 到 high 的元素（包括它们本身）所构成的数组。若 low > high，则序列将从 high 到 low。若给出了可选参数 step 的值，则把它当作元素之间的步进值。step 的值应为正数。若未指定 step，则其值默认为 1 |
| reset(array &arr): mixed | 将数组 arr 的内部指针倒回到第一个元素处并返回该元素的值，若数组为空，则返回 false |
| rsort(array &arr[, int sort_flags]): bool | 对数组 arr 进行逆向排序（最高到最低），并为该数组中的元素赋予新的键名。如果成功，则返回 true，否则返回 false |
| shuffle(array &$arr): bool | 打乱数组 arr 中的元素顺序，进行随机排序，并为 arr 中的元素赋予新的键名。如果成功，则返回 true，否则返回 false |
| sort(array &$arr[, int $sort_flags]): bool | 对数组 arr 进行排序（最低到最高），并为该数组中的元素赋予新的键名。如果成功，则返回 true，否则返回 false |

【例 3.10】创建一个 PHP 动态网页，用于演示一些数组函数的使用方法。源文件为/03/03-10.php，源代码如下。

```
<!doctype html>
<html>
<head>
<meta charset="utf-8">
<title>数组函数应用示例</title>
<style>
    ol li {
        margin-bottom: 0.5em;
    }
</style>
</head>
```

```php
<body>
<h3>数组函数应用示例</h3>
<hr>
<?php
$arr = array("A", "B", "C");
echo "<ol>";
printf("<li>数组原始内容（总共%d 个元素）:<br>",count($arr));
var_dump($arr);

echo "<li>搜索数组:<br>";
echo (array_key_exists(1, $arr) ? "存在" : "不存在") . "1 号元素<br>";
echo (array_key_exists(6, $arr)) ? "存在" : "不存在" . "6 号元素";

echo "<li>在数组末尾添加一些元素:<br>";
array_push($arr, "D", "E", "F");
var_dump($arr);

echo "<li>对数组进行排序:<br>";
sort($arr);
var_dump($arr);
echo "<li>对数组进行逆向排序:<br>";
rsort($arr);
var_dump($arr);

echo "<li>打乱数组元素顺序:<br>";
shuffle($arr);
var_dump($arr);

$var = array_shift($arr);
echo "<li>从数组中移出第一个元素: $var";
echo "<br>现在数组的内容为:<br>";
var_dump($arr);

$var = array_pop($arr);
echo "<li>从数组中弹出最后一个元素: $var";
echo "<br>现在数组的内容为:<br>";
var_dump($arr);
?>
</body>
</html>
```

本例中首先定义了一个数组，然后利用数组函数来实现数组的各种操作，如搜索数组、在数组末尾添加一些元素、对数组进行排序、对数组进行逆向排序、打乱数组元素顺序等。运行结果如图 3.10 所示。

图 3.10 数组函数应用示例

## 任务 3.3 日期和时间处理

PHP 没有提供专用的日期和时间数据类型，但可以通过内部函数得到运行 PHP 的服务器的日期和时间，并将日期和时间以不同的格式输出。相应的函数库是 PHP 内核的一部分，不需要安装就可以直接使用。在本任务中，读者将学习和掌握在 PHP 中处理日期和时间的基本技能。

### 任务目标

- 掌握设置默认时区的方法
- 掌握获取日期和时间的方法
- 掌握格式化日期和时间的方法

### 3.3.1 设置默认时区

日期和时间函数依赖于服务器的地区设置。为了获取正确的日期和时间信息，首先需要设置服务器所在的时区，可以通过以下两种方式实现。

（1）在 php.ini 文件中设置 date.timezone 选项。设置中国标准时间的代码如下。

```
date.timezone = PRC
```

date.timezone 选项设置对所有 PHP 脚本有效。

（2）使用内部函数 date_default_timezone_set()设置用于一个脚本中所有日期和时间函数的默认时区，语法格式如下。

```
date_default_timezone_set(string $timezone_identifier): bool
```

其中，参数 timezone_identifier 为时区标识符，如 UTC 或 Europe/Lisbon。要使用中国标

准时间，可使用的时区标识符有 Asia/Shanghai（亚洲/上海）、Asia/Chongqing（亚洲/重庆）、Asia/Urumqi（亚洲/乌鲁木齐）。

设置中国标准时间的代码如下。

```
date_default_timezone_set("Asia/Shanghai");
```

### 3.3.2 获取日期和时间

使用 getdate()函数可以获取日期和时间信息，语法格式如下。

```
getdate([int $timestamp]): array
```

getdate()函数返回一个根据时间戳 timestamp 得出的包含日期和时间信息的关联数组，其键名如表 3.7 所示。如果没有给出时间戳 timestamp，则默认为本地当前日期和时间。使用 time()函数可以返回当前的 UNIX 时间戳。

表 3.7 返回的关联数组中的键名

| 键 名 | 说 明 | 返 回 值 |
| --- | --- | --- |
| seconds | 秒的数字表示 | 0～59 |
| minutes | 分钟的数字表示 | 0～59 |
| hours | 小时的数字表示 | 0～23 |
| mday | 月份中第几天的数字表示 | 1～31 |
| wday | 星期中第几天的数字表示 | 0（表示星期天）～6（表示星期六）|
| mon | 月份的数字表示 | 1～12 |
| year | 4 位数字表示的完整年份 | 如 1999 或 2012 |
| yday | 一年中第几天的数字表示 | 0～365 |
| weekday | 星期几的完整文本表示 | Sunday～Saturday |
| month | 月份的完整文本表示 | January～December |
| 0 | 从 UNIX 纪元开始至今的秒数，与 time()函数的返回值及用于 date()函数的值类似 | 与系统相关，其典型值为：-2 147 483 648～2 147 483 647 |

【例 3.11】创建一个 PHP 动态网页，用于说明如何从服务器中获取当前日期和时间信息。源文件为/03/03-11.php，源代码如下。

```
<!doctype html>
<!doctype html>
<html>
<head>
<meta charset="utf-8">
<title>获取服务器的当前日期和时间</title>
</head>

<body>
<h3>获取服务器的当前日期和时间</h3>
<hr>
<?php
function getCHNWday($wday) {
    $chnwday = "";
```

```php
        switch ($wday) {
            case 0:
                $chnwday = "星期日";
                break;
            case 1:
                $chnwday = "星期一";
                break;
            case 2:
                $chnwday = "星期二";
                break;
            case 3:
                $chnwday = "星期三";
                break;
            case 4:
                $chnwday = "星期四";
                break;
            case 5:
                $chnwday = "星期五";
                break;
            case 6:
                $chnwday = "星期六";
                break;
        }
        return $chnwday;
    }

    date_default_timezone_set("Asia/Shanghai");
    $now = getdate();
    echo "关于日期和时间的详细信息（数组）：<br>";
    print_r($now);

    printf("<p>现在时间是：%s 年%s 月%s 日 %s %s:%s:%s</p>", $now["year"],
        $now["mon"], $now["mday"], getCHNWday($now["wday"]), $now["hours"],
        ($now["minutes"] < 10 ? "0" . $now["minutes"] : $now["minutes"]),
        ($now["seconds"] < 10 ? "0" . $now["seconds"] : $now["seconds"]));
    printf("<p>今天是%s 年的第%s 天</p>", $now["year"], $now["yday"] + 1);

?>
</body>
</html>
```

本例中定义了一个 getCHNWday()函数，其功能是将数字形式星期转换为中文形式星期；在显示时间部分时，通过条件运算符分别为 10 分和 10 秒以内的数字添加前缀"0"。此外，在计算一年中的第几天时，考虑到元旦是第 0 天，因此需要将计算结果加 1。运行结果如图 3.11 所示。

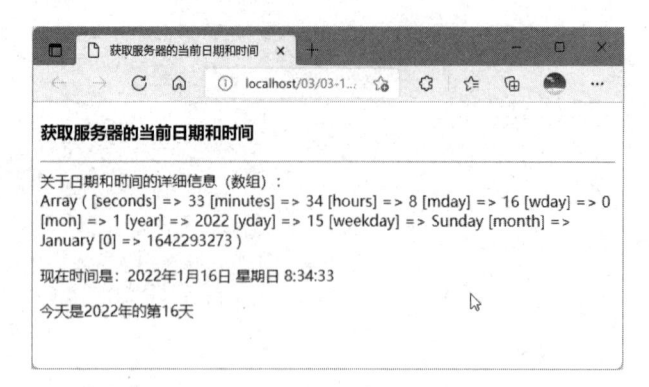

图 3.11 获取服务器的当前日期和时间

### 3.3.3 格式化日期和时间

使用 date()函数可以获取本地日期和时间并进行格式化设置，语法格式如下。

```
date(string $format[, int $timestamp]): string
```

其中，参数 format 用于指定日期和时间的显示格式；参数 timestamp 是一个整型数，表示时间戳。

data()函数返回将 timestamp 按照给定格式产生的字符串。如果没有给出时间戳，则使用本地当前时间。

可选参数 timestamp 的默认值为从 UNIX 纪元（格林尼治时间 1970 年 1 月 1 日 00:00:00）到当前时间的秒数。

一些可用于参数 format 的字符如表 3.8 所示。

表 3.8 日期和时间格式字符

| 字 符 | 说 明 | 返 回 值 |
| --- | --- | --- |
| 表示日的字符 | | |
| d | 表示月份中的第几天，有前导零 | 01～31 |
| D | 表示星期中的第几天，用 3 个字母表示的文本 | Mon～Sun |
| j | 表示月份中的第几天，没有前导零 | 1～31 |
| l（L 的小写形式） | 用完整的文本格式表示星期几 | Sunday～Saturday |
| N | 用数字表示星期中的第几天 | 1（星期一）～7（星期日） |
| w | 用数字表示星期中的第几天 | 0（星期日）～6（星期六） |
| z | 表示年份中的第几天 | 0～366 |
| 表示月的字符 | | |
| F | 用完整的文本格式表示的月份 | January～December |
| m | 用数字表示的月份，有前导零 | 01～12 |
| M | 用 3 个字母表示的月份 | Jan～Dec |
| n | 用数字表示的月份，没有前导零 | 1～12 |
| 表示年的字符 | | |
| Y | 用 4 位数字表示的年份 | 如 1999 或 2018 |
| y | 用 2 位数字表示的年份 | 如 99 或 08 |

续表

| 字　　符 | 说　　明 | 返　回　值 |
|---|---|---|
| 表示时间的字符 | | |
| a | 用小写字母表示的上午和下午值 | am 或 pm |
| A | 用大写字母表示的上午和下午值 | AM 或 PM |
| g | 表示小时，12 小时格式，没有前导零 | 1~12 |
| G | 表示小时，24 小时格式，没有前导零 | 0~23 |
| h | 表示小时，12 小时格式，有前导零 | 01~12 |
| H | 表示小时，24 小时格式，有前导零 | 00~23 |
| i | 表示分钟数，有前导零 | 00~59 |
| s | 表示秒数，有前导零 | 00~59 |

【例 3.12】创建一个 PHP 动态网页，用于说明如何从服务器中获取当前日期和时间信息并进行格式化设置。源文件为/03/03-12.php，源代码如下。

```
<!doctype html>
<html>
<head>
<meta charset="utf-8">
<title>日期和时间格式化示例</title>
</head>

<body>
<h3>日期和时间格式化示例</h3>
<hr>
<?php
date_default_timezone_set("Asia/Shanghai");    // 设置默认时区
$w = array("周日", "周一", "周二", "周三", "周四", "周五", "周六");
$d = $w[date("w")];                            // 从数组中获取一个元素，表示中文周几
printf("<p>现在时间是：%s</p>", date("Y年n月j日 {$d} G:i:s"));
printf("<p>今天是今年的第%s 天</p>", (date("z") + 1));
?>
</body>
</html>
```

本例中首先使用 date_default_timezone_set()函数设置默认时区，如果已经在 PHP 配置文件 php.ini 中设置了 date.timezone = PRC，则无须再使用该函数；然后使用 array()函数创建了一个数组，该数组包含 7 个元素，内容分别是"周日"～"周六"，索引下标分别是 0~6；最后使用 date("w")函数返回了一个数字，其取值范围也是 0~6，用于表示星期中的第几天，以该数字为索引刚好能从数组中取出一个元素，表示中文周几。运行结果如图 3.12 所示。

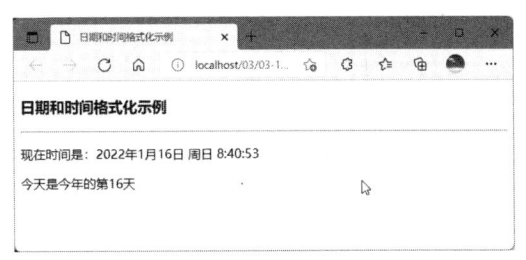

图 3.12 日期和时间格式化示例

# 项目思考

## 一、选择题

1. 在使用 printf() 函数时，使用类型码（　　）可以将参数处理为整型数并表示为二进制数。
   A. c　　　　　　B. x　　　　　　C. s　　　　　　D. b

2. 使用预定义数组（　　）可以获取经由 GET、POST 和 Cookie 机制提交至脚本的变量。
   A. $_REQUEST　　B. $_GET　　C. $_POST　　D. $_COOKIE

3. 要获取正在浏览当前页面的用户的 IP 地址，应将数组 $_SERVER 的元素键名指定为（　　）。
   A. HTTP_HOST　　　　　　　　　B. REMOTE_ADDR
   C. REMOTE_HOST　　　　　　　　D. REMOTE_PORT

4. 使用（　　）函数可以在字符串中去除所有 HTML 和 PHP 标签并返回经过处理的字符串。
   A. nl2br()　　　　　　　　　　B. htmlspecialchars()
   C. htmlentities()　　　　　　　D. strip_tags()

5. 要将数组元素连接成一个字符串并返回该字符串，可以使用（　　）函数。
   A. addslashes()　　B. implode()　　C. explode()　　D. strtok()

## 二、判断题

1. 要使用 printf() 函数输出一个百分号，应将参数值设置为"\%"。（　　）
2. 使用 str_replace() 函数可以执行子串替换操作并返回替换后的数组或字符串。（　　）
3. 使用 str_split() 函数可以将字符串转换为数组。（　　）
4. 在 getdate() 函数返回的关联数组中，键名 mday 的对应值表示星期中的第几天。（　　）
5. 要通过 getdate() 函数获取用 4 位数表示的完整年份，可以使用键名 yday。（　　）
6. 在使用 date() 函数时，要以 24 小时格式表示小时且有前导零，应使用格式字符"G"。（　　）
7. 在 PHP 中，引用数组元素可以采用"数组名(键名)"形式。（　　）
8. 在 PHP 中，数组的键值可以是整型数或字符串。（　　）
9. PHP 预定义数组可以在 PHP 代码中直接使用，不需要进行初始化。（　　）
10. 使用 array_pop() 函数可以弹出并返回数组 arr 的最后一个元素（出栈）。（　　）

## 三、简答题

1. 在 PHP 中，如何设置默认时区？

2. PHP 数组有什么特点？

3. 在 PHP 中，创建数组有哪些方法？

4. PHP 预定义数组有什么特点？

## 项 目 实 训

1. 创建一个 PHP 动态网页，分别以十进制、十六进制、八进制和二进制的形式显示同一个整型数。

2. 创建一个 PHP 动态网页，要求将英文句子"A foreign language is a weapon in the struggle of life."中的每个单词的首字母转换为大写形式并显示出来。

3. 创建一个 PHP 动态网页，要求将字符串中的换行符转换为 HTML 换行标签并显示该字符串。

4. 创建一个 PHP 动态网页，要求使用相关字符串函数分别在 SQL 查询语句"SELECT * FROM Employee WHERE name='Andy'"中的每个单引号前面添加一个反斜线。

5. 创建一个 PHP 动态网页，要求原样显示以下 HTML 代码。

```
<div style="border: thin solid grey;">phpStudy=Apache+PHP+MySQL+ phpMyAdmin+ Zend Optimizer</div>
```

6. 创建一个 PHP 动态网页，要求获取服务器上的当前日期和时间信息，并以"yyyy 年 n 月 d 日 星期 x h:m:s"格式显示。

7. 创建一个 PHP 动态网页，分别定义键为整型数或字符串的数组及二维数组，并输出这些数组的所有元素。

8. 创建一个 PHP 动态网页，定义一个键为字符串的数组，并通过 foreach 语句输出该数组中所有的键和值。

9. 创建一个 PHP 动态网页，用于获取并显示所有的服务器变量列表。

10. 创建一个 PHP 动态网页，定义一个数组并使用数组函数对该数组执行以下操作：①在数组末尾添加一些元素；②对数组进行排序；③对数组进行逆向排序；④打乱数组元素顺序；⑤从数组中移出第一个元素；⑥从数组中弹出最后一个元素。要求在执行每项操作后，显示该数组中的所有元素。

11. 创建一个 PHP 动态网页，要求将数组元素连接成字符串或者将字符串分割成数组元素。

12. 创建一个 PHP 动态网页，要求从当前网页的路径中获取文件名。

# 项目 4

# PHP 面向对象编程

面向对象编程是一种计算机编程架构，其基本原则是通过类来创建对象，并使用一些对象来构建应用程序，而这些对象能够起到子程序的作用。从 PHP 4 开始，PHP 就引入了面向对象的程序设计方法。随着版本的不断更新，PHP 现在已经成为真正具有面向对象特性的编程语言。在本项目中，读者将学习如何使用 PHP 进行面向对象编程。

## 项目目标

- 了解面向对象编程的基本概念
- 掌握类和对象的用法
- 掌握实现继承与多态的方法

## 任务 4.1 面向对象编程概述

面向对象编程以对象为核心，程序被看成由一系列对象组成的。类是对现实世界的抽象，包括表示静态属性的数据和对数据的操作，对象则是类的实例化。对象之间通过消息传递来相互通信，模拟现实世界中不同实体间的联系。在本任务中，读者将了解和学习面向对象编程的基本概念，以及面向过程编程与面向对象编程有哪些区别。

### 任务目标

- 了解对象、类、封装和继承等概念
- 了解面向过程编程和面向对象编程的区别

### 4.1.1 面向对象编程的基本概念

要使用 PHP 进行面向对象编程，首先需要了解以下基本概念。

1. 对象

对象是人们要研究的任何事物，有状态、行为和标识 3 种属性。对象不仅能表示具体的事物，也能表示抽象的规则、计划或事件。对象的状态和特征通过数据表现出来，这些数据就是对象的属性；对象的状态可以通过对对象的操作来改变，而这些操作通过程序代码来实现，这些操作就是对象的方法。对象实现了数据和操作的结合；数据和操作封装于对象这个统一体中。

2. 类

类实际上是一种复合类型，是对一组具有相同属性和相同方法的对象的抽象。一个类包含的属性和方法可以用于描述一组对象的共同属性和行为。类的属性是对对象的状态的抽象，可以使用数据结构来描述；类的方法是对对象的行为的抽象，可以使用操作名和实现该操作的方法（函数）来描述。属性和方法统称为类的成员。类是对象的抽象化，是在对象之上的抽象；对象则是类的具体化，是类的实例。根据一个类可以创建多个对象，而各个对象又有各不相同的状态。类可以为程序提供模板和结构。

3. 封装

封装是指将对象的数据（属性）和操作数据的过程（方法）结合起来构成单元，其内部信息对外界是隐藏的，外界不能直接访问对象的属性，只能通过类为外界提供的接口对该对象进行各种操作，这保证了对象的数据安全性。类是实施数据封装的工具，对象则是封装的具体实现，是封装的基本单位。在定义类时，将其成员分为公有成员、私有成员和保护成员，从而形成类的访问机制——外界不能随意存取对象的内部数据（即成员属性和成员方法）。

4. 继承

继承是指在一个类的基础上定义一个新的类，原有的类称为基类、超类或父类，新生成的类称为派生类或子类。

子类通过继承从父类中得到所有的属性和方法，可以对这些得到的属性和方法进行重写与覆盖，还可以添加一些新的属性和方法，从而扩展子类的功能。

一个父类可以派生出多个子类，每个子类都可以通过继承与重写拥有自己的属性和方法，父类能体现对象的共性和普遍性，子类则能体现对象的个性和特殊性，父类的抽象程度高于子类。

继承具有传递性，子类也可以派生出新一代孙类，对孙类而言，子类成了父类。继承反映了不同抽象程度的类之间的关系，即共性和个性的关系、普遍性和特殊性的关系。程序员可以在原有类的基础上定义和实现新类，从而实现程序代码的重用性。

### 5. 多态

多态是指一个名称相同的方法产生了不同的动作行为，即当不同对象收到相同的消息时产生了不同的行为方式。多态允许将父对象赋值为与其子对象的值相等。在赋值之后，父对象可以根据当前赋值给它的子对象的特性采用不同的方式运作。

多态可以通过两种方式来实现，即覆盖和重载。覆盖是指在子类中重新定义父类的成员方法；重载是指允许存在多个名称相同的函数，而这些函数的参数列表有所不同。

### 4.1.2 面向过程编程与面向对象编程的比较

面向过程编程和面向对象编程是两种不同的编程方式。

面向过程编程要求先通过算法分析解决问题的步骤，将程序划分为若干个功能模块，然后通过函数实现这些功能模块，在解决问题的过程中根据需要使用相关的函数。

面向对象编程则要求先将构成问题的事务分解成各个对象，根据对象的属性和方法抽象出类的定义，然后基于类创建对象实例，其目的是描述某个事务在整个解决问题的过程中的行为，而不是实现一个过程。

面向对象编程是一种以对象为基础，以事件或消息驱动对象执行处理操作的程序设计方法，其主要特征是抽象性、封装性、继承性及多态性。

面向过程编程和面向对象编程的区别主要体现在以下几个方面。

- 面向过程编程通过函数来描述对数据的操作，但又将函数与其操作的数据分离；面向对象编程将对数据的操作和数据封装在一起，将其作为一个对象进行处理。
- 面向过程编程以功能为中心来设计功能模块，程序不容易维护；面向对象编程以数据为中心来描述系统，数据相对功能而言具有更强的稳定性，因此程序更容易维护。
- 面向过程程序的控制流程由程序的预定顺序来决定；面向对象程序的控制流程由运行时各种事件的实际发生情况来决定，而不再由预定顺序来决定，因此更符合实际需要。

在实际应用中，应根据具体情况选择使用哪种编程方式。例如，在开发一个小型应用程序时，其代码量比较小，开发周期比较短。在这种情况下，面向过程编程就是一个不错的选择，如果使用面向对象编程，反而会增加代码量，降低工作效率。如果要开发一个大型应用程序，则使用面向对象编程会更好一些。

## 任务 4.2　使用类和对象

类和对象是面向对象编程中的基本概念。类是一些内容的抽象表示形式。类中主要封装了两类内容：一类是对象包含的信息，即类的属性；另一类是对象可执行的操作，即类的方法。属性和方法均是类的成员。类是对象的蓝图或模板，对象则是类所表示内容的可用实例；

基于一个类可创建多个具有不同属性的对象。面向对象编程的基本内容是首先定义类并为其添加各种成员，然后基于类创建对象并实现对象的各种操作。在本任务中，读者将学习与掌握类和对象的使用方法。

### 任务目标

- 掌握创建与使用类和对象的方法
- 掌握添加和使用类的成员的方法
- 掌握添加和使用静态成员的方法
- 掌握构造方法和析构方法的用法
- 掌握迭代、克隆和比较对象的方法

### 4.2.1 创建类和对象

类是 PHP 中的一种复合类型，也是功能最强大的数据类型。面向对象编程的基本步骤是：首先通过类定义数据类型的数据和行为，然后基于此类创建对象，并通过设置对象的属性或调用对象的方法完成所需操作。

在 PHP 中，可以使用关键字 class 创建一个类，语法格式如下。

```
class class_name {
  // 在此处定义类的属性和方法
}
```

其中，class_name 表示类名，可以是任何非 PHP 保留字的名字；花括号之间的内容为类的成员定义，类的成员主要包括属性、方法和常量。不能将一个类的成员定义分隔到多个文件或 PHP 代码块中。

类是对象的模板，通过类的实例化可以创建对象，其创建的对象占用一定的存储空间。被创建的对象被称为类的一个实例。在 PHP 中，可以使用运算符 new 创建对象，语法格式如下。

```
$instance = new class_name();
```

其中，new 表示申请空间操作符，class_name 表示类名。上述赋值语句创建了类的一个对象，并将该对象的一个引用赋给变量 instance。使用类型运算符 instanceof 可以检测一个对象是否属于某个类的实例。

创建一个对象后，可以使用以下语法格式访问该对象的属性和方法。

```
$instance->property
$instance->method()
```

其中，instance 为对象变量，用于指向用运算符 new 创建的对象；"->"为对象成员访问符号，用在对象与其成员之间；property 表示对象的属性；method 表示对象的方法（可能包含参数）。

【例 4.1】创建一个 PHP 动态网页，用于说明如何检测一个对象是否属于某个类的实例。源文件为/04/04-01.php，源代码如下。

```
<!doctype html>
<html>
<head>
<meta charset="utf-8">
<title>检测类实例</title>
</head>

<body>
<h3>检测类实例</h3>
<hr>
<?php

class Foo {            // 定义 Foo 类
}

class Bar {            // 定义 Bar 类
}

$x = new Foo();        // 创建 Foo 类的一个实例并以变量 x 指向该实例
$y = new Bar();        // 创建 Bar 类的一个实例并以变量 y 指向该实例
printf("变量 x %s 属于 Foo 类的实例<br>", ($x instanceof Foo) ? "" : "不");
printf("变量 y %s 属于 Foo 类的实例<br>", ($y instanceof Foo) ? "" : "不");
printf("变量 x %s 属于 Bar 类的实例<br>", ($x instanceof Bar) ? "" : "不");
printf("变量 y %s 属于 Bar 类的实例<br>", ($y instanceof Bar) ? "" : "不");
?>
</body>
</html>
```

运行结果如图 4.1 所示。

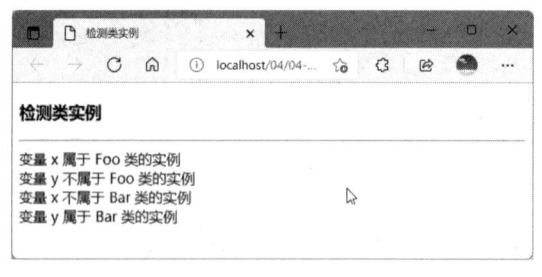

图 4.1 检测类实例

## 4.2.2 为类添加成员

类定义中通常包含变量成员和函数成员，变量成员被称为类的属性，函数成员被称为类的方法。除了属性和方法，还可以在类中定义常量，即类常量。下面介绍如何为类添加属性、方法和常量。

1. 为类添加属性

从 PHP 7.4 开始，属性声明由关键字 public、protected 或 private，以及类型声明和一个普通的变量声明组成。属性声明中的变量可以初始化，但是初始化的值必须是常数，语法格式如下。

```
class class_name {
    public|protected|private [type_name] $property_name[ = initializer];
}
```

其中，public、protected 和 private 为访问控制修饰符，用于指定可以访问这个属性的代码；type_name 用于指定属性的数据类型，可以是 array、bool、float、int、string、object 及 mixed 等；property_name 表示属性名称；initializer 为初始化表达式，其值必须是常量。

对类成员（属性或方法）的访问控制是通过在最前面添加访问控制修饰符 public、protected 或 private 来实现的。由 public 定义的类成员为公有成员，可以在任何地方被访问；由 protected 定义的类成员为受保护成员，可以被其所在类的派生类和父类访问，该类成员所在的类也可以被访问；由 private 定义的类成员为私有成员，只能被其所在类访问。

2. 为类添加方法

与普通函数一样，类的方法也可以由关键字 function 来声明。但在声明类的方法时，应当在关键字 function 前面使用访问控制修饰符 public、protected 或 private，语法格式如下。

```
class class_name {
    [public|protected|private] function method_name ([mixed $args[,$…]])[:type_name] {
        //在此处编写方法体代码
    }
}
```

其中，public、protected 和 private 为可选的访问控制修饰符，用于指定可以访问这个方法的代码。如果未指定访问控制修饰符，则该方法会被设置为默认的 public，即公有方法。method_name 表示方法名；args 表示方法的参数。如果参数类型为对象，则可以在参数前加上对象所属的类，即类型提示。type_name 用于指定方法返回值的数据类型，可以是 array、bool、float、int、string、object、mixed 及 void 等。

在类的方法内部，可以通过 $this->member_name 语法访问类的属性和方法，其中，this 是一个伪变量，表示调用该方法的实例化对象引用。不过，在访问类的静态属性时或在静态方法中不能使用这种语法，而应使用 self::$member_name 语法。具体内容请参阅 4.2.4 节。

3. 为类添加常量

类常量与属性变量不同，命名时不能在其名称前面添加美元符号"$"。类常量可以按照以下语法格式来声明。

```
const constant_name = value;
```

其中，constant_name 表示类常量的名称，value 表示类常量的值。类常量的值必须是一个固定值，不能是变量、类属性或其他操作（如函数调用）的结果。

在类的方法内部，不能使用伪变量 this 和箭头运算符"->"引用类常量，而必须使用 self::constant_name 语法引用类常量；在类的方法外部则应通过 class_name::constant_name 语法引用类常量。

【例4.2】创建一个 PHP 动态网页，用于说明如何定义类并为其添加属性和方法。源文件为/04/04-02.php，源代码如下。

```php
<!doctype html>
<html>
<head>
<meta charset="utf-8">
<title>计算圆的周长和面积</title>
</head>

<body>
<h3>计算圆的周长和面积</h3>
<hr>
<?php
class Circle {                                      // 声明 Circle 类
    public float $radius;                           // 类的属性，表示圆的半径

    public function getPerimeter() {                // 类的方法，用于计算圆的周长
        return (2 * $this->radius * pi());          // 方法返回值，其中 pi()函数返回圆周率
    }

    public function getArea() {                     // 类的方法，用于计算圆的面积
        return ($this->radius * $this->radius * pi());   // 方法返回值
    }
}

$c1 = new Circle();                                 // 创建一个 Circle 对象
$c1->radius = 3.2;                                  // 设置对象的属性
echo "<ol>";
echo "<li>当圆的半径 = " . $c1->radius . "时, ";
// 使用 round()函数对浮点数进行四舍五入
echo "圆的面积 = " . round($c1->getArea(), 2) . ", ";
echo "圆的周长 = " . round($c1->getPerimeter(), 2);

$c2 = new Circle();                                 // 创建另一个 Circle 对象
$c2->radius = 12.36;
echo "<li>当圆的半径 = " . $c2->radius . "时, ";
echo "圆的面积 = " . round($c2->getArea(), 2) . ", ";
echo "圆的周长 = " . round($c2->getPerimeter(), 2);
```

```
?>
</body>
</html>
```

本例中首先定义了一个 Circle 类，用来表示圆对象；然后在 Circle 类中添加了一个 float 类型的公有属性 radius，用于设置和获取圆的半径；此外还为 Circle 类添加了两个方法，即公有方法 getPerimeter()和 getArea()，它们的返回值类型均为 float，分别用于获取圆的周长和面积。在完成 Circle 类定义之后，基于这个类分别创建了两个对象，并计算了圆的周长和面积。运行结果如图 4.2 所示。

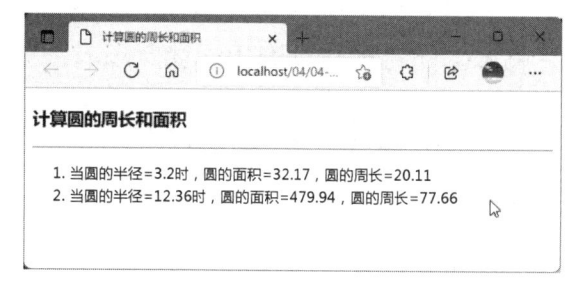

图 4.2 计算圆的周长和面积

### 4.2.3 为类添加构造方法和析构方法

构造方法和析构方法是类中的两个特殊方法。在每次创建对象时，自动调用构造方法；在某个对象的所有引用都被删除时或者对象被显式销毁时，自动调用析构方法。

#### 1. 为类添加构造方法

在 PHP 中，可以在一个类中定义一个函数，并将其作为构造方法。具有构造方法的类会在每次创建对象时先调用此方法，所以非常适合用来在引用对象之前做一些初始化工作。

定义构造方法的语法格式如下。

```
__construct([mixed $args[, $...]]) {
    // 在此处编写方法体的代码
}
```

其中，__construct 为构造方法的名称，该名称以两个下画线开头；args 表示要传递给构造方法的参数。

为了实现向后兼容性，如果 PHP 5 在类中找不到 __construct()函数，就会尝试寻找旧式的构造函数，即与类名称相同的函数。

#### 2. 为类添加析构方法

类似于其他面向对象的语言（如 C++语言），PHP 5 引入了析构方法的概念。析构方法会在某个对象的所有引用都被删除时或者对象被显式销毁时被自动调用。

定义析构方法的语法格式如下。

```
__destruct(void) {
    // 在此处编写方法体的代码
}
```

其中，__destruct 为析构方法的名称，该名称以两个下画线开头。析构方法既没有参数，也没有返回值。

在 PHP 中，可以使用 unset()语言结构销毁给定的变量，语法格式如下。

```
unset(mixed $var [, mixed $var [, $...]]): void
```

使用关键字 new 创建类的实例后，可以使用 unset()语言结构将该实例销毁。

析构方法可以用于记录调试信息或关闭数据库连接，也可以执行其他扫尾工作。析构方法在脚本关闭时被自动调用，此时所有的头信息已经被发出。

### 4.2.4 为类添加静态成员

使用关键字 static 可以将类的属性或方法声明为静态的，这样一来，无须对类进行实例化操作，即可访问这些属性或方法。静态属性不能由类的实例化对象访问，但静态方法可以由对象通过操作符"->"访问。静态属性和静态方法都不能在派生类中重新被定义。

在声明静态成员时，关键字 static 必须放在访问控制修饰符之后、类型声明之前。如果未指定访问控制修饰符，则类的属性和方法都默认采用 public。

由于静态方法不需要通过对象即可调用，所以伪变量 this 在静态方法中是不可用的。

静态属性不可以由对象通过操作符"->"访问。如果要在静态方法内部访问静态属性，则可以通过如下语法格式实现。

```
self::$property
```

其中，"::"为范围解析操作符，用于在未声明任何实例的情况下访问当前类或基类的属性或方法；关键字 self 指向当前类，用于在类定义的内部访问属性或方法。

如果要在类定义的外部访问类的静态属性或静态方法，则应通过如下语法格式实现。

```
class_name::$property
class_name::method()
```

【例 4.3】创建一个 PHP 动态网页，用于演示如何为类添加构造方法、析构方法及静态成员。源文件为/04/04-03.php，源代码如下。

```
<!doctype html>
<html>
<head>
<meta charset="utf-8">
<title>构造方法、析构方法与静态成员应用示例</title>
<style>
   h3 {
       text-align: center;
   }
   table {
       border-collapse: collapse;
       width: 416px;
       margin: 0 auto;
   }
   th, td {
       padding: 6px;
```

```
            text-align: center;
            width: 50%;
        }
    </style>
</head>

<body>
<h3>构造方法、析构方法与静态成员应用示例</h3>
<?php
class User {                                  // 定义 User 类
    private static int $count = 0;            // 静态属性，表示用户数量
    private int $id;                          // 私有属性，表示用户编号
    private string $username;                 // 私有属性，表示用户名

    public function __construct(string $username) {  // 类的构造方法, 在创建类实例时被调用
        self::$count++;                       // 设置静态属性（加1）
        $this->id = self::$count;             // 设置私有属性（用户编号）
        $this->username = $username;          // 设置私有属性（用户名）
    }

    public static function getCount() {       // 类的静态方法, 返回用户数量
        return self::$count;                  // 以静态属性的值为返回值
    }

    public function getId(): int {            // 类的实例方法, 返回用户编号
        return $this->id;                     // 以私有属性的值为返回值
    }

    public function getName() {               // 类的实例方法, 返回用户名
        return $this->username;               // 以私有属性的值为返回值
    }

    public function __destruct() {            // 类的析构方法, 在销毁类实例时被调用
        self::$count--;                       // 设置静态属性（减1）
    }
}

$user1 = new User("张三丰");                  // 创建类实例，会调用构造方法
$user2 = new User("李小四");                  // 创建类实例，会调用构造方法
$user3 = new User("王伟强");                  // 创建类实例，会调用构造方法

print("<table border=1>");
printf("<caption>用户信息表（共 %d 人）</caption>", User::getCount());   // 调用类的静态方法
print("<tr><th>用户编号</th><th>用户名</th></tr>");
printf("<tr><td>%d</td><td>%s</td></tr>", $user1->getId(), $user1->getName());
```

```
    printf("<tr><td>%d</td><td>%s</td></tr>", $user2->getId(), $user2->getName());
    printf("<tr><td>%d</td><td>%s</td></tr>", $user3->getId(), $user3->getName());
    print("</table>");
    unset($user2);                              // 销毁类实例，会调用析构方法
    printf("<p style=\"text-align: center;\">执行 unset()后，现在有 %d 个用户</p>",
User::getCount());
    ?>
  </body>
</html>
```

本例中为 User 类定义了 3 个属性，包括一个静态属性和两个实例属性。这两类属性在类的内部需要通过不同的语法来引用：静态属性通过 self::$property 语法引用；实例属性则通过 $this->property 语法引用。同时，还为 User 类定义了 3 个方法，包括一个静态方法和两个实例方法。这两类方法在类的外部需要通过不同的语法来引用：静态方法通过 class_name::method 语法引用；实例方法则通过$obj->method 语法引用。此外，还为 User 类定义了构造方法和析构方法，这些方法都会被自动调用，不需要在代码中被显式调用，前者在创建类实例时被自动调用，后者在销毁实例时被自动调用。运行结果如图 4.3 所示。

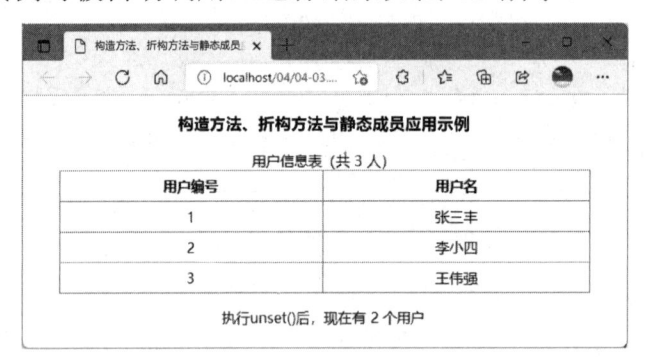

图 4.3　构造方法、析构方法与静态成员应用示例

### 4.2.5　类的自动加载

在编写面向对象程序时，通常需要为每个类创建一个 PHP 文件。这样一来，就需要在每个脚本的开头编写一个包含文件列表，以便包含需要的类文件。

为了解决这个问题，可以使用 PHP 提供的 spl_autoload_register()函数注册任意数量的自动加载器，当使用未被定义的类（class）和接口（interface）时会自动加载。通过注册自动加载器，脚本在 PHP 出错失败前还有最后一个机会加载需要的类。

**注意**：在 PHP 8.0.0 之前，可以使用魔术函数 __autoload()自动加载类和接口。然而，它只是 spl_autoload_register()函数的一种不太灵活的替代方法，并且从 PHP 7.2.0 开始，__autoload()函数已被弃用，从 PHP 8.0.0 开始被正式移除。

spl_autoload_register()函数用于注册给定的函数作为__autoload()函数的实现，语法格式如下。

```
spl_autoload_register(callable $autoload_function = ?, bool $throw = true,
```

bool $prepend = false): bool

其中，autoload_function 用于指定要注册的自动加载函数，也可以指定匿名函数。如果没有提供任何参数，则自动注册默认的实现函数 spl_autoload()。throw 用于设置当函数无法成功注册时是否抛出异常。prepend 为布尔值，如果将其值设置为 true，则会将函数添加到队列首部而不是队列尾部。

如果在程序中已经实现了 __autoload() 函数，则它必须被显式注册到 __autoload() 函数的队列中。如果需要多个 __autoload() 函数，则 spl_autoload_register() 函数可以满足此类需求。它实际上创建了 __autoload() 函数的队列，并按定义的顺序逐个执行。相比之下，__autoload() 函数只可以被定义一次。

【例 4.4】创建两个 PHP 动态网页，用于演示如何自动加载某个类文件。源文件为/04/04-04.php，源代码如下。

```php
<!doctype html>
<html>
<head>
<meta charset="utf-8">
<title>自动加载类文件示例</title>
</head>

<body>
<h3>自动加载类文件示例</h3>
<hr>
<?php
function my_autoload(string $class_name) {      // 定义自动加载函数
    include("./" . $class_name . ".php");       // 包含类文件
}
spl_autoload_register("my_autoload");           // 注册自动加载文件
$obj = new DemoClass();                         // 创建 DemoClass 类的实例
?>
</body>
</html>
```

本例中首先定义了自动加载函数 my__autoload()，其参数用于指定要加载的类名称，然后注册此函数，最后创建 DemoClass 类的实例。这个类必须在 DemoClass.php 文件中定义，其源代码如下。

```php
<?php
class DemoClass {
    public function __construct() {
        echo "DemoClass 类初始化成功!!! ";
    }
}
?>
```

运行结果如图 4.4 所示。

图 4.4　自动加载类文件示例

### 4.2.6　迭代对象

PHP 提供了一种迭代对象的功能，如同使用数组那样，可以通过 foreach 语句遍历对象中包含的属性，语法格式如下。

```
foreach ($obj as $key => $value) {
    // 每次循环中对象的属性名和属性值会被分别赋给变量 key 和 value
}
```

如果在类内部对对象进行迭代，则可以使用伪变量 this 指向当前对象，此时将得到所有属性的值；如果在类外部对对象进行迭代，则只能得到外部可见的那些属性的值。

【例 4.5】创建两个 PHP 动态网页，用于演示如何在类内部和类外部实现对象迭代。源文件为/04/04-05.php，源代码如下。

```html
<!doctype html>
<!doctype html>
<html>
<head>
<meta charset="utf-8">
<title>迭代对象示例</title>
<style>
    div {
        column-count: 2;
        column-rule: thin solid grey;
    }
    ol {
        margin-top: 0;
    }
</style>
</head>

<body>
<h3 style="text-align: center;">迭代对象示例</h3>
<hr>
<?php
class MyClass {                                          // 定义类
    public string $prop1 = "公有属性1";                   // 定义一组公有属性
    public string $prop2 = "公有属性2";
    public string $prop3 = "公有属性3";
    protected string $protected = "保护属性";             // 定义一个保护属性
    private string $private = "私有属性";                 // 定义一个私有属性
```

```php
    public function iterateVisible() {              // 定义类的方法
        foreach ($this as $key => $value) {         // 在类内部实现对象迭代
            echo "<li>$key => $value";
        }
    }
}

$obj = new MyClass();
echo "<div>";
echo "在类内部进行迭代：";
echo "<ol>";
$obj->iterateVisible();
echo "</ol>";
echo "在类外部进行迭代：";
echo "<ol>";
foreach ($obj as $key => $value) {
    echo "<li>$key => $value";
}
echo "</ol>";
echo "</div>";
?>
</body>
</html>
```

本例中定义了一个 MyClass 类，并为其定义了一组公有属性、一个保护属性和一个私有属性；在类内部还定义了一个名为 iterateVisible 的方法，用于实现对象迭代。在基于 MyClass 类创建对象之后，通过调用该对象的 iterateVisible()方法与 foreach 语句实现对象迭代。运行结果如图 4.5 所示。

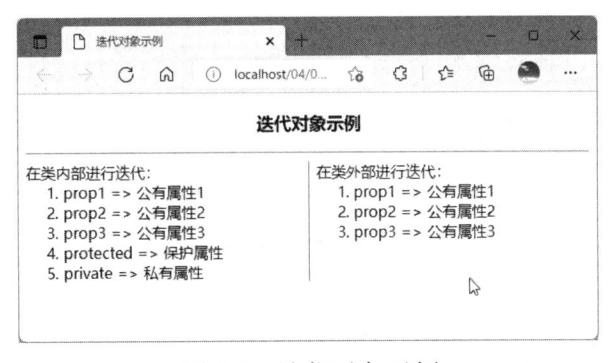

图 4.5  迭代对象示例

### 4.2.7  克隆对象

在 PHP 中，对象赋值总是通过引用的形式实现。当把一个对象创建的实例赋给一个新变量时，通过新变量可以访问同一对象的实例。当通过新变量更改对象的属性值时，原变量所引用的对象的属性值也将随之发生变化。

如果要生成对象的一个副本，则应使用关键字 clone 来实现，语法格式如下。

```
$copy_of_object = clone $object;
```

此时，变量 copy_of_object 引用的对象将独立于变量 object 引用的对象。

在克隆对象时，将调用对象的__clone()方法，但对象的__clone()方法是不能被直接调用的。当创建对象副本时，会先检查对象的__clone()方法是否存在。如果存在，则调用该方法，否则调用默认的__clone()方法，并复制对象的所有属性。然后通过定义__clone()方法，用户可以设置对象副本的属性值，使其区别于对象正本。

【例 4.6】创建一个 PHP 动态网页，用于说明如何实现对象克隆。源文件为/04/04-06.php，源代码如下。

```php
<!doctype html>
<html>
<head>
<meta charset="utf-8">
<title>克隆对象示例</title>
</head>

<body>
<h3>克隆对象示例</h3>
<hr>
<?php
class Person {                              // 定义 Person 类
    private string $name;                   // 私有属性，表示名字
    private string $age;                    // 私有属性，表示年龄

    // 定义类的构造方法
    function __construct(string $name, int $age) {// 两个参数分别表示名字和年龄
        $this->name = $name;                // 使用传入的参数值设置私有属性（名字）
        $this->age = $age;                  // 使用传入的参数值设置私有属性（年龄）
    }

    // 定义类的方法，用于显示名字和年龄
    function say() {
        echo "<p>我叫" . $this->name;
        echo ", 我的年龄是" . $this->age . "岁。</p>";
    }

    // 定义类的__clone()方法，用于改写对象正本的属性
    function __clone() {
        $this->name = "克隆" . $this->name;
        $this->age += 3;
    }
}

$p1 = new Person("张三", 17);               // 创建对象正本
```

```
$p1->say();                        // 调用对象正本的方法

$p2 = clone $p1;                   // 通过克隆得到对象副本,自动调用__clone()方法
$p2->say();                        // 调用对象副本的方法

?>
</body>
</html>
```

本例中定义了一个名为 Person 的类并为其定义了__clone()方法,在该方法中修改了对象正本的 name 和 age 属性值。因此,克隆出来的对象副本与对象正本的名字和年龄不同。运行结果如图 4.6 所示。

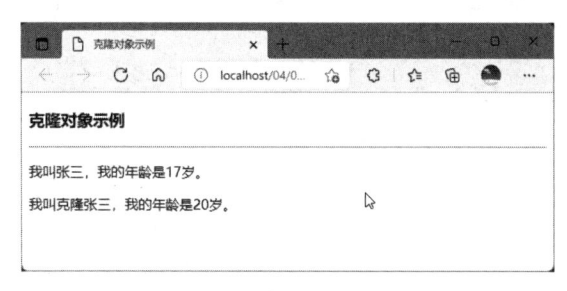

图 4.6 克隆对象示例

## 4.2.8 比较对象

在 PHP 中,对象的比较可分为以下两种情况。

- 当使用相等运算符"=="时,将以一种简单的方式来比较对象,即如果具有相同的属性和值,而且是同一个类的实例,则两个对象相同。
- 当使用全等运算符"==="时,只有在两个对象引用的是同一个类的同一个实例时,这两个对象才是相同的。

【例 4.7】创建一个 PHP 动态网页,用于说明如何比较两个对象。源文件为/04/04-07.php,源代码如下。

```
<!doctype html>
<html>
<head>
<meta charset="utf-8">
<title>比较对象示例</title>
<style>
    ol > li {
        float: left;
        margin-right: 2em;
        list-style: none;
    }
</style>
</head>
```

```php
<body>
<h3 style="text-align: center;">比较对象示例</h3>
<hr>
<?php
// 定义bool2str()函数，其功能是将布尔值转换为字符串
function bool2str(bool $bool) {
    return ($bool ? "true" : "false");
}

// 定义compareObjects()函数，其功能是比较两个对象并显示结果
function compareObjects(object &$obj1, object &$obj2) {
    echo "<ul>";
    echo "<li>obj1 == obj2: " . bool2str($obj1 == $obj2);
    echo "<li>obj1 != obj2: " . bool2str($obj1 != $obj2);
    echo "<li>obj1 === obj2: " . bool2str($obj1 === $obj2);
    echo "<li>obj1! == obj2: " . bool2str($obj1 !== $obj2);
    echo "</ul>";
}

// 定义Flag类
class Flag {
    private bool $flag;
    function __construct($flag = true)       // 构造方法，带有默认参数
        $this->flag = $flag;
    }
}

// 定义OtherFlag类
class OtherFlag {
    private bool $flag;
    function __construct($flag = true) {    // 构造方法，带有默认参数
        $this->flag = $flag;
    }
}

$o = new Flag();                    // 创建Flag类的一个实例并以变量o来引用
$p = new Flag();                    // 创建Flag类的另一个实例并以变量p来引用
$q = $o;                            // 使用变量q指向变量p引用的对象
$r = new OtherFlag();               // 创建OtherFlag类的一个实例
echo "<ol>";
echo "<li>比较同一个类的两个对象: ";
compareObjects($o, $p);             // 比较同一个类的两个对象
echo "<li>比较同一个对象的两个引用: ";
compareObjects($o, $q);             // 比较同一个对象的两个引用
echo "<li>比较两个不同类的对象: ";
compareObjects($o, $r);             // 比较两个不同类的对象
echo "</ol>";
```

```
?>
</body>
</html>
```

本例中定义了 Flag 类和 OtherFlag 类，然后基于 Flag 类创建了两个对象，基于 OtherFlag 类创建了一个对象，并对同一个类的两个对象、同一个对象的两个引用及两个不同类的对象进行了比较。运行结果如图 4.7 所示。

图 4.7　比较对象示例

## 任务 4.3　实现继承与多态

继承与多态都是面向对象编程的重要概念。继承是指从一个类中派生出新类，新类自动拥有该类的全部属性和操作，并且可以拥有自己的特性。多态是指将同一操作作用于不同对象时可以产生不同的结果，可以通过接口、继承或抽象类来实现。在本任务中，读者将学习和掌握如何在 PHP 中实现继承与多态。

### 任务目标

- 掌握实现类的继承的方法
- 掌握使用抽象类的方法
- 掌握使用关键字 final 的方法
- 掌握使用接口的方法

### 4.3.1　实现类的继承

在面向对象编程中，通常需要生成一些类，这些类与其他现有的类具有相同的属性和方法。在编程实践中，可以首先定义一个用于所有项目的通用类，然后不断丰富这个类，使其适应每个具体项目。为了使这一操作变得更加容易，类可以从其他现有的类中扩展出来。扩展或派生出来的类具有原来的类的所有属性和方法，且类中的元素不可能减少，即不能注销任何存在的方法或属性。

在 PHP 中，可以使用关键字 extends 扩展一个类，语法格式如下。

```
class derived_class extends base_class {
    //在此处定义类的成员
}
```

其中，derived_class 表示新类，被称为派生类或子类；base_class 表示新类继承的类，被称为基类或父类。

当扩展一个类时，派生类会继承基类所有的公有方法和保护方法。但是派生类的方法会覆盖基类的方法。一个派生类总是依赖于一个单独的基类，即不支持多继承。

如果派生类中定义了构造方法，则不会暗中调用其基类的构造方法。如果要执行基类的构造方法，则需要在派生类的构造方法中通过如下语法格式来调用。

```
parent::__construct();
```

其中，关键字 parent 指的是在 extends 声明中的基类的名称。这样可以避免在多个位置使用基类的名称。

当在派生类中定义析构方法时，基类的析构方法并不会被 PHP 暗中调用。若要执行基类的析构方法，则必须在派生类的析构方法中对其进行显式调用，语法格式如下。

```
parent::__destruct();
```

在派生类的方法中，可以通过如下语法格式来调用基类的方法。

```
parent::__method();
```

【例 4.8】创建一个 PHP 动态网页，用于说明如何根据基类来创建派生类。源文件为/04/04-08.php，源代码如下。

```php
<!doctype html>
<html>
<head>
<meta charset="utf-8">
<title>类的继承应用示例</title>
<style>
    div {
        float: left;
        margin-right: 6em;
    }
    ul {
        margin-top: 0;
    }
</style>
</head>

<body>
<h3>类的继承应用示例</h3>
<hr>
<?php
class Person {                                          // 定义 Person 类
    protected string $name;                             // 定义保护属性（姓名）
    protected string $gender;                           // 定义保护属性（性别）

    /* 定义类的构造方法 */
    public function __construct(string $name, string $gender) {
```

```php
            $this->name = $name;                    // 设置保护属性值（姓名）
            $this->gender = $gender;                // 设置保护属性值（性别）
        }

        public function showInfo() {                // 定义类的方法，用于显示信息
            echo "<div>个人信息<ul><li>姓名：" . $this->name .
                "<li>性别：" . $this->gender . "</ul></div>";
        }
    }
    class Student extends Person {                  // 基于 Person 类创建派生类 Student
        private int $studentId;                     // 定义私有属性（学号）
        private int $age;                           // 定义私有属性（年龄）
        /* 定义类的构造方法 */
        public function __construct(int $studentId, string $name, string $gender,
int $age) {
            parent::__construct($name, $gender);    // 调用基类的构造方法
            $this->studentId = $studentId;          // 设置私有属性值（学号）
            $this->age = $age;                      // 设置私有属性值（年龄）
        }

        public function showInfo() {                // 重写基类实例的方法
            echo "<div>学生个人信息<ul><li>学号：" . $this->studentId .
                "<li>姓名：" . $this->name . "<li>性别：" . $this->gender .
                "<li>年龄：" . $this->age . "</ul></div>";
        }
    }

    $p = new Person("张三", "男");                  // 创建基类实例
    $p->showInfo();                                 // 调用基类实例的方法
    $stu = new Student("20220001", "李明", "男",18);// 创建派生类实例
    $stu->showInfo();                               // 调用派生类实例的方法
    ?>
</body>
</html>
```

本例中首先定义了一个 Person 类，然后以 Person 类为基类定义了一个名为 Student 的派生类，并在其中添加了两个新的属性，对构造方法和 showInfo() 方法进行了重写。运行结果如图 4.8 所示。

图 4.8 类的继承应用示例

### 4.3.2 使用抽象类

PHP 支持抽象类和抽象方法。抽象类不能被直接实例化，必须先继承该抽象类，再实例化派生类。抽象类中至少需要包含一个抽象方法。如果一个类的方法被声明为抽象的，则其中不能包含具体的功能实现。抽象类和抽象方法使

用关键字 abstract 来声明，语法格式如下。

```
abstract class class_name {
    [public|protected] function method_name([mixed $args[, $…]]);
    // 类的其他成员（包括非抽象方法）
}
```

如果一个类中包含抽象方法（即使只有一个），则必须将这个类声明为抽象的。抽象方法也是使用关键字 abstract 来声明的，但是只能声明方法的签名（也称方法头），而不能提供方法的具体实现代码。声明抽象方法的语法格式与声明一般方法的语法格式不同。声明抽象方法的语法格式没有包含花括号中的主体部分，并且使用半角分号";"来结束。

如果派生类中覆盖了所有的抽象方法，则派生类会变成一个普通的类；如果没有覆盖所有的抽象方法，则派生类仍然是抽象类。

**【例 4.9】** 创建一个 PHP 动态网页，用于说明如何根据一个抽象类创建多个派生类。源文件为/04/04-09.php，源代码如下。

```
<!doctype html>
<html>
<head>
<meta charset="utf-8">
<title>抽象类应用示例</title>
</head>

<body>
<h3>抽象类应用示例</h3>
<hr>
<?php
abstract class Shape {                    // 定义抽象类 Shape
    protected float $base;                // 定义保护属性（底）
    protected float $height;              // 定义保护属性（高）
    public function setValue(float $b, float $h): void { // 定义非抽象方法，用于设置底和高
        $this->base = $b;
        $this->height = $h;
    }
    public abstract function getArea(): float; // 定义抽象方法，用于计算面积
}
class Triangle extends Shape {            // 基于抽象类 Shape 创建派生类 Triangle
    public function getArea() {           // 实现抽象方法 getArea()
        return round((($this->base) * ($this->height) / 2), 2);
    }
}
class Rectangle extends Shape {           // 基于抽象类 Shape 创建派生类 Rectangle
    public function getArea() {           // 实现抽象方法 getArea()
        return round((($this->base) * ($this->height)), 2);
    }
```

```
}
echo "<ul>";
$t = new Triangle();
$t->setValue(156, 99);
echo "<li>三角形面积为: " . $t->getArea();
$r = new Rectangle();
$r->setValue(215, 69);
echo "<li>长方形面积为: " . $r->getArea();
?>
</body>
</html>
```

本例中首先定义了一个名为 Shape 的抽象类，其中包含一个抽象方法 getArea()；然后基于抽象类 Shape 分别创建了两个派生类 Triangle 和 Rectangle，并在这两个派生类中实现了抽象方法 getArea()。运行结果如图 4.9 所示。

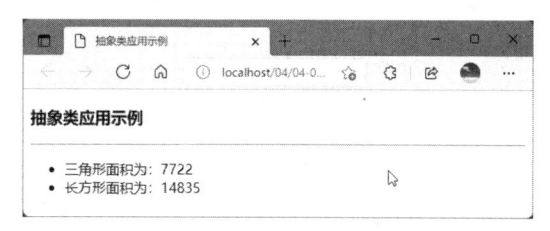

图 4.9 抽象类应用示例

### 4.3.3 使用关键字 final

关键字 final 用于指定类能否被继承，或者基类中的某个方法能否被覆盖。如果将某个类声明为 final 类型的，则这个类不能被继承。如果在基类中将某个方法声明为 final 类型的，则派生类无法覆盖该方法。

如果在类定义中使用访问控制修饰符 private 来修饰一个属性或方法，则该属性或方法不能被继承。如果使用控制修饰符 protected 来修饰一个属性或方法，则该属性或方法可以被继承，但类的外部是不可见的。

在下面的示例中，基类 A 中声明了一个名为 moreTesting 的 final 类型的方法。当试图在派生类 B 中实现 moreTesting()方法时，将产生一个严重错误。

```
class A {
    public function test() {
        echo "调用A::test()<br>";
    }
    public final function moreTesting() {
        echo "A::moreTesting()<br>";
    }
}
class B extends A {
    public function moreTesting(){
        echo "调用B::moreTesting()<br>";
```

```
        }
    }
    // 产生 Fatal error: Cannot override final method A::moreTesting()
```

下面的示例中声明了一个名为 A 的 final 类型的类。当试图通过 B 类扩展 A 类时，将产生一个严重错误。

```
final class A {
    public function test(){
        echo "调用 A::test()<br>";
    }
    public final function moreTesting(){
        echo "调用 A::moreTesting()<br>";
    }
}
class B extends A {
}
// 产生 Fatal error: Class B may not inherit from final class (A)
```

### 4.3.4 使用接口

使用接口可以指定某个类必须实现哪些方法，但不需要定义这些方法的具体内容。接口是通过关键字 interface 来定义的，如同定义一个标准的类一样，但其中定义的所有方法都是空的。定义接口的语法格式如下。

```
interface interface_name {
    public function method_name([mixed $args[, $...]]);
}
```

其中，interface_name 表示接口名；method_name 表示接口中的方法名；args 表示接口方法的参数。接口中定义的所有方法都必须是 public 类型的，而且都是空的，即不需要定义这些方法的具体内容。

在定义一个接口后，可以在定义类时使用关键字 implements 来实现该接口，语法格式如下。

```
class class_name implements interface_name {
    //在此处类的属性和方法
}
```

其中，class_name 表示类名；interface_name 表示通过该类要实现的接口，该接口中的所有方法必须在类体中实现，否则会产生一个严重错误。在通过类实现接口时，必须使用与接口中定义的方法完全一致的方式，否则会导致致命错误。

需要注意的是，可以通过一个类来实现多个接口，并使用逗号分隔每个接口，但是在实现多个接口时，接口中的方法不能重名。在定义接口时，也可以定义常量。另外，也可以使用 extends 操作符来继承接口。

接口与抽象类的区别表现在以下几个方面。

- 对接口的使用是通过关键字 implements 实现的，对抽象类的使用则是通过关键字 extends 实现的。当然，也可以通过关键字 extends 来继承接口。
- 接口中不可以声明类成员变量（包括类静态变量），但是可以声明类常量。抽象类中可以声明各种类型的类成员变量，实现数据的封装。
- 接口没有构造方法，抽象类可以有构造方法。
- 接口中的方法默认都是 public 类型的，而抽象类中的方法可以使用访问控制修饰符 private、protected 及 public 来修饰。
- 一个类可以同时实现多个接口，但一个类只能继承一个抽象类。

至于使用抽象类还是使用接口，应根据以下原则来决定。

- 如果要创建一个模型，且该模型将由一些紧密相关的对象使用，则使用抽象类。如果要创建由一些不相关对象使用的模型，则使用接口。
- 如果必须从多个来源继承行为，则使用接口。
- 如果知道所有类都会共享一个公共的行为，则使用抽象类并在其中实现该行为。

【例 4.10】创建一个 PHP 动态网页，用于说明如何使用接口。源文件为/04/04-10.php，源代码如下。

```php
<!doctype html>
<!doctype html>
<html>
<head>
<meta charset="utf-8">
<title>接口应用示例</title>
</head>

<body>
<h3>接口应用示例</h3>
<hr>
<?php
interface User {                                  // 定义 User 接口
    public function getDiscount();                // 定义接口方法（获取折扣系数，未实现！）
    public function getUserType();                // 定义接口方法（获取用户类型，未实现！）
}
class VipUser implements User {                   // 通过 VipUser 类实现接口
    private float $discount = 0.88;               // 定义私有属性（折扣系数）
    public function getDiscount() {               // 实现接口方法，获取折扣系数
        return $this->discount;
    }
    function getUserType() {                      // 实现接口方法，获取用户类型
        return "VIP用户";
    }
}
class Goods {                                     // 定义 Goods 类
```

```
    public int $quantity;                    // 定义公有属性 quantity
    public float $price;                     // 定义公有属性 price

    public function show(User $user) {       // 定义公有方法 show()
        $money1 = $this->quantity * $this->price;
        $money2 = $this->quantity * $this->price * $user->getDiscount();
        echo "<p>商品原价：<del>" . $money1 . "</del></p>";
        echo "<p>您是" . $user->getUserType() . "，应支付" .
            $money2 . "元，为您节省了" . ($money1 - $money2) . "元</p>";
    }
}
$VipUser = new VipUser();
$goods = new Goods();
$goods->quantity = 10;
$goods->price = 1000;
$goods->show($VipUser);
?>
</body>
</html>
```

本例中首先定义了一个名为 User 的接口并为其定义了两个方法，然后通过 VipUser 类实现了 User 接口并在该类中实现了 User 接口的两个方法，最后定义了 Goods 类并通过调用 VipUser 类的相关方法计算出 VIP 用户应支付的货款。运行结果如图 4.10 所示。

图 4.10　接口应用示例

# 项 目 思 考

## 一、选择题

1. 使用访问控制修饰符（　　）可以使类成员只能被其所在类访问。

A．var B．public C．protected D．private

2. 设 A 类包含一个名为 $name 的非静态属性，$a 表示 A 类的一个实例化对象，则可以使用（　　）来引用 $name 属性。

A．$a->name B．$a=>name C．$a->$name D．A::$name

3. 在 PHP 中，类的构造方法的名称统一为（　　）。

A．construct B．__construct C．destruct D．__destruct

4. 要在派生类中调用基类的构造方法，可以使用（　　）语法来实现。

A．$this->__construct();　　　　　　B．$this::__construct();

C．parent::__construct();　　　　　　D．self::__construct();

5. 使用关键字（　　）可以声明一个不能直接被实例化的类。

A．final　　　　B．protected　　　　C．abstract　　　　D．private

## 二、判断题

1. 在 PHP 中，可以使用运算符 new 创建对象。（　　）

2. 使用类型运算符 instanceof 可以确定一个变量是否属于某个类的实例。（　　）

3. 具有构造方法的类会在每次销毁对象时调用此方法。（　　）

4. 使用 unset() 语言结构可以销毁给定的变量。（　　）

5. 在类的方法内部，可以使用伪变量$this 和箭头运算符"->"引用类常量。（　　）

6. 在静态方法中，可以使用伪变量$this 表示调用该方法的实例化对象引用。（　　）

7. autoload() 函数会在试图使用未被定义的类时被自动调用。（　　）

8. 克隆对象时将调用对象的__clone()方法。（　　）

9. 抽象类中可以不包含任何抽象方法。（　　）

10. 一个类可以同时实现多个接口，也可以从多个抽象类中继承接口。（　　）

## 三、简答题

1. 类与对象有什么关系？

2. 类有哪几种成员？

3. 构造方法和析构方法有什么特点？

4. 在 PHP 中，如何比较两个对象？

5. 接口与抽象类有什么区别？

# 项 目 实 训

1. 创建一个 PHP 动态网页，利用类和对象计算矩形的周长和面积。

2. 创建一个 PHP 动态网页，声明一个具有静态属性和静态方法的类，并在该类的外部访问这些静态成员。

3. 创建一个 PHP 动态网页，声明一个具有构造方法和析构方法的类。

4. 按要求创建以下 3 个 PHP 文件：（1）one.php 文件，用于声明 One 类；（2）two.php 文件，用于声明 Two 类；（3）three.php 文件，用于创建 One 类和 Two 类的实例化对象，并要求自动加载 one.php 和 two.php 文件。

5．创建一个 PHP 动态网页，声明一个具有公有属性、保护属性和私有属性的类，并在该类的内部和外部用 foreach 语句遍历所有属性。

6．创建一个 PHP 动态网页，首先声明一个 Person 类，然后以 Person 类为基类创建派生类 Student，要求在派生类中增加一些新的属性。

7．创建一个 PHP 动态网页，首先声明一个名为 Shape 的抽象类，然后以 Shape 类为基类创建派生类 Triangle 和 Rectangle，用于计算三角形和长方形的面积。

8．创建一个 PHP 动态网页，首先声明一个名为 iOperation 的接口，其中包含 addition() 和 subtration() 两个方法，然后通过 Op 类实现 iOperation 接口，并通过 addition() 方法和 subtration() 方法实现加法与减法运算。

# 项目 5

# 构建 PHP 交互网页

当通过网络访问 PHP 动态网页时，必然会涉及 PHP 与客户端交互的问题。通过 PHP 脚本获取表单变量、URL 参数、会话变量及其他动态内容，并根据检索的内容对客户端进行反馈和响应，或者修改页面以满足用户需要，是 PHP 编程的基本内容。在本项目中，读者将学习和掌握通过 PHP 动态网页与客户端进行交互的各种技能，能够获取表单变量、验证表单数据、获取 URL 参数、管理会话及使用 Cookie。

## 项目目标

- 掌握获取表单变量的方法
- 掌握验证表单数据的方法
- 掌握获取 URL 参数的方法
- 掌握管理会话的方法
- 掌握使用 Cookie 的方法

## 任务 5.1　获取表单变量

HTML 表单可以用于从用户那里收集信息。用户可以使用输入框、列表框、复选框及单选按钮等表单控件输入信息，然后通过单击提交按钮将这些信息发送到服务器端。在 PHP 服务器端脚本中，可以使用预定义数组获取表单变量并进行相应处理。在本任务中，读者将学习和掌握创建 HTML 表单、添加表单控件及读取表单变量等技能。

### 任务目标

- 掌握创建 HTML 表单的方法
- 掌握添加表单控件的方法
- 掌握读取表单变量的方法

### 5.1.1 创建 HTML 表单

在网页中制作一个基本的表单通常需要 3 类元素，即 form、input 和 button 元素。其中，form 元素用于为用户的输入创建 HTML 表单；input 元素用于收集用户输入的数据；button 元素用于向服务器提交输入的数据。

#### 1. 使用 form 元素

form 元素用于在网页中创建一个 HTML 表单。表单中可以包含各种流式内容（如列表、表格等），通常主要包含一些说明性标签（label）和各种表单控件元素（如 input、textarea、select 及 button 元素等），但不能包含其他 form 元素，即表单不能嵌套使用。

form 元素具有 HTML 元素的全局属性，还具有下列局部属性。

（1）accept-charset：指定服务器可处理的表单数据字符集。

（2）action：指定当提交表单时向何处发送表单数据，其值通常是位于服务器上的某个动态网页的 URL。如果未设置该属性，则表单数据将被提交到当前页面中。

（3）autocomplete：指定是否启用表单的自动完成功能，其值为 on 或 off，默认值为 on。

（4）enctype：指定在发送表单数据之前如何对其进行编码，其取值如下。

- application/x-www-form-urlencoded：表单数据被编码为键-值对，这是标准编码方式，也是默认值。使用这种编码方式不能将文件上传到服务器中。
- multipart/form-data：表单数据被编码为一条消息，页面中的每个表单控件对应消息中的一部分。使用这种编码方式可以将文件上传到服务器中。
- text/plain：表单数据以纯文本形式进行编码，其中不包含任何控件或格式字符。这种编码方式的工作机制因浏览器而异。

（5）method：指定用于发送表单数据的 HTTP 方法，常用的取值如下。

- get：浏览器首先通过 x-www-form-urlencoded 编码方式将表单数据转换为一个字符串（形如 name1=value1&name2=value2...），并将该字符串附加到 URL 后面，使用问号"？"分隔，然后加载这个新的 URL。HTTP GET 请求用于安全交互，即同一请求可以发起任意多次而不会产生额外作用，可以用来获取只读信息。这是 method 属性的默认值。
- post：浏览器将表单数据封装到请求正文中并通过 HTTP POST 请求发送到服务器中，用于不安全交互。提交数据的行为会改变应用程序的状态。

（6）name：指定表单的名称。

（7）novalidate：如果使用此属性，则指定提交表单时不进行验证。

（8）target：指定在何处打开 action 的 URL，其值可以是_blank、_self、_parent、_top 或 iframe 元素的 name。

#### 2. 使用 input 元素

input 元素通常包含在表单中，可以用于收集用户输入的数据。input 元素采用虚元素形式。在添加该元素时，仅使用一个<input>标签即可。为了帮助用户了解要输入何种数据，在使用 input 元素时，通常通过 label 元素为其添加说明性标签。

input 元素支持 HTML5 全局属性，还具有一些专用属性，包括 name、disabled、form、value、type，以及取决于 type 属性值的其他属性。

type 属性用于规定 input 元素的类型。如果未设置该属性，则使用默认类型 text，此时 input 元素呈现为一个单行文本输入框。若将 type 属性值设置为 submit，则可以创建提交按钮，其作用是提交表单，把表单内所有 input 元素的 name 和 value 属性值编码成键-值对并发送到服务器中。

#### 3. 使用 button 元素

button 元素用于定义提交按钮（其作用与<input type=submit>相同）。使用该按钮可以将表单数据发送到服务器中。<button>与</button>标签之间可以包含文本和图像，也可以包含多媒体内容，用于制作图文并茂的按钮。

button 元素支持 HTML5 全局属性，还具有一些局部属性，包括 name、disabled、form、type、value、autofocus，以及取决于 type 属性值的其他属性。

type 属性用于规定按钮的类型。如果未设置该属性，则使用默认类型 submit，此时按钮为提交按钮，在用户单击该按钮时，表单数据会被编码成键-值对并被发送到服务器中。如果将 button 元素的 type 属性值设置为 reset，则会生成重置按钮，在用户单击该按钮时，可以将各个表单控件恢复为初始状态。

### 5.1.2 添加表单控件

使用 form 元素可以设置表单数据的传输方法及用于处理表单数据的服务器脚本路径等，不过表单本身并不提供用于输入数据的用户界面。若要通过表单输入数据，则必须在<form>与</form>标签之间添加各种表单控件，如 input 元素、textarea 元素、select 元素和 fieldset 元素。

#### 1. 使用 input 元素

input 元素是应用最多的表单控件，其功能是收集用户输入的数据。根据 type 属性值的不同，input 元素呈现为多种不同的形式，既可以是输入框，也可以是单选按钮、复选框及按钮等。在添加 input 元素时，应通过设置 name 属性对其进行命名。在提交表单时，该元素的名称和值将被发送到服务器中。

下面对 input 元素的各种用法进行简要说明。

（1）单行文本输入框。如果将 input 元素的 type 属性值设置为 text，则该元素呈现为一个单行文本输入框，可以用于输入单行文本，这也是它的默认功能。通常可以使用 placeholder 属性为 input 元素设置提示信息，如果未设置此属性，则应该使用 label 元素为输入框添加说明性标签。

（2）密码输入框。如果将 input 元素的 type 属性值设置为 password，则该元素的外观与普通的单行文本输入框的外观相同，但是在输入密码时，输入的内容会被屏蔽，无论输入字母还是数字，显示的都是星号"*"或项目符号"•"。

（3）按钮。如果将 input 元素的 type 属性值设置为 submit 或 reset，则会生成提交按钮和重置按钮。它们的作用分别是提交表单和重置表单。如果将 input 元素的 type 属性值设置为 button，则没有具体语义，可以将其 onclick 事件的属性值设置为某个 JavaScript 函数调用，以完成指定的操作。在使用 input 元素生成按钮时，可以通过 value 属性来设置按钮的标题。

（4）单选按钮。单选按钮通常成组出现，允许用户从一组固定的选项组中选择一个选项。如果要创建单选按钮，则应将 input 元素的 type 属性值设置为 radio。如果要生成一组相互排斥的单选按钮，则应将相关 input 元素的 name 属性值设置为相同的值。当提交表单时，只有当前处在选中状态的单选按钮的 name 和 value 属性值才会被发送到服务器中。

（5）复选框。复选框用来为用户提供选择是或否的选项。如果要创建复选框，则应将 input 元素的 type 属性值设置为 checkbox。当提交表单时，只有当前处在选中状态的复选框的 name 和 value 属性值才会被发送到服务器中。

（6）数字输入框。如果要用 input 元素输入一个数值，则可以将其 type 属性值设置为 number，这样由该元素生成的输入框就只能接收数值，而不接收任何非数值内容。某些浏览器还会在输入框的右侧显示一对上下箭头，用来调整数值的大小。对于数字输入框，用户可以用 min 和 max 属性设置其可接收的最小值和最大值，还可以用 step 属性指定调节数值的步长。

（7）数字范围控件。如果要用 input 元素输入位于指定范围内的数值，则可以将其 type 属性值设置为 range，此时只能在指定范围内选择一个数值。range 类型的 input 元素与 number 类型的 input 元素支持的属性相同，但它们在浏览器中的呈现形式和使用方法有所不同。

（8）电话号码/电子邮件地址/网址输入框。如果将 input 元素的 type 属性值设置为 tel、email 或 url，则该元素只能接收有效的电话号码、电子邮件地址或 URL 网址。

（9）日期/时间输入控件。为了方便用户输入日期和时间，HTML5 中为 input 元素新增了下列新类型：date 类型，用于选择本地日期（不包含时间和时区信息）；month 类型，用于选择年月信息（不包含日、时间和时区信息）；week 类型，用于选择当前周数；time 类型，用于选择时间；datetime 类型，用于选择世界日期和时间（包含时区信息）；datetime-local 类型，用于选择本地日期和时间。上述类型的 input 元素为浏览器提供了实现原生日历控件的机会。

（10）颜色选择器。如果将 input 元素的 type 属性值设置为 color，则会生成颜色选择器，可以用来选择颜色。此时，颜色值是以#rrggbb 格式表示的，其中，rr、gg 和 bb 分别表示红色、绿色和蓝色 3 种分量的十六进制数值，如白色为#ffffff、黑色为#000000、红色为#ff0000 等。

（11）搜索关键词输入框。如果将 input 元素的 type 属性值设置为 search，则该元素会呈现为一个搜索关键词输入框，可以用于输入搜索关键词。不过，这种 search 类型的 input 元素既不会对输入的词语进行限制，也没有搜索当前页面或借助搜索引擎进行搜索的功能。

（12）隐藏域。如果将 input 元素的 type 属性值设置为 hidden，则会生成隐藏域。隐藏域虽然在网页上不可见，但在提交表单时，该元素的名称和值会被一起发送到服务器中。

（13）图像按钮。如果将 input 元素的 type 属性值设置为 image 并指定要使用的图像，则会生成一个图像按钮。在单击该按钮时，可以提交表单。

（14）文件域。如果将 input 元素的 type 属性值设置为 file，则会生成一个文件域，用于选择要上传的文件。如果要通过表单上传文件，则应将 form 元素的 enctype 属性值设置为 multipart/form-data。

### 2. 使用 textarea 元素

使用 textarea 元素可以定义多行文本输入控件。这个元素在浏览器中呈现为一个文本区域，其中可以容纳大量文本。textarea 元素的开始标签与结束标签之间可以包含文本，这就是文本区域的初始内容。

在添加 textarea 元素时，应通过 name 属性对其进行命名。在提交表单时，该名称和值（即在文本区域中输入的内容）将被发送到服务器中。

### 3. 使用 select 元素

使用 select 元素可以创建单选或多选列表框。<select>与</select>标签之间可以包含若干个 option 和 optgroup 元素：每个 option 元素可以定义列表中的一个选项，optgroup 元素可以定义选项组，用于组合多个相关选项。

在添加 select 元素时，应通过 name 属性对其进行命名。在提交表单时，列表框的名称和已选中选项的值将被发送到服务器中。

### 4. 使用 fieldset 元素

使用 fieldset 元素可以对相关表单控件进行分组。当把一组表单控件放到 fieldset 元素中时，浏览器会以特殊的方式显示它们，可能有特殊的边界。<fieldset>与</fieldset>标签之间可以包含各种表单控件。在表单控件的开头位置可以添加一个 legend 元素，用来设置表单控件组的标题。

## 5.1.3 读取表单变量

表单变量用于存储包含在 Web 页的 HTTP 请求中的检索信息。如果创建了使用 POST 方法的表单，则在单击提交按钮时，表单变量将被发送到服务器中，此时可以通过 PHP 脚本获取这些表单变量并加以处理。

在 PHP 中，可以通过下列超全局变量获取表单变量。

（1）当使用 GET 方法提交表单时，可以通过超全局变量$_GET 获取表单变量，语法格式如下。

```
$_GET["表单控件名称"]
```

（2）当使用 POST 方法提交表单时，可以通过超全局变量$_POST 获取表单变量，语法格式如下。

```
$_POST["表单控件名称"]
```

（3）无论使用何种方法提交表单，都可以通过超全局变量$_REQUEST 获取表单变量，语法格式如下。

```
$_REQUEST["表单控件名称"]
```

所有超全局变量都是在全部作用域中始终可用的内置变量，也就是在项目 4 中介绍过的预定义数组。如果要通过超全局变量获取某个表单变量，则需要将表单控件的 name 属性值作为键名。例如，表单内有一个用<input type="text" name="username">定义的单行文本输入框，则在 PHP 脚本中可以通过$_POST["username"]来获取提交的内容。

【例 5.1】创建一个 PHP 动态网页，用于说明如何创建 HTML 表单并在 PHP 脚本中获取表单变量的值。源文件为/05/05-01.php，源代码如下。

```
<!doctype html>
<!doctype html>
<html>
<head>
<meta charset="utf-8">
<title>注册新用户</title>
<style>
    fieldset {
        width: 360px;
        margin: 0 auto;
        border-radius: 6px;
        box-shadow: 3px 3px 3px grey;
    }
    legend {
        background-color: grey;
        color: white;
        font-weight: bold;
    }
    #info {
        border: 1px solid gray;
        border-collapse: collapse;
        width: 380px;
        margin: 0 auto;
```

```
        }
        #info th, #info td {
            border: 1px solid gray;
            padding: 2px 12px;
        }
        #info td:first-child {
            width: 6em;
        }
        #info caption {
            font-size: large;
            font-weight: bold;
            margin-bottom: 1em;
        }
</style>
</head>

<body>
<?php if (!$_POST) {   // 若未提交表单，则显示表单 ?>
<form method="post" action="">
    <fieldset>
        <legend>注册新用户</legend>
        <table>
            <tr>
                <td><label for="useranme">用户名：</label></td>
                <td><input type="text" id="username" name="username"></td>
            </tr>
            <tr>
                <td><label for="password">登录密码：</label></td>
                <td><input type="password" id="password" name="password"></td>
            </tr>
            <tr>
                <td><label for="confirm">确认密码：</label></td>
                <td><input type="password" id="confirm" name="confirm"></td>
            </tr>
            <tr>
                <td>性别：</td>
                <td><input   type="radio"   id="male"   name="gender"   value=" 男 " checked>
                    <label for="male">男</label>
                    <input type="radio" id="female" name="gender" value="女">
                    <label for="female">女</label></td>
            </tr>
            <tr>
                <td><label for="birthdate">出生日期</label></td>
                <td><input type="date" id="birthdate" name="birthdate"></td>
            </tr>
            <tr>
```

```html
            <td><label for="education">学历</label></td>
            <td><select id="education" name="education">
                    <option>研究生</option>
                    <option selected>本科</option>
                    <option>专科</option>
                    <option>高中</option>
                </select></td>
        </tr>
        <tr>
            <td>爱好：</td>
            <td><input type="checkbox" id="music" name="hobby[]" value="音乐">
                <label for="music">音乐</label>
                <input type="checkbox" id="movie" name="hobby[]" value="电影">
                <label for="movie">电影</label>
                <input type="checkbox" id="read" name="hobby[]" value="阅读">
                <label for="read">阅读</label></td>
        </tr>
        <tr>
            <td><label for="color">喜欢的颜色：</label></td>
            <td><input type="color" id="color" name="color"></td>
        </tr>
        <tr>
            <td><label for="email">电子信箱：</label></td>
            <td><input type="email" id="email" name="email"></td>
        </tr>
        <tr>
            <td style="vertical-align: top;"><label for="resume">个人简历：</label></td>
            <td><textarea id="resume" name="resume" cols="22" rows="3"></textarea></td>
        </tr>
        <tr>
            <td> </td>
            <td><input type="submit" name="submit" value="注册">
                 <input type="reset" value="重置"></td>
        </tr>
    </table>
  </fieldset>
</form>
<?php
} else {   // 若已提交表单，则显示信息表格
    $hobby = implode(",", $_POST["hobby"]);
    echo <<<INFO_TABlE
<table id="info">
<caption>您提交的个人信息</caption>
<tr><th>字段</th><th>值</th></tr>
<tr><td>用户名</td><td>{$_POST["username"]}</td></tr>
<tr><td>登录密码</td><td>{$_POST["password"]}</td></tr>
```

```
        <tr><td>性别</td><td>{$_POST["gender"]}</td></tr>
        <tr><td>出生日期</td><td>{$_POST["birthdate"]}</td></tr>
        <tr><td>学历</td><td>{$_POST["education"]}</td></tr>
        <tr><td>爱好</td><td>{$hobby}</td></tr>
        <tr><td>喜欢的颜色</td><td>{$_POST["color"]}</td></tr>
        <tr><td>电子信箱</td><td>{$_POST["email"]}</td></tr>
        <tr><td>个人简历</td><td>{$_POST["resume"]}</td></tr>
        </table>
        <p style="text-align: center"><input type=button value="返回" onclick="history.back();"></p>
        INFO_TABlE;
    }
    ?>
    </body>
    </html>
```

本例用于实现新用户注册功能，整个网页的内容由 if…else 语句的两个分支组成。如果布尔表达式"!$_POST"的值为 true，则意味着表单尚未被提交，此时显示新用户注册表单，可以在此填写个人信息并提交，如图 5.1 所示。在这个注册表单中，表示爱好的 3 个复选框均被命名为"hobby[]"，这样一来，选中的爱好项目就会构成一个数组并被发送到服务器中。

在完成个人信息填写并单击"注册"按钮之后，布尔表达式"!$_POST"的值将会变成 false，此时可以通过 PHP 脚本获取提交的表单数据并将其通过表格形式显示出来，如图 5.2 所示。在 PHP 脚本中，调用 implode(",", $_POST["hobby"])函数可以将各个数组元素用逗号连接成一个字符串。

图 5.1　填写个人信息并提交　　　　图 5.2　显示提交的个人信息

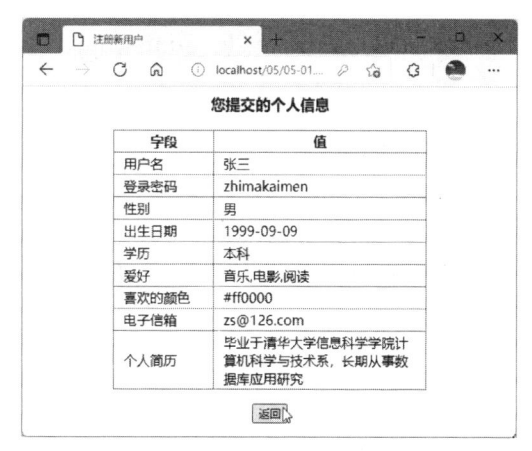

## 任务 5.2　验证表单数据

当用户通过表单输入数据时，如何对这些数据的有效性进行检查是 PHP 动态网站开发的一项重要内容。例如，检查必填字段中是否输入了数据，以及日期、电子邮件地址和网址格式是否正确等。为了保证表单数据的有效性，应当在客户端或服务器端对表单数据进行验证。在本任务中，读者将学习和掌握基于 HTML5 与 jQuery 插件对表单进行客户端验证的方法。

### 任务目标

- 掌握基于 HTML5 实现表单数据验证的方法
- 掌握基于 jQuery 验证插件实现表单数据验证的方法

### 5.2.1 基于 HTML5 实现表单数据验证

HTML5 提供了表单输入验证功能。在提交表单之前，浏览器可以对输入数据的有效性进行验证。如果表单数据未通过验证，则会阻止表单提交并提示用户进行修改，必须保证所有数据都是有效的才能提交表单。HTML5 的表单验证功能是通过一些属性来实现的，如果要使用这种功能，则只需对相应元素设置这些属性即可。

#### 1. 确保用户必须输入数据

如果要确保用户必须在某个表单控件中提供一个值，则只需在该控件中设置 required 属性即可。该属性用于指示输入字段的值是必须输入的。如果用户没有输入值，则浏览器会阻止表单提交并显示提示信息。

required 属性适用于以下表单控件。

- 由 textarea 元素生成的文本区域控件。
- 由 select 和 option 元素生成的列表框控件。
- 由 input 元素生成的各种输入框控件。该元素的 type 属性值可以是 text、password、radio、checkbox、file、datetime、datetime-local、date、month、time、week、number、email、url、search 及 tel 等。

在对表单控件设置 required 属性时，如果不希望浏览器显示默认的提示信息，则可以调用 setCustomValidity()方法来自定义提示信息，以便为用户提供更准确的提示信息。

如果要禁用表单验证功能，则可以对表单设置 novalidate 属性，或者对表单中的提交按钮设置 formnovalidate 属性。

#### 2. 确保输入特定类型的数据

如果要确保用户输入有效的日期、数字或电子邮件地址，则只需将 input 元素的 type 属性值设置为 date、number 或 email 即可，这样将生成日期、数字或电子邮件地址输入框。如果用户在这些输入框中输入了无效数据，则浏览器会阻止表单提交并显示提示信息。

#### 3. 确保输入的值在某个范围内

如果希望用户在某个字段中输入的值在某个范围内，则应在相应表单控件中设置 min 和

max 属性，以规定该输入字段的最小值和最大值。如果输入的值小于最小值或者大于最大值，则浏览器会阻止表单提交并显示提示信息。

min 和 max 属性适用于特定类型的 input 元素，其 type 属性值可以是 datetime、datetime-local、date、month、time、week、number 及 range。

#### 4. 确保输入的值符合指定的模式或格式

如果要确保用户在某个表单控件中输入的值符合指定的模式或格式，则应在该控件中设置 pattern 属性，以规定输入字段的值的模式或格式。如果输入的值不符合指定的模式或格式，则浏览器会阻止表单提交并显示提示信息。pattern 属性适用于指定类型的 input 元素，其 type 属性值可以是 text、password、email、url、search 及 tel 等。

【例 5.2】创建一个 PHP 动态网页，用于说明如何利用 HTML5 新增属性实现表单数据验证。源文件为/05/05-02.php，源代码如下。

```
<!doctype html>
<html>
<head>
<meta charset="utf-8">
<title>填写个人信息</title>
<style>
    fieldset {
        width: 24em;
        margin: 0 auto;
        border-radius: 6px;
        box-shadow: 3px 3px 3px grey;
    }
    legend {
        background-color: grey;
        color: white;
        font-weight: bold;
    }
    .info {
        width: 24em;
        margin: 0 auto;
        border-collapse: collapse;
    }
    .info th, td {
        padding: 4px;
    }
    .info td:first-child {
        width: 6em;
    }
    caption {
        font-size: large;
        font-weight: bold;
```

```
            margin-bottom: 1em;
        }
        .required {
            color: red;
        }
    </style>
</head>

<body>
<?php if (!$_POST) { ?>
<form name="form1" method="post" action="">
    <fieldset>
        <legend>填写个人信息</legend>
        <table>
            <tr>
                <td><label for="name">姓名（汉字）<span class="required">*</span>:</label></td>
                <td><input type="text" id="name" name="name"
                        placeholder="请输入汉字姓名"
                        pattern="^[\u4e00-\u9fa5]{1,7}$" autofocus required></td>
            </tr>
            <tr>
                <td><label for="male">性别<span class="required">*</span>:</label></td>
                <td><label>
                        <input id="male" name="gender" type="radio" value="男" required>男</label>
                         
                    <label>
                        <input id="female" name="gender" type="radio" value="女" required>女</label>
                </td>
            </tr>
            <tr>
                <td><label for="id_number">身份证号<span class="required">*</span>:</label></td>
                <td><input type="text" id="id_number" name="id_number"
                        placeholder="请输入身份证号" required pattern="^^[1-9]\d{5}[1-9]\d{3}((0[1-9])|(1[0-2]))((0[1-9])|([1-2]\d)|(3[0-1]))((\d{4})|(\d{3}[Xx]))$"></td>
            </tr>
            <tr>
                <td><label for="entry_date">入职时间<span class="required">*</span>: </label></td>
                <td><input id="entry_date" name="entry_date" type="date" value="2006-09-01"
                        placeholder="请输入或选择日期"></td>
            </tr>
```

```html
        <tr>
            <td><label for="education">学历<span class="required">*</span>:</label></td>
            <td><select name="education" id="education" required placeholder="请进行选择">
                <option value="">请选择一项</option>
                <option value="研究生">研究生</option>
                <option value="本科">本科</option>
                <option value="专科">专科</option>
                <option value="高中">高中</option>
            </select></td>
        </tr>
        <tr>
            <td><label for="mobile">手机号码<span class="required">*</span>:</label></td>
            <td><input type="text" id="mobile" name="mobile"
                placeholder="请输入手机号码" required
                pattern="^(13[0-9]|14[5|7]|15[0|1|2|3|5|6|7|8|9]|18[0|1|2|3|5|6|7|8|9])\d{8}$">
            </td>
        </tr>
        <tr>
            <td><label for="email">电子邮箱<span class="required">*</span>:</label></td>
            <td><input id="email" name="email" type="email"
                required placeholder="请输入电子邮件地址"></td>
        </tr>
        <tr>
            <td><label for="height">身高（cm）:</label></td>
            <td><input id="height" name="height" type="number" value="170"
                required placeholder="请输入身高"></td>
        </tr>
        <tr>
            <td><label for="weight">体重（kg）:</label></td>
            <td><input id="weight" name="weight" type="number" value="65"
                required placeholder="请输入体重"></td>
        </tr>
        <tr>
            <td style="vertical-align: top;"><label for="resume">个人简历:</label></td>
            <td><textarea id="resume" name="resume" cols="26" rows="3"
                required placeholder="请填写个人简历"></textarea></td>
        </tr>
        <tr>
            <td> </td>
            <td><input type="submit" value="提交">  
                <input type="reset" value="重置"></td>
        </tr>
```

```php
            </table>
        </fieldset>
    </form>
<?php
} else {
    echo <<<MSG
    <table border="1" class="info">
    <caption>您提交的注册信息</caption>
    <tr><th>字段名</th><th>字段值</th></tr>
    <tr><td>姓名</td><td>{$_POST["name"]}</td></tr>
    <tr><td>性别</td><td>{$_POST["gender"]}</td></tr>
    <tr><td>身份证号</td><td>{$_POST["id_number"]}</td></tr>
    <tr><td>入职时间</td><td>{$_POST["entry_date"]}</td></tr>
    <tr><td>学历</td><td>{$_POST["education"]}</td></tr>
    <tr><td>手机号码</td><td>{$_POST["mobile"]}</td></tr>
    <tr><td>电子邮箱</td><td>{$_POST["email"]}</td></tr>
    <tr><td>身高</td><td>{$_POST["height"]}cm</td></tr>
    <tr><td>体重</td><td>{$_POST["weight"]}kg</td></tr>
    <tr><td>个人简历</td><td>{$_POST["resume"]}</td></tr>
    </table>
    <p style='text-align: center'><input type=button value='返回' onclick='history.back();'></p>
MSG;
}
?>
</body>
</html>
</html>
```

本例中创建了一个用于填写个人信息的表单，并使用 HTML5 的新功能对表单数据进行验证，主要用到了新增的 input 元素类型及 required 属性。例如，当输入无效的电子邮件地址时，如果单击"提交"按钮，则会阻止表单提交并显示提示信息，如图 5.3 所示。如果表单中的所有字段都通过了验证，则可以通过 PHP 脚本获取字段值并以表格形式列出，如图 5.4 所示。

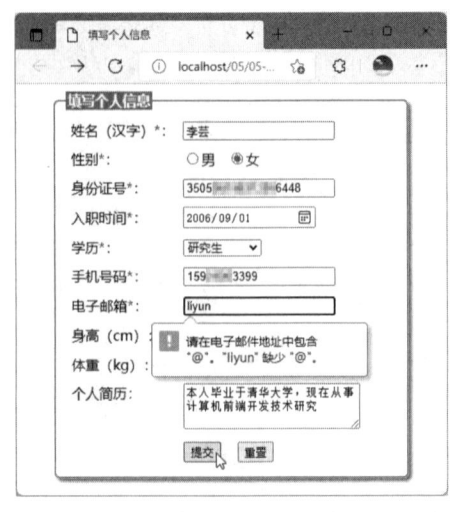

图 5.3　阻止表单提交并显示提示信息

图 5.4　显示提交的表单数据

## 5.2.2 基于 jQuery 验证插件实现表单数据验证

jQuery 验证插件（jQuery Validation Plugin）最初是由 Jörn Zaefferer 编写和维护的，从 1.15.0 版本开始由 Markus Staab 接管了代码库的维护。该插件降低了客户端进行表单数据验证的难度，提供了大量的自定义选项和一组有用的验证方法，同时还提供了一个 API，用来编写自己的方法。所有验证方法都附带默认的英文错误提示信息，并被翻译成 37 种语言。

jQuery 验证插件依赖于 jQuery，因此使用该插件时需要先下载 jQuery。jQuery 目前的最新版本为 3.6.0 版本，用户可以从其官网下载该版本，包括用于生产的压缩版本和用于开发的非压缩版本，文件名分别为 jquery-3.6.0.min.js 和 jquery-3.6.0.js。

jQuery 验证插件的最新版本为 1.19.3 版本，用户可以从其官网下载该版本，并得到文件名为 jquery-validation-master.zip 的压缩包。在将该压缩包解压缩后，用户可以从 dist 目录中找到其核心支持文件，包括压缩版本和非压缩版本，文件名分别为 jquery.validate.min.js 和 jquery.validate.js，建议开发时使用后者。

要使用 jQuery 验证插件，必须在网页中使用<script></script>标签依次导入 jQuery 库文件和 jQuery 验证插件核心支持文件，代码如下。

```
<script src="../js/jquery-3.6.0.js"></script>
<script src="../js/jquery.validate.js"></script>
```

jQuery 验证插件库提供了一些 jQuery 插件方法，其中最重要的是 validate()方法，其功能是验证所选表单并返回 Validator 对象（验证器）。该对象是主要入口点，其用法如下。

```
var validator = $("#form").validate([options]);
```

其中，$为 jQuery 工厂函数；form 为待验证表单的 id；options 为包含验证选项的对象。常用验证选项如表 5.1 所示。

表 5.1 常用验证选项

| 选项 | 描述 |
| --- | --- |
| debug | 布尔型，默认值为 false，用于指定是否启用调试模式。如果该选项的值为 true，则不会提交表单 |
| submitHandler | 回调函数，用于在表单有效时处理实际的提交过程，获取表单和提交事件作为其参数 |
| ignore | 选择器，用于指定验证时要忽略的元素，例如，ignore: ".ignore" |
| rules | 对象类型，用于给出自定义规则的一些键-值对。键是一个元素或一组复选框/单选按钮的名称，值是由规则、参数对或纯字符串组成的对象 |
| messages | 对象类型，用于给出自定义消息的一些键-值对。键是元素的名称，值是该元素要显示的消息 |
| onsubmit | 布尔型，用于指定提交时是否验证表单，默认值为 true |
| onfocusout | 布尔型，用于指定失焦时（单选按钮和复选框除外）是否验证元素，默认值为 true |
| onkeyup | 布尔型，用于指定键入时是否验证元素，默认值为 true |
| onclick | 布尔型或回调函数，用于指定是否验证复选框、单选按钮，并在单击时选中元素 |
| errorClass | 字符串，用于指定错误标签的 CSS 类名，默认值为 error |
| validClass | 字符串，用于指定验证时标签的 CSS 类名，默认值为 valid |
| errorElement | 字符串，用于指定用什么标签显示错误提示信息，默认值为 label |

续表

| 选项 | 描述 |
|---|---|
| errorPlacement | 回调函数，用于指定创建错误标签的位置，默认情况下将错误标签放置在无效元素之后。接收两个参数，第一个参数表示错误标签，第二个参数表示无效元素 |
| success | 字符串或回调函数，用于指定元素通过验证后的行为。如果给定字符串，则将其作为 CSS 类名添加到标签中 |
| highlight | 回调函数，用于指定如何突出显示无效字段 |

在使用 validate()方法对所选表单进行验证时，通常需要对以下选项进行设置。

（1）通过 rules 选项设置验证规则。rules 选项为对象类型，该对象包含自定义验证规则的一些键-值对，其中键是一个元素、一组复选框或单选按钮的名称，值则是由规则、参数对或纯字符串组成的对象。常用验证方法如表 5.2 所示。

表 5.2　常用验证方法

| 键名 | 描述 | 键名 | 描述 |
|---|---|---|---|
| required | 设置元素为必填的 | step | 设置元素的步长 |
| remote | 通过请求服务器端资源检查元素的有效性 | email | 设置元素必须填写有效的电子邮件地址 |
| minlength | 设置元素的最小长度 | url | 设置元素必须填写有效的 URL |
| maxlength | 设置元素的最大长度 | date | 设置元素必须填写日期 |
| rangelength | 设置元素具有给定范围的值 | dateISO | 设置元素必须填写 ISO 日期 |
| min | 设置元素的最小值 | number | 设置元素必须填写十进制数 |
| max | 设置元素的最大值 | digits | 设置元素只能填写非负整数 |
| range | 设置元素的取值范围 | equalTo | 设置元素的值必须与另一个元素的值相等 |

例如，myform 表单中包含两个输入框，名称分别为 username 和 email，分别用于输入用户名和电子邮件地址。如果要求两者均为必填元素，且后者必须填写有效的电子邮件地址，则可以通过以下方式来调用 validate()方法。

```
$("#myform").validate({
  rules: {
    username: "required",   // 等效于：{required: true}
    email: {
      required: true,
      email: true
    }
  }
});
```

（2）通过 messages 选项设置错误提示信息。如果未设置该选项，则默认的错误提示信息取决于所用的验证方法。导入本地文件 messages_zh.js，可以将错误提示信息翻译为中文。

为了便于用户理解，通常不使用默认的错误提示信息，而是通过 messages 选项来设置自定义的错误提示信息。messages 为对象类型，包含一些自定义消息的键-值对。键是元素的名称，值是该元素要显示的消息。

以上述 myform 表单为例，下面为每个元素的每条验证规则分别指定了一条提示信息。

```
$("#myform").validate({
    rules: {
        name: "required",
        email: {
            required: true,
            email: true
        }
    },
    messages: {
        name: "请输入用户名",
        email: {
            required: "请提供电子邮件地址",
            email: "必须输入有效的电子邮件地址，格式为：name@domain.com"
        }
    }
});
```

（3）通过 errorPlacement 选项设置错误提示标签的位置。在默认情况下，错误提示标签应放在无效元素之后。使用 errorPlacement 选项可以自定义创建的错误标签的位置。该选项的值为回调函数，调用时会传入两个参数：第一个参数为 jQuery 对象创建的错误标签；第二个参数为 jQuery 对象的无效元素。

例如，当对表单使用表格布局时，可以将错误提示信息放在输入框后的下一个单元格中。

```
$("#myform").validate({
    errorPlacement: function(error, element) {
        error.appendTo(element.parent("td").next("td"));
    }
});
```

（4）通过 success 选项设置通过验证后的行为。该选项的取值为字符串或回调函数。如果给定了字符串，则会将其作为 CSS 类名添加到错误标签中。如果给定了回调函数，则会传入两个参数：第一个参数表示错误标签（jQuery 对象）；第二个参数表示经过验证的 DOM 元素。

例如，下面将一个 CSS 类 valid 添加到有效元素中，并添加文本"Ok!"。

```
$("#myform").validate({
    success: function(label) {
        label.addClass("valid").text("Ok!")
    },
    submitHandler: function() { alert("Submitted!") }
});
```

（5）通过 highlight 和 unhighlight 选项设置无效字段突出显示。这两个选项的取值均为回调函数。在调用这些回调函数时，会传入 3 个参数，分别表示无效的 DOM 元素，以及 errorClass 和 validClass 的当前值。例如：

```
$("#myform").validate({
    highlight: function(element, errorClass, validClass) {
        $(element).addClass(errorClass).removeClass(validClass);
```

```
            $(element.form).find("label[for=" + element.id + "]")
                .addClass(errorClass);
        },
        unhighlight: function(element, errorClass, validClass) {
            $(element).removeClass(errorClass).addClass(validClass);
            $(element.form).find("label[for=" + element.id + "]")
                .removeClass(errorClass);
        }
});
```

**【例 5.3】** 创建一个 PHP 动态网页，用于演示如何使用 jQuery 验证插件验证表单数据。源文件为/05/05-03.php，源代码如下。

```
<!doctype html>
<html>
<head>
<meta charset="utf-8">
<title>注册新用户</title>
<script src="../js/jquery-3.6.0.js"></script>
<script src="../js/jquery.validate.js"></script>
<script>
var validator;
$(document).ready(function () {
    validator = $("#reg_form").validate({    // 验证表单数据并返回验证器
        errorElement: "span",                // 指定用 span 元素显示错误信息
        rules: {                             // 设置验证规则
            username: {                      // 指定用户名验证规则
                required: true,              // 必须填写
                minlength: 3,                // 至少3个字符
                maxlength: 10,               // 最多10个字符
                remote: {                    // 远程验证
                    url: "check_username.php"  // 验证程序
                }
            },
            password: {                      // 指定密码验证规则
                required: true,              // 必须填写
                rangelength: [6, 10]         // 长度为6至10个字符
            },
            confirm_password: {              // 指定确认密码验证规则
                required: true,              // 必须填写
                rangelength: [6, 10],        // 长度为6至10个字符
                equalTo: "#password"         // 必须与第一次输入的密码相同
            },
            birthdate: {                     // 指定出生日期验证规则
                required: true,              // 必须填写
                dateISO: true                // 采用 ISO 日期格式：yyyy/mm/dd
            },
            gender: "required",              // 指定性别验证规则，必须选择一个选项
            email: {                         // 指定电子邮件地址验证规则
```

```javascript
                required: true,           // 必须填写
                email: true               // 必须是有效的电子邮件地址
            },
            edu: "required",              // 指定学历验证规则，必须选择一个选项
            terms: "required"             // 指定使用条款验证规则，必须勾选
        },
        messages: {                       // 设置错误提示信息
            username: {                   // 指定用户名未通过验证时显示的错误提示信息
                required: "请输入用户名",                    // 未填写时
                minlength: "用户名至少包含3个字符",           // 长度小于3个字符时
                maxlength: "用户名最多包含10个字符",          // 长度大于10个字符时
                remote: $.validator.format('"{0}" 已在使用中')// 用户名已在使用中
            },
            password: {                   // 指定密码未通过验证时显示的错误提示信息
                required: "请输入密码",                      // 未填写时
                rangelength: "密码由6到10个字符组成"          // 长度不合要求时
            },
            confirm_password: {           // 指定确认密码未通过验证时显示的错误提示信息
                required: "请再次输入密码",                  // 未填写时
                rangelength: "密码由6到10字符组成",           // 长度不合要求时
                equalTo: "两次输入的密码不一致"               // 密码不匹配时
            },
            birthdate: {                  // 指定出生日期未通过验证时显示的错误提示信息
                required: "请输入出生日期"                   // 未填写时
            },
            gender: {                     // 指定性别未通过验证时显示的错误提示信息
                required: "请从中选择一项"                   // 未选择时
            },
            email: {                      // 指定电子邮件地址未通过验证时显示的错误提示信息
                required: "请提供电子邮件地址",              // 未填写时
                email: "电子邮件地址格式无效"                // 格式无效时
            },
            edu: {                        // 指定学历未通过验证时显示的错误提示信息
                required: "请选择学历"                       // 未选择时
            },
            terms: {                      // 指定使用条款未通过验证时显示的提示信息
                required: "请勾选左边的复选框"               // 未勾选时
            }
        },
        errorPlacement: function (error, element) {// 设置错误提示标签的位置
            error.appendTo(element.parent());     // 添加到无效元素的父级中
        },
        success: function (span) {                // 设置通过验证时的行为
            span.html(" ").addClass("checked");// 对错误提示标签添加CSS类checked
        },
        highlight: function (element, errorClass) {// 设置未通过验证时的行为
            $(element).parent().find("." + errorClass).removeClass("checked");
```

```
            },
            submitHandler: function(form) {        // 设置表单有效时的提交行为
                alert("恭喜您注册成功！");
                form.submit();
            },
        });
        $("[type=reset]").click(function () {      // 设置单击重置按钮时执行的回调函数
            validator.resetForm();                 // 通过验证器的resetForm()方法重置表单
        })
    });
</script>
<style>
    fieldset {
        width: 36em;
        margin: 0 auto;
        border-radius: 5px;
    }
    legend {
        background-color: #0078d4;
        color: white;
    }
    ul li {
        list-style-type: none;
        margin-left: -1em;
        margin-bottom: 0.35em;
    }
    ul li label {
        display: inline-block;
        width: 8em;
        text-align: right;
    }
    #reg_form span.error {
        background: url("../images/unchecked.gif") no-repeat 3px 3px;
        padding-left: 20px;
        color: #ea5200;
    }
    #reg_form span.checked {
        padding-left: 36px;
        background: url("../images/checked.gif") no-repeat 3px 3px;
    }
    table, th, td {
        border: 1px solid gray;
        border-collapse: collapse;
        padding: 5px 5px;
    }
    #info_table {
        width: 400px;
```

```
            margin: 0 auto;
        }
        #info_table caption {
            font-weight: bold;
            margin-top: 10px;
            margin-bottom: 10px;
        }
    </style>
</head>

<body>
<?php if (!$_POST) {?>
<form id="reg_form" name="reg_form" method="post">
    <fieldset>
        <legend>注册新用户</legend>
        <ul>
            <li>
                <label for="username">用户名：</label>
                <input id="username" name="username" type="text">
            </li>
            <li>
                <label for="password">密码：</label>
                <input id="password" name="password" type="password">
            </li>
            <li>
                <label for="confirm_password">确认密码：</label>
                <input   id="confirm_password"   name="confirm_password"   type=
"password">
            </li>
            <li>
                <label for="birthdate">出生日期：</label>
                <input id="birthdate" name="birthdate" type="date">
            </li>
            <li>
                <label>性别：</label>
                <input id="male" name="gender" type="radio" value="男">
                <label for="male" style="width: auto;">男</label>
                 
                <input id="female" name="gender" type="radio" value="女">
                <label for="female" style="width: auto">女</label>
            </li>
            <li>
                <label for="email">电子邮件地址：</label>
                <input id="email" name="email" type="email">
            </li>
            <li>
                <label for="edu">学历：</label>
```

```html
                <select id="edu" name="edu">
                    <option value="" selected>请选择</option>
                    <option value="博士">博士</option>
                    <option value="硕士">硕士</option>
                    <option value="本科">本科</option>
                    <option value="专科">专科</option>
                    <option value="中专">中专</option>
                </select>
            </li>
            <li>
                <input id="terms" name="terms" type="checkbox" style=" margin-left: 10em;">
                <label for="terms" style="width: auto;">我已阅读并同意使用条款</label>
            </li>
            <li style="padding-left: 8.5em">
                <input name="submit" type="submit" value="注册">  
                <input type="reset" value="重置">
            </li>
            <li></li>
        </ul>
    </fieldset>
</form>
<?php } else {
echo <<< USERINFO
<table id="info_table">
    <caption>用户信息</caption>
    <tr>
        <th>字段</th><th>值</th>
    </tr>
    <tr>
        <td>用户名</td>
        <td>{$_POST["username"]}</td>
    </tr>
    <tr>
        <td>出生日期</td>
        <td>{$_POST["birthdate"]}</td>
    </tr>
    <tr>
        <td>性别</td>
        <td>{$_POST["gender"]}</td>
    </tr>
    <tr>
        <td>电子邮件地址</td>
        <td>{$_POST["email"]}</td>
    </tr>
    <tr>
        <td>学历</td>
```

```
            <td>{$_POST["edu"]}</td>
        </tr>
    </table>
    <p style="text-align: center;">
        <button onclick="history.back()">返回</button>
    </p>
USERINFO;
} ?>
</body>
</html>
```

本例中通过 jQuery 验证插件对表单数据进行检查，在未通过验证时，将通过 span 元素显示错误提示信息并阻止表单提交，只有输入了有效数据才能提交表单，此时将通过 PHP 脚本获取提交的数据并呈现为表格形式。

为了检查输入的用户名是否已被占用，可以对用户名输入框通过 remote()方法进行远程验证，并通过 jQuery.ajax 调用服务器端 PHP 资源（check_username.php）。在 PHP 中，可以通过 GET 参数获取与验证元素的名称及其值对应的键-值对，而服务器端响应必须采用 JSON 字符串形式。check_username.php 的源代码如下。

```
<?php
$user = ['张三丰', '李小四', '马亮亮'];
$username = $_GET["username"];
$result = json_encode(!in_array($username, $user));
echo $result;
?>
```

上述 PHP 代码中首先定义了一个$user 数组来存储现有用户名，然后通过 GET 参数获取使用表单发送的用户名，接着通过 in_array()函数检查提交的用户名是否存在于现有用户名数组中，其结果为布尔值，对该值取反后通过 json_encode()函数转换为 JSON 字符串形式，最后将该字符串作为服务器端响应返回。如果输入的用户名已被占用，则返回 false，此时用户名字段未通过验证，将会显示错误提示信息，提示该用户名已在使用中。运行结果如图 5.5 和图 5.6 所示。

图 5.5 输入的用户名已在使用中

图 5.6 注册成功后显示的信息表格

## 任务 5.3　获取 URL 参数

URL 参数是指附加到 URL 上的一个键-值对，它以问号"?"开始并采用"name=value"形式。如果存在多个 URL 参数，则不同参数之间用符号"&"隔开。在浏览器中，可以通过 URL 参数将一些数据附加到请求页面的 URL 后面并发送到服务器端。在本任务中，读者将掌握生成 URL 参数、读取 URL 参数及实现页面重定向的方法。

### 任务目标

- 掌握生成 URL 参数的方法
- 掌握读取 URL 参数的方法
- 掌握实现页面重定向的方法

### 5.3.1　生成 URL 参数

生成 URL 参数有多种方法，可以根据实际情况选择采用哪种方法。

（1）创建使用 GET 方法提交数据的表单。例如，首先在网页中插入一个表单，将其 method 属性值设置为 GET，然后在表单中添加两个输入框并命名为 name 和 email，最后添加一个提交按钮并命名为 submit。当提交该表单时，将在浏览器地址栏中出现以下 URL。

```
http://server/path/document?name=value1&email= value2&submit=value3
```

其中，value1 和 value2 表示用户在输入框中输入的内容，value3 表示提交按钮的标题文字，这些值可能已经进行了编码处理。

（2）创建超文本链接。例如，在下面的网址中附加了两个键-值对的 URL 参数。

```
http://server/path/document?name1=value1&name2=value2
```

（3）客户端脚本编程。例如，在执行下面的 JavaScript 脚本时，将跳转到页面 test.php 并向其传递 name 和 age 两个参数。

```
<script type="text/javascript">
    location.href="test.php?name=Jack&age=20";
</script>
```

（4）AJAX 请求。在利用 jQuery 库或 jQuery 验证插件发送 AJAX 请求时，可以将数据当作 URL 参数发送到服务器端。

调用 jQuery 提供的 load()方法，可以从服务器中加载数据并将返回的 HTML 放入匹配的元素中，用法如下。

```
.load(url, data, complete)
```

其中，url 为字符串，用于指定 AJAX 请求的目标网址。data 用于指定与请求一起发送到服务器端的对象或字符串。如果 data 以对象形式提供，则使用 POST 方法发送 AJAX 请求，否则将使用 GET 方法。complete 用于指定在 AJAX 请求完成时执行的回调函数。

在下面的示例代码中，调用了 load()方法请求 check_username.php，并发送了一个名为 username 的 URL 参数。服务器端响应将被插入到 div 元素中。

```
$("div#result").load("check_username.php", "username=张三丰");
```

如果 myform 表单中有一个名称为 username 的 input 单行文本输入框，则可以使用以下代码通过 jQuery 验证插件对该 input 元素进行远程验证，此时会向服务器端验证程序发送一个 URL 参数，其名称为 username，其值为输入的用户名。

```
$("#myform").validate({
    rules: {
        username: {
            required: true,
            remote: {
                url: "check_username.php"
            }
        }
    },
    messages: {
        username: {
            required: "请输入用户名",
            remote: jQuery.validator.format("{0} 已在使用中")
        }
    }
});
```

（5）服务器端脚本编程。例如，下面的 PHP 代码中调用了 PHP HTTP 函数 header()，在执行这行代码时，将跳转到页面 test.php 并向其传递 username 和 email 两个 URL 参数。

```
<?php
header("Location:test.php?username=Andy&email=andy@msn.com");
exit();
?>
```

其中，header()函数用于向客户端发送原始的 HTTP 报头，在这里起到了重定向的作用，语法格式如下。

```
header(string $string [, bool $replace=true [, int $http_response_code]]): void
```

其中，参数 string 表示 HTTP 标头字符串。有两种特别的标头：第一种是以"HTTP/"开头的，用来计算要发送的 HTTP 状态码；第二种是"Location:"形式的标头信息，不仅会把报文发送给浏览器，还会返回给浏览器一个 REDIRECT（302）的状态码。

参数 replace 是可选的，表明是否用后面的头替换前面相同类型的头，在默认情况下会替换。如果传入 false，则可以强制相同的头信息并存。

参数 http_response_code 强制指定 HTTP 响应的值。这个参数只有在报文字符串（string）不为空的情况下才有效。

exit()是一个语言结构，用于输出一条消息并退出当前脚本，语法格式如下。

```
exit([string $status]): void
exit(int $status): void
```

如果 status 是一个字符串，则在退出之前会打印 status。如果 status 是一个整型数，则该值会作为退出状态码，并且不会被打印输出。退出状态码为0～254。

### 5.3.2 读取 URL 参数

使用 URL 参数可以将用户提供的信息从浏览器中传递到服务器中。当服务器收到请求时，这些参数会被追加到请求的 URL 上，服务器可以通过 PHP 代码读取和处理这些 URL 参数，并将请求的页提供给浏览器。

在 PHP 中，可以使用超全局变量$_GET 检索 URL 参数，并由此得到一个关联数组。要读取某个 URL 参数的值，应当以该参数的名称为键名。例如，$_GET["username"]可以读取一个名为 username 的 URL 参数的值。

【例5.4】创建一个 PHP 动态网页，用于说明如何生成和读取 URL 参数。源文件为/05/05-04.php，源代码如下。

```html
<!doctype html>
<html>
<head>
<meta charset="utf-8">
<title>URL 参数应用示例</title>
<style>
    table {
        border-collapse: collapse;
        width: 396px;
        margin: 0 auto;
    }
    tr:first-child {
        background-color: #dedede;
    }
    th, td {
        padding: 6px;
        text-align: center;
    }
    caption {
        font-size: large;
        font-weight: bold;
        margin-bottom: 0.5em;
    }
</style>
</head>

<body>
```

```php
<?php
// 创建一个二维数组，用于存储学生信息
$student = array(
    array("学号" => "20220001", "姓名" => "李小白", "性别" => "男", "出生日期" => "2004-10-06"),
    array("学号" => "20220002", "姓名" => "黄蓉蓉", "性别" => "女", "出生日期" => "2005-09-16"),
    array("学号" => "20220003", "姓名" => "王贵贵", "性别" => "男", "出生日期" => "2004-08-22"),
    array("学号" => "20220004", "姓名" => "刘小倩", "性别" => "女", "出生日期" => "2003-06-26")
);
if (!$_GET) {                                       // 若不存在 URL 参数
    printf('<table border="1">');                   // 则显示学生简明信息表
    printf('<caption>学生信息表</caption>');
    printf('<tr><th>学号</th><th>姓名</th><th>操作</th></tr>');
    for ($i = 0; $i < count($student); $i++) {
        printf('<tr><td>%s</td><td>%s</td><td>
        <a href="%s?id=%s">查看详细信息</a></td></tr>',
            $student[$i]['学号'], $student[$i]['姓名'],
            $_SERVER["PHP_SELF"], $student[$i]['学号']);
    }
    printf('</table>');
} else {                                            // 若存在 URL 参数（已单击链接）
    for ($n = 0; $n < count($student); $n++) {      // 则遍历数组
        if ($student[$n]['学号'] == $_GET['id']) break;  // 获取传递的学生信息
    }
    printf('<table border="1">');
    printf('<caption>学生 %s 的详细信息</caption>', $student[$n]['姓名']);
    foreach ($student[$n] as $key => $value) {
        printf('<tr><td>%s</td><td>%s</td></tr>', $key, $value);
    }
    printf('</table>');
    printf('<p style="text-align: center;">
    <input type="button" onclick="history.back();" value="返回"></p>');
}
?>
</body>
</html>
</html>
```

本例中定义了一个二维数组，用于存储学生信息。若不存在 URL 参数，则通过表格形式列出所有学生的简明信息。该表格每一行中都包含一个超链接，并在目标网址后面附加了 "?id=xxx" 形式的 URL 参数，参数值为该行中的学号，如图 5.7 所示。当单击某个超链接时，会显示另一个表格，其中列出了相应学生的详细信息，如图 5.8 所示。

图 5.7　学生简明信息表　　　　　　　图 5.8　学生详细信息表

### 5.3.3 实现页面重定向

当用户在页面中单击超链接或提交表单时，通常都会从当前页面跳转到另一个页面。除了由用户操作引起的页面跳转，还可以将 PHP 代码与 HTML 标签或 JavaScript 客户端脚本结合起来，根据所需功能在适当的时机执行页面跳转，并将 URL 参数传递到目标页面中。

#### 1. 使用 header()函数实现重定向

header()函数具有多种功能，重定向是其中常用的功能之一。例如：

```php
<?php
header("Location:http://www.php.net");
?>
```

如果要延迟一段时间后执行重定向操作，则可以使用以下代码来实现。

```php
<?php
header("refresh:6;url=http://www.php.net");        // 延迟 6s 后执行重定向操作
?>
```

在使用 header()函数执行重定向操作时，需要注意以下几点。

（1）在单词"Location"与冒号":"之间不能有空格，否则会出错。

（2）在调用 header()函数之前不能有任何输出。

（3）在调用 header()函数之后，后续的 PHP 代码还会继续执行。如果要在调用 header()函数之后退出当前脚本，则可以使用 exit()语言结构。

（4）在一个页面中可以多次调用 header()函数，但是通常仅执行最后一个 header()函数。

下面利用 header()函数定义一个 URL 重定向函数，代码如下。

```php
// URL 重定向函数
function redirect($url, $time = 0, $msg = "") {    // 参数分别用于指定目标地址、时间间隔和文本信息
    if (empty($msg)) {
        $msg = "{$time}秒之后将自动跳转到{$url}！";
    }
    if (!headers_sent()) {                          // 若尚未发送 HTTP 标头
        if (0 === $time) {                          // 若时间间隔为 0
            header("Location:" . $url);             // 则立即跳转到目标地址
        } else {                                    // 若时间间隔不为 0
```

```
            header("refresh:{$time};url={$url}");// 则延迟跳转到目标地址
            echo($msg);                          // 显示文本信息
        }
        exit();                                  // 退出当前脚本
    } else {                                     // 若已发送 HTTP 标头
        $str = "<meta http-equiv=\"refresh\" content=\"{$time};URL={$url}\">";
        if ($time != 0) $str .= $msg;            // 则在<meta>标签后附加文本信息
        exit($str);                              // 显示<meta>标签和文本信息后退出
    }
}
```

使用 header()函数还可以强制用户每次访问页面时获取最新资料,而不是使用存储在客户端的缓存,代码如下。

```
<?php
header("Expires:Mon,26 Jul 1970 05:00:00 GMT");
header("Last-Modified:".gmdate("D, d M Y H:i:s ")."GMT");
header("Cache-Control:no-cache,must-revalidate");
header("Pragma:no-cache");
?>
```

### 2. 使用客户端脚本实现重定向

在 JavaScript 客户端脚本中,将 location.href 属性值设置为要转到的目标页面的 URL,可以实现不同页面之间的跳转。

如果将 PHP 服务器端脚本与 JavaScript 客户端脚本结合起来,则可以使用 PHP 变量动态地设置目标页面的 URL,以便根据设定的条件跳转到指定页面。

如果要向目标页面传递参数,则可以将键-值对附加在 URL 后面。例如,在下面的 JavaScript 客户端脚本中,将目标页面设置为 test.php,并向该页面传递一个名为 name 的 URL 参数,其值来自 PHP 变量 username。

```
<script>
location.href="test.php?name=<?php echo $username; ?>";
</script>
```

如果需要定时跳转功能,则可以通过调用 window.setTimeout()方法来实现。例如:

```
<script>
window.setTimeout('location.href="test.php"',6000);  // 6000ms(6s)后跳转
</script>
```

### 3. 使用 HTML 标签实现重定向

在 HTML 中,在文档首部添加一个<meta>标签可以实现当前页面的刷新或跳转到另一页面,语法格式如下。

```
<meta http-equiv="refresh" content="n; [url]">
```

其中,n 用于指定当前页面停留的秒数;url 用于指定要跳转的页面,如果省略 url,则每当经过指定的时间间隔时,都会自动刷新当前页面。

也可以利用 PHP 变量设置 URL 参数的值，并根据不同的条件跳转到不同的页面。

## 任务 5.4　管理会话

Web 中的会话是指用户在浏览器中进入某个网站到关闭浏览器这段时间内的操作。在 PHP 中，可以使用会话变量保存客户端的状态信息，并使这些信息在整个会话周期内对网站的所有页面可用。会话变量提供了一种机制，通过这种机制可以存储和访问用户信息，供 Web 应用程序使用。在本任务中，读者将了解什么是会话并掌握创建和销毁会话变量的方法。

### 任务目标

- 了解会话的概念
- 掌握创建会话变量的方法
- 掌握销毁会话变量的方法

### 5.4.1　了解会话

在计算机上运行一个应用程序时，用户首先打开该应用程序，然后进行一些更改，最后关闭该应用程序，这很像一次会话过程。在这种情况下，计算机知道操作者是谁，知道他何时启动应用程序，并在何时结束应用程序的运行。但是，Internet 上却存在一个问题：服务器不知道操作者是谁，也不知道他在做什么，其原因在于 HTTP 地址不能维持状态。

实际上，HTTP 是无状态的协议，即 Web 服务器不跟踪连接它们的浏览器，也不跟踪用户的各个页面请求。每次 Web 服务器收到对 Web 页面的请求，并向用户的浏览器发送相关页面响应后，Web 服务器都会"忘记"进行请求的浏览器和它发送出去的 Web 页面。当同一用户稍后请求一个相关页面时，Web 服务器会发送该页面，但它并不知道发送给该用户的上一个页面是什么。

HTTP 的无状态本性使它成为一种简单而易于实现的协议，因此也使得越高级的 Web 应用程序（如个性化所生成的内容）越难实现。例如，为了给单个用户自定义站点内容，首先必须标识出该用户。许多 Web 站点使用某种用户名/密码登录形式来实现这个目的。如果需要显示多个自定义的页面，则需要使用一种跟踪登录用户的机制，因为多数用户都不能接受为站点的每一个页面都提供用户名和密码的操作。

为了能够创建复杂的 Web 应用程序和在所有站点页面间存储用户提供的数据，多数应用程序服务器技术都包括对管理会话的支持，这使得 Web 应用程序能够在多个 HTTP 请求之间维持状态，同时，使得用户对网页的请求在给定时间段内可被视为同一交互会话的一部分。

会话变量存储着用户的会话生命周期内的信息。当用户第一次打开应用程序中的某个页面时，用户会话就此开始。当用户在一段时间内不再打开该应用程序中的其他页面时，或者用户明确终止该会话（通常单击"注销"链接）时，会话就会结束。在会话存在期间，会话特定于单个用户，即每个用户都有单独的会话。

会话变量用于存储 Web 应用程序中每个页面都能访问的信息。信息可以是多种多样的，如用户名、首选字体大小，以及指示用户是否成功登录的标记和访问权限等。会话变量的另一个常见用途是保存连续分数。例如，网上测验中到目前为止用户答对的题数，或者到目前为止用户从电子商务网站目录中选择的商品（购物车）。

会话变量还可以提供一种超时形式的安全机制。这种机制在用户账户长时间不活动的情况下，将终止该用户的会话。如果用户忘记从 Web 站点注销，则这种机制还会释放服务器内存和处理资源。

会话变量只有将用户的浏览器配置成接收 Cookie 后才起作用。当首次初始化会话时，服务器会创建一个唯一标识该用户的会话 ID，然后将包含该 ID 的 Cookie 发送到用户的浏览器中。会话 ID 可以被存储在客户端的一个 Cookie 中，也可以通过 URL 进行传递。在默认情况下，会话变量被存储在服务器的文件系统中。当用户请求服务器上的另一个页面时，服务器会读取浏览器中的 Cookie 以识别该用户并检索存储在服务器内存中的该用户的会话变量。

PHP 提供了一组管理会话方面的函数。使用这些函数可以在连续的多次请求中保存某些数据，从而构建更加个性化的应用程序并增加网站的吸引力。

## 5.4.2 创建会话变量

在使用会话变量存储信息时，首先需要启动一个会话，然后将各种信息存储在会话变量中，这些信息可以在随后的多次请求中使用，即可以在不同页面之间传递。

要在 PHP 中启动一个会话，可以使用 session_start()函数，语法格式如下。

```
session_start(array $options = array()): bool
```

session_start()函数会创建新会话或者重用现有会话。如果使用 GET 或 POST 方法，或者使用 Cookie 提交了会话 ID，则会重用现有会话。如果会话已成功启动，则返回 true，否则返回 false。

其中，参数 options 是一个关联数组，如果提供该参数，则会用其中的项目覆盖会话配置中的相应项。此数组中的键无须包含 session.前缀。

**注意**：如果正在使用基于 Cookie 的会话，则在调用 session_start()函数之前不能向浏览器输出任何内容。

除了使用 session_start()函数，还可以通过修改 PHP 配置文件 php.ini 来启动对话，即把配置项 session.auto_start 设置为 1。这样一来，每当用户访问网站时，就会自动启动一个会话。使用这种方法虽然比较简便，但也有一个缺点，即无法将对象保存到会话中。

所有会话变量均被存储在预定义数组$_SESSION中。如果要将信息存储到会话变量中，则只需向该数组中添加一个元素即可。一旦将数据存储在会话变量中，就可以通过$_SESSION来检索数据并在PHP页面中使用。

假如有页面page1.php和page2.php，下面说明如何通过会话变量在页面之间传递数据。

page1.php页面的源代码如下。

```php
<?php
session_start();
echo '<p></p>欢迎访问页面1</p>';
$_SESSION['favcolor'] = 'green';
$_SESSION['animal'] = 'dog';
$_SESSION['time'] = time();
// 如果使用Cookie方式传送会话ID
echo '<p></p><a href="page2.php">进入页面2</a></p>';
// 如果不使用Cookie方式传送会话ID，则使用URL改写方式传送会话ID
echo '<p><a href="page2.php?' . SID . '">进入页面2</p>';
?>
```

当请求page1.php页面之后，page2.php页面会包含会话数据。page2.php页面的源代码如下。

```php
<?php
session_start();
echo "<p>欢迎访问页面2</p>";
echo "<p>{$_SESSION['favcolor']}</p>";
echo "<p>{$_SESSION['animal']}</p>";
echo "<p>" . date('Y年m月d日 H:i:s', $_SESSION['time']) . "</p>";
// 在这里处理使用会话ID的场景
echo '<p><a href="page1.php">进入页面1</a></p>';
?>
```

### 5.4.3 销毁会话变量

PHP提供了以下函数，用来销毁会话变量或清除会话ID。

（1）使用session_unset()函数从当前会话中销毁所有会话变量，语法格式如下。

```
session_unset(): void
```

（2）使用session_destroy()函数销毁一个会话中的全部数据并结束会话，语法格式如下。

```
session_destroy(): bool
```

如果调用成功，则session_destroy()函数返回true，否则返回false。

如果要结束当前会话，则需要先使用session_unset()函数从当前会话中销毁所有会话变量，然后使用session_destroy()函数清除当前会话的会话ID。

【例5.5】创建一组PHP动态网页，分别用于模拟网站登录页面、网站首页和注销页面，演示会话变量在网站登录中的应用。网站登录页面的源文件为/05/05-05-login.php，源代码如下。

```php
<?php
    // 定义URL重定向函数
    function redirect($url, $time = 0, $msg = ""): void {       // 参数分别用于指定目标
地址、时间间隔和文本信息
        if (empty($msg)) {
            $msg = "{$time}秒之后将自动跳转到{$url}！";
        }
        if (!headers_sent()) {                                  // 若尚未发送HTTP标头
            if (0 === $time) {                                  // 若时间间隔为0
                header("Location:" . $url);                     // 则立即跳转到目标地址
            } else {                                            // 若时间间隔不为0
                header("refresh:{$time};url={$url}");           // 则延迟跳转到目标地址
                echo($msg);                                     // 显示文本信息
            }
            exit();                                             // 退出当前脚本
        } else {                                                // 若已发送HTTP标头
            $str = "<meta http-equiv=\"refresh\" content=\"{$time};URL={$url}\">";
            if ($time != 0) $str .= $msg;                       // 在<meta>标签后面附加文本信息
            exit($str);             // 显示<meta>标签和文本信息并退出当前脚本
        }
    }
    session_start();                                            // 启动会话
    if ($_POST) {                                               // 若已提交表单
        // 使用数组保存用户名和密码，在实际应用中，用户名和密码通常被保存在后台数据库中
        $user = array("username" => "admin", "password" => "admin");
        // 若输入的用户名和密码与数组中保存的数据匹配
        if ($_POST["username"] == $user["username"] && $_POST["password"] == $user["password"]) {
            $_SESSION["username"] = $_POST["username"];// 将提交的用户名保存到会话变量中
            $str = "<h3>登录成功</h3><hr><p>";
            $str .= $_SESSION["username"].",欢迎您!<br>6秒钟后自动跳转到网站首页…</p>";
            redirect("05-05-index.php", 6, $str);
        } else {                                                // 若提交的用户名或密码不正确
            echo '<script>';
            echo 'alert("用户名或密码错误，登录失败！");';
            echo '</script>';
        }
    }
?>
<!doctype html>
<html>
<head>
<meta charset="utf-8">
<title>网站登录</title>
<style>
    fieldset {
        width: 300px;
```

```css
            margin: 0 auto;
            border-radius: 6px;
            box-shadow: 3px 3px 3px grey;
        }
        legend {
            background-color: grey;
            color: white;
            font-weight: bold;
            background-color: #0078d4;
            padding: 3px 12px;
        }
        table {
            margin: 0 auto;
        }
        td:first-child {
            padding: 8px 0px;
            text-align: right;
        }
    </style>
</head>

<body>
<form method="post" action="">
    <fieldset>
        <legend>网站登录</legend>
        <table>
            <tr>
                <td><label for="username">用户名：</label></td>
                <td><input id="username" name="username" type="text"
                    required placeholder="请输入用户名"></td>
            </tr>
            <tr>
                <td><label for="password">密码：</label></td>
                <td><input id="password" name="password" type="password"
                    required placeholder="请输入密码"></td>
            </tr>
            <tr>
                <td> </td>
                <td><input type="submit" value="登录">  
                    <input type="reset" value="重置"></td>
            </tr>
        </table>
    </fieldset>
</form>
</body>
</html>
```

源文件/05/05-05-login.php 中创建了一个登录表单。在实现网站登录功能时，需要对输入的用户名和密码进行检查，因此编写了一个 PHP 代码块并放置在 HTML 文档的<doctype>标签之前。在此 PHP 代码块中，首先定义了一个用于网址重定向的函数，然后启动会话。若已提交表单，则检查用户名和密码是否与数组中存储的数据匹配。若数据匹配，则显示登录成功，6 秒钟后自动跳转到网站首页；若数据不匹配，则会弹出一个对话框，提示登录失败。网站登录页面的运行情况如图 5.9 所示。

图 5.9　网站登录页面的运行情况

网站首页的源文件为/05/05-05-index.php，源代码如下。

```
<!doctype html>
<html>
<head>
<meta charset="utf-8">
<title>网站首页</title>
<style>
    header > * {
        font-size: 14px;
        float: left;
        margin: 0;
    }
    ul {
        margin: 0;
    }
    nav li {
        list-style-type: none;
        float: left;
        margin-right: 20px;
    }
    nav li a {
        text-decoration: none;
        color: navy;
    }
</style>
</head>

<body>
<header>
```

```php
<h1>网站首页</h1>
<nav>
<?php
session_start();                                                    // 启动会话
$username = $_SESSION["username"] ?? "游客";
echo '<ul>';
// 显示当前登录用户名，若未登录，则显示"游客"
echo "<li>{$username}，欢迎您！</li>";
if (!isset($_SESSION["username"])) {                                // 若未登录
    echo '<li><a href="05-05-login.php">登录</a></li>';             // 则显示"登录"链接
} else {                                                            // 若已登录
    echo '<li><a href="05-05-logout.php">注销</a></li>';            // 则显示"注销"链接
}
echo '</ul>';
?>
</nav>
</header>
<hr style="clear: both;">
<p>欢迎 <?php echo $username; ?> 光临本网站！</p>
</body>
</html>
```

源文件/05/05-05-index.php 中创建了一个简单的导航条，其中包含欢迎信息和导航链接。同时，通过编写 PHP 代码块对不同用户显示不同内容：对登录用户显示"注销"链接，如图 5.10 所示；如果单击"注销"链接，则结束当前会话，此时显示"登录"链接，如图 5.11 所示。

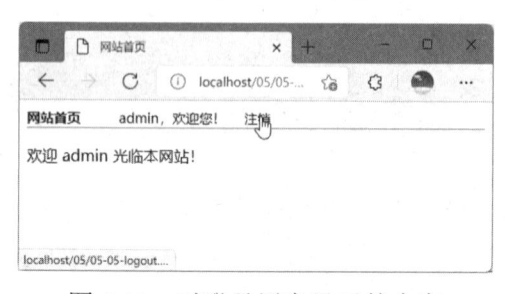

图 5.10　对登录用户显示的内容　　　　图 5.11　对游客显示的内容

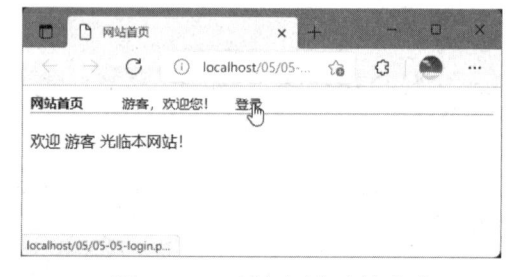

注销页面的源文件为/05/05-05-logout.php，源代码如下。

```php
<?php
session_start();                                // 开启会话
session_unset();                                // 销毁所有会话变量
session_destroy();                              // 结束当前会话
header("Location:05-05-index.php");             // 重定向到网站首页
?>
```

上述源文件仅包含一个 PHP 代码块，其功能是首先启动会话，然后调用 session_unset() 函数从当前会话中销毁所有会话变量，接着调用 session_destroy()函数清除当前会话的会话 ID 并结束会话，最后调用 header()函数再次跳转到网站首页，此时用户名变成了"游客"。

## 任务 5.5　使用 Cookie

Cookie 是一种在客户端浏览器中存储数据并以此跟踪和识别用户的机制，提供了一种在 Web 应用程序中存储用户特定信息的方法。当用户访问网站时，应用程序可以使用 Cookie 存储用户首选项或其他信息。当该用户再次访问网站时，应用程序就可以检索以前存储的信息。在本任务中，读者将了解什么是 Cookie 并掌握设置和读取 Cookie 的方法。

### 任务目标

- 了解 Cookie 的概念
- 掌握设置 Cookie 的方法
- 掌握读取 Cookie 的方法

### 5.5.1　了解 Cookie

Cookie 是一小段文本信息，与用户请求和页面一起在 Web 服务器与浏览器之间传递。Cookie 中包含每次用户访问网站时 Web 应用程序都可以读取的信息。如果在用户请求网站中的页面时，应用程序发送给该用户的不仅是一个页面，还有一个包含日期和时间的 Cookie，则用户的浏览器在获得页面的同时还获得了该 Cookie，并将它存储在用户硬盘上的某个文件夹中。如果该用户以后再次请求站点中的页面，则当该用户输入 URL 时，浏览器会在本地硬盘上查找与该 URL 关联的 Cookie。如果该 Cookie 存在，则浏览器会将该 Cookie 与页面请求一起发送到网站上。

使用 Cookie 有以下几个优点。

- 可以配置到期规则。Cookie 既可以在浏览器会话结束时到期，又可以在客户端计算机上无限期存在，这取决于客户端的到期规则。
- 不需要占用任何服务器资源。Cookie 存储在客户端上并在发送后由服务器读取。
- Cookie 是一种基于文本的轻量结构，包含简单的键-值对。
- 虽然在客户端计算机上，Cookie 的持续时间取决于客户端上的 Cookie 过期处理和用户干预，但是 Cookie 通常是客户端上持续时间最长的数据保留形式。

然而，使用 Cookie 也有以下几个缺点。

- 大多数浏览器对 Cookie 的大小有 4096 字节的限制。
- 一些用户禁用了浏览器接收 Cookie 的能力，因此限制了这一功能的应用。
- 用户可能会操作其计算机上的 Cookie，这意味着会对安全性造成潜在风险或者导致依赖于 Cookie 的应用程序失败。

### 5.5.2 设置 Cookie

在 PHP 中，使用 setcookie()函数可以向客户端发送一个 Cookie 信息，语法格式如下。

```
setcookie(string $name[,string $value[,int $expire[,
 string $path[, string $domain[,bool $secure]]]]]): bool
```

其中，name 表示 Cookie 的名称；value 表示 Cookie 的值，该值应被保存在客户端中，因此不应用来保存敏感数据。

expire 表示 Cookie 过期的时间。通常使用 time()函数加上秒数来设置 Cookie 的失效期。例如，使用 time()+60*60*24*30 可以设置 Cookie 在 30 天后失效。也可以使用 mktime()函数设置失效期，此函数根据所给参数返回一个 UNIX 时间戳。例如，使用 mktime(10, 30, 22, 3, 25, 2017)可以设置在指定的日期和时间失效。如果未设定，Cookie 将会在会话结束后（一般是浏览器关闭后）失效。

path 表示 Cookie 在服务器端的有效路径。如果将该参数值设置为'/'，则 Cookie 在整个 domain 内有效；如果将该参数值设置为'/foo/'，则 Cookie 只在 domain 下的/foo/目录及其子目录内有效，如/foo/bar/。该参数的默认值为 Cookie 的当前目录。

domain 表示该 Cookie 有效的域名。如果要使 Cookie 在 example.com 域名下的所有子域内都有效，则应将该参数值设置为'.example.com'。如果将该参数值设置为'www.example.com'，则 Cookie 只在 www 子域内有效。

secure 用于指定 Cookie 是否仅通过安全的 HTTPS 连接传送。当将其值设置为 true 时，Cookie 仅在安全的连接中被设置。该参数的默认值为 false。

在上述参数中，除 name 外，其他所有参数都是可选的。在编程时，可以使用空字符串替换某参数以跳过该参数。由于 expire 是整型数，因此不能使用空字符串代替，但可以使用零代替。

Cookie 是 HTTP 标头的一部分。setcookie()函数可以定义一个与其他 HTTP 标头一起发送的 Cookie。与其他标头一样，Cookie 必须在脚本的任何其他输出之前发送，这是协议限制。因此，需要将本函数的调用放到任何输出之前，包括<html>和<head>标签及任何空格。如果在调用 setcookie()函数之前有任何输出，则 setcookie()函数会调用失败并返回 false。如果 setcookie()函数成功运行，将返回 true。但是这并不能说明用户是否接收了 Cookie。

在使用 Cookie 编程时，应注意以下几点。

- Cookie 不会在设置它的页面中立即生效。如果要测试一个 Cookie 是否被成功设置，则可以在其到期之前通过另外一个页面访问其值。过期时间是通过 expire 设置的。使用 print_r($_COOKIE)函数可以调试现有的 Cookie。
- Cookie 必须用与设置时相同的参数才能删除。如果 value 的值是一个空字符串或 false，expire 的值为 time()函数值加上或减去某个正整数，且其他参数值均与前一次调用

setcookie()函数时的值相同，则指定的 Cookie 将会在客户端计算机上被删除。
- 由于将 Cookie 的值设置为 false 会使客户端尝试删除此 Cookie，因此要在 Cookie 上保存 true 或 false 时，不应该直接使用布尔值，而应该使用 0 表示 false，使用 1 表示 true。
- 根据需要，也可以将 Cookie 的名称设置为一个数组，但是 Cookie 数组中每个元素的值将会被单独保存在客户端计算机中。可以考虑使用 explode()函数通过多个名称和值来设置一个 Cookie。

下面的 PHP 代码块用于演示 setcookie()函数的用法。

```php
<?php
$value="something from somewhere";
setcookie("TestCookie", $value);
setcookie("TestCookie", $value,time()+3600);
setcookie("TestCookie", $value,time()+3600,"/~rasmus/",".example.com",1);
?>
```

当发送 Cookie 时，其值会自动进行 urlencode 编码。当收到 Cookie 时，其值会自动进行解码，并将结果赋值到可变的 Cookie 名称上。如果不想被编码，则可以使用 setrawcookie()函数代替。

下面的例子用于说明如何删除上例中的 Cookie。

```php
<?php
// 设置过期时间为一个小时前
setcookie("TestCookie", "", time() - 3600);
setcookie("TestCookie", "", time() - 3600, "/~rasmus/", "example.com", 1);
?>
```

### 5.5.3 读取 Cookie

在某个页面中设置 Cookie 后，就可以使用超全局变量$_COOKIE 读取其值。但需要注意的是，Cookie 不会在设置它的页面中立即生效。如果要测试一个 Cookie 是否设置成功，则可以在重新加载该页面时读取其值，也可以在 Cookie 保存周期内通过其他页面读取其值。

$_COOKIE 就是通过 HTTP Cookie 传递给当前脚本的变量的关联数组，可以根据调用 setcookie()函数时使用的名称来读取相应的 Cookie 值。

下面的例子用于说明如何在 PHP 脚本中查看 Cookie 的内容。

```php
<?php
// 打印一个单独的 Cookie
echo $_COOKIE["TestCookie"];
// 查看所有 Cookie
print_r($_COOKIE);
?>
```

根据需要，也可以把 Cookie 的值设置为数组。如果有数组元素，则可以将其放到 Cookie 中；在 PHP 脚本收到 Cookie 时，Cookie 的值将是一个数组。例如：

```php
<?php
// 设置 Cookie
setcookie("cookie[three]", "cookiethree");
setcookie("cookie[two]", "cookietwo");
setcookie("cookie[one]", "cookieone");
// 网页刷新后, 打印出 Cookie 的内容
if (isset($_COOKIE['cookie'])) {
    foreach ($_COOKIE['cookie'] as $name => $value) {
        $name = htmlspecialchars($name);
        $value = htmlspecialchars($value);
        echo "$name : $value <br />\n";
    }
}
?>
```

【例 5.6】创建一组 PHP 动态网页, 分别用于模拟网站登录页面、网站首页和注销页面, 演示 Cookie 在网站登录中的应用。网站登录页面的源文件为/05/05-06-login.php, 源代码如下。

```php
<?php
if ($_POST) {
    $user = ["username" => "admin", "password" => "admin"];  // 使用数组存储用户名和密码

    // 检查登录
    if ($_POST["username"] == $user["username"] && $_POST["password"] == $user["password"]) {
        if ($_POST["auto"] == "1") {                          // 若勾选了"自动登录"复选框
            $expire = time() + (int)$_POST["expire"];         // 设置 Cookie 过期时间
            setcookie("username", $_POST["username"], $expire);  // 发送 Cookie (用户名)
        }
        session_start();                                       // 开启会话
        $_SESSION["username"] = $_POST["username"];           // 将提交的用户名保存到会话变量中
        header("Location:05-06-index.php");                   // 重定向到网站首页
        exit;                                                  // 退出当前脚本
    } else {                                                   // 若提交的用户名或密码出现错误
        echo '<script>';
        echo 'alert("用户名或密码错误, 登录失败! ");';
        echo '</script>';
    }
}
?>
<!doctype html>
<html>
<head>
<meta charset="utf-8">
<title>网站登录</title>
```

```html
<script src="../js/jquery-3.6.0.js"></script>
<script>
    $(document).ready(function () {
        $("#auto").click(function () {
            if ($(this).prop("checked")) {
                $("#expire").prop("disabled", false).val("86400");
            } else {
                $("#expire").prop("disabled", true).val("-86400");
            }
        });

        $("#expire").change(function () {
            $("#auto").prop("checked", !($(this).val() == -86400));
        });
    });
</script>
<style>
    fieldset {
        width: 300px;
        margin: 0 auto;
        border-radius: 6px;
        box-shadow: 3px 3px 3px grey;
    }

    legend {
        background-color: #0078d4;
        color: white;
        font-weight: bold;
        padding: 3px 12px;
    }

    table {
        margin: 0 auto;
    }

    td {
        padding: 6px;
    }
</style>
</head>

<body>
<form method="post" action="">
    <fieldset>
        <legend>网站登录</legend>
        <table>
            <tr>
```

```html
            <td><label for="username">用户名：</label></td>
            <td><input id="username" name="username" type="text"
                required placeholder="请输入用户名"></td>
        </tr>
        <tr>
            <td><label for="password">密码：</label></td>
            <td><input id="password" name="password" type="password"
                required placeholder="请输入密码"></td>
        </tr>
        <tr>
            <td> </td>
            <td><label><input id="auto" name="auto" type="checkbox" value="1">自动登录</label>
                <select disabled="disabled" id="expire" name="expire">
                    <option value="-86400" selected>禁用</option>
                    <option value="86400">1 天内</option>
                    <option value="604800">1 周内</option>
                    <option value="1296000">半个月内</option>
                    <option value="2592000">1 个月内</option>
                    <option value="7776000">3 个月内</option>
                </select></td>
        </tr>
        <tr>
            <td> </td>
            <td><input type="submit" value="登录">  
                <input type="reset" value="重置"></td>
        </tr>
    </table>
    </fieldset>
</form>
</body>
</html>
```

源文件/05/05-06-login.php 中创建了一个登录表单，并在该表单内添加了一个复选框和一个下拉式列表框。该列表框在默认情况下处于禁用状态。在文档首部编写了一个 JavaScript 脚本块，一旦勾选了"自动登录"复选框，位于其右侧的列表框就会变成可用的，以供用户选择 Cookie 的保存周期。如果不想继续使用"自动登录"功能，则从列表框中选择"禁用"选项即可，此时会自动取消勾选"自动登录"复选框。

在文档的 doctype 声明之前编写了一个 PHP 代码块，其功能是实现网站登录功能。这里使用一个数组保存用户名和密码，如果在提交表单时勾选了"自动登录"复选框，则先调用 setcookie()函数发送一个名为 username 的 Cookie，然后将提交的用户名保存到会话变量中并跳转到网站首页。登录页面的运行情况如图 5.12 和图 5.13 所示。

图 5.12　未设置自动登录　　　　图 5.13　设置半个月内自动登录

网站首页的源文件为/05/05-06-index.php，源代码如下。

```
<!doctype html>
<html>
<head>
<meta charset="utf-8">
<title>网站首页</title>
<style>
    header > * {
        font-size: 14px;
        float: left;
        margin: 0;
    }

    ul {
        margin: 0
    }

    nav li {
        list-style-type: none;
        float: left;
        margin-right: 20px;
    }

    nav li a {
        text-decoration: none;
        color: navy;
    }
</style>
</head>

<body>
<header>
    <h1>网站首页</h1>
    <nav>
        <?php
        session_start();
        if (isset($_COOKIE["username"])) {                      // 检测是否存在 Cookie
```

```php
        $_SESSION["username"] = $_COOKIE["username"];  // 读取 Cookie 并存入会话变量
        $username = $_COOKIE["username"];              // 将 Cookie 存入变量 username
    } elseif (isset($_SESSION["username"])) {          // 检测是否存在会话变量
        $username = $_SESSION["username"];             // 将会话变量存入变量 username
    } else {                                           // Cookie 和会话变量都不存在
        $username = "游客";                            // 用户身份为"游客"
    }
    echo "<ul>";
    echo "<li>" . $username . ", 欢迎您! </li>";
    if (!isset($_SESSION["username"])) {               // 若不存在会话变量
        echo "<li><a href=\"05-06-login.php\">登录</a></li>";  // 则显示"登录"链接
    } else {                                           // 若存在会话变量（已登录）
        echo "<li><a href=\"05-06-logout.php\">注销</a></li>"; // 则显示"注销"链接
    }
    echo "</ul>";
    ?>
  </nav>
</header>
<hr style="clear: both;">
<p><?php echo $username; ?>, 欢迎您光临本网站! </p>
</body>
</html>
```

网站首页对不同用户显示不同内容。如果用户未登录或已退出登录，则用户身份显示为"游客"并包含一个"登录"链接，如图 5.14 所示。如果用户登录成功后跳转到网站首页，或者上次登录时勾选了"自动登录"复选框而直接跳转到网站首页，则显示用户名并包含一个"注销"链接，如图 5.15 所示。

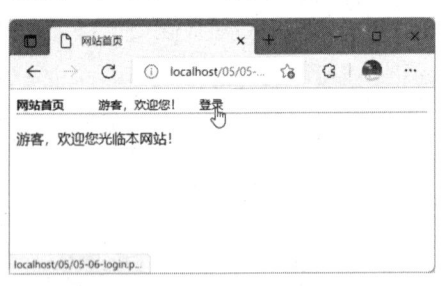

图 5.14　未登录或已退出登录　　　　　图 5.15　（自动）登录成功之后

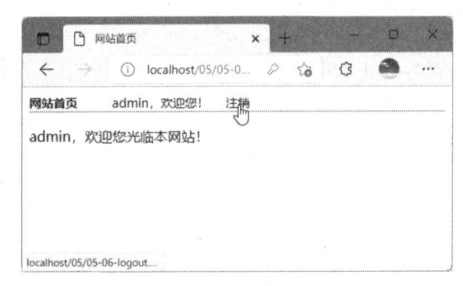

注销页面的源文件为/05/05-06-logout.php，其中仅包含一个 PHP 代码块，源代码如下。

```php
<?php
session_start();                              // 开启会话
session_unset();                              // 销毁所有会话变量
session_destroy();                            // 结束当前会话
header("Location:05-06-index.php");           // 重定向到网站首页
setcookie("username", "");                    // 删除 Cookie
?>
```

# 项 目 思 考

## 一、选择题

1. form 表单的（　　）属性用于指定发送表单数据的 HTTP 方法。
   A．accept-charset　　B．action　　C．enctype　　D．method

2. 要使用 input 元素生成数字输入框，应将其 type 属性值设置为（　　）。
   A．radio　　B．checkbox　　C．number　　D．range

3. 要生成一组相互排斥的单选按钮，应将相关 input 元素的（　　）属性设置为相同的值。
   A．id　　B．name　　C．value　　D．checked

4. 在下列各选项中，（　　）不属于 input 元素的 type 属性值。
   A．email　　B．date　　C．search　　D．phone

5. 要确保用户必须在一个输入框中输入内容，可以对 input 元素设置（　　）属性。
   A．readonly　　B．disabled　　C．required　　D．placeholder

6. 在使用 jQuery 验证插件验证表单时，可以通过（　　）选项设置元素的验证规则。
   A．rules　　B．messages　　C．success　　D．highlight

7. 当使用 POST 方法提交表单时，可以通过超全局变量（　　）获取表单变量。
   A．$_POST　　B．$_GET　　C．$_SESSION　　D．$_COOKIE

8. 调用（　　）函数可以销毁所有会话变量。
   A．session_is_registered()　　　　B．session_unregister()
   C．session_unset()　　　　D．session_destroy()

## 二、判断题

1. 在提交表单时，input 元素的名称和值将被发送到服务器端。（　　）

2. 如果要确保用户在某个字段中输入的值符合指定模式，则可以在相应表单控件中设置 pattern 属性。（　　）

3. URL 变量以星号"*"开始并采用"名称=值"形式。（　　）

4. 如果在某个网址后面跟着多个 URL 参数，则不同参数之间使用符号"$"隔开。（　　）

5. 如果将一个 input 元素的 type 属性值设置为 button，则生成的按钮什么作用也没有。（　　）

6. jQuery 验证插件不需要任何支持文件。（　　）

7. 在使用 jQuery 验证插件对用户名进行远程验证时，可以设置 remote 验证规则，此时将自动以 POST 参数形式向服务器端验证程序发送用户名。（　　）

8．在表单控件中设置 pattern 属性时，可以规定输入字段的值的模式或格式。　（　）

9．在使用会话变量存储信息时，不需要启动会话，即可将各种信息直接存储在会话变量中。　（　）

10．使用 session_unset()函数可以从当前会话中销毁所有会话变量。　（　）

### 三、简答题

1．如何使用 JavaScript 实现表单数据验证的功能？

2．如何使用 HTML5 实现表单数据验证的功能？

3．生成 URL 参数有哪些方法？在 PHP 中，如何读取 URL 参数？

4．实现在不同页面之间跳转有哪些方法？

5．在 PHP 中，如何启动一个会话？如何使用会话变量存储信息？

6．在 PHP 中，如何销毁当前会话中的所有会话变量？如何结束一个会话？

7．什么是 Cookie？它有什么优点和缺点？

8．在 PHP 中，如何向客户端发送一个 Cookie？如何从 Cookie 变量中检索信息？

9．在 PHP 中，如何删除一个 Cookie？

# 项 目 实 训

1．创建一个用于填写用户资料的表单，要求表单内包含输入框、单选按钮、复选框、下拉式列表框及文本区域，并在提交表单后通过表格显示提交的信息。

2．创建一个网站登录表单，要求使用 HTML5 对表单数据进行验证，若未输入用户名或密码，则阻止表单提交并显示提示信息。

3．创建一个用于注册新用户的表单，要求使用 jQuery 验证插件对用户输入的用户名、登录密码、确认密码、性别、出生日期、电子邮件地址及使用条款等进行验证。

4．创建一个学生简明信息表，要求将学生信息存储在数组中，并且在表格中单击"查看详细信息"链接时显示所选学生的详细信息。

5．创建 3 个 PHP 动态网页，其中两个分别用于模拟网站登录页面和网站首页，另一个用于实现注销功能。要求在登录表单中填写用户名和密码，并将这些信息保存在会话变量中；网站首页对已登录用户显示"注销"链接和用户名，对未登录用户仅显示"登录"链接，用户名为"游客"。

6．创建 3 个 PHP 动态网页，其中两个分别用于模拟网站登录页面和网站首页，另一个用于实现注销功能。要求在登录表单中填写用户名和密码，并将这些信息存储在会话变量中。根据需要，还可以勾选"自动登录"复选框并指定 Cookie 的有效时间。

# 项目 6

# PHP 文件处理

文件处理是 PHP 动态网站开发的常用操作之一。PHP 提供了丰富的文件系统处理函数，可以用来对文件和目录进行各种操作，比如读写文件、创建和删除目录，以及获取从客户端上传的文件并进行相关处理等。在本项目中，读者将学习和掌握通过 PHP 实现文件操作、目录操作及文件上传的方法。

## 项目目标

- 掌握文件操作的方法
- 掌握目录操作的方法
- 掌握文件上传的方法

## 任务 6.1 文件操作

在 PHP 中处理文件时经常要用到一些基本操作，比如检查文件是否存在、打开和关闭文件、读写文件、对文件进行重命名、复制文件及删除文件等。在本任务中，读者将学习和掌握文件操作的各项基本技能。

### 任务目标

- 掌握打开和关闭文件的方法
- 掌握读写文件的方法
- 掌握在文件中定位的方法
- 掌握检查文件属性的方法
- 掌握其他文件操作

### 6.1.1 打开和关闭文件

在打开某个文件之前，可以使用 file_exists()函数检查该文件是否存在，语法格式如下。

```
file_exists(string $filename): bool
```

其中，参数 filename 为字符串，用于指定要检查的文件或目录的路径。若指定的文件或目录存在，则函数返回 true，否则返回 false。

在对一个文件执行操作之前，需要先打开该文件。在 PHP 中，可以使用 fopen()函数打开一个文件或指定的 URL，语法格式如下。

```
fopen(string $filename, string $mode[, bool $use_include_path[, resource $context]]): resource
```

其中，参数 filename 表示要打开的文件名或 URL，在 Windows 平台上需要转义文件路径中的反斜线"\\"或者使用斜线"/"；参数 mode 表示打开文件的方式，该参数的取值如表 6.1 所示；最后两个参数均为可选参数。

表 6.1 参数 mode 的取值

| 参 数 值 | 说　　明 |
| --- | --- |
| "r" | 以只读方式打开文件，并将文件指针指向文件头 |
| "r+" | 以读写方式打开文件，并将文件指针指向文件头 |
| "w" | 以写入方式打开文件，并将文件指针指向文件头，将文件大小截为零。若文件不存在，则尝试创建该文件 |
| "w+" | 以读写方式打开文件，并将文件指针指向文件头，将文件大小截为零。若文件不存在，则尝试创建该文件 |
| "a" | 以写入方式打开文件，并将文件指针指向文件尾。若文件不存在，则尝试创建该文件 |
| "a+" | 以读写方式打开文件，并将文件指针指向文件尾。若文件不存在，则尝试创建该文件 |
| "x" | 创建并以写入方式打开文件，并将文件指针指向文件头。若文件已存在，则 fopen()函数调用失败并返回 false，生成一条 E_WARNING 级别的错误信息。若文件不存在，则尝试创建该文件 |
| "x+" | 创建并以读写方式打开文件，并将文件指针指向文件头。若文件已存在，则 fopen()函数调用失败并返回 false，生成一条 E_WARNING 级别的错误信息。若文件不存在，则尝试创建该文件 |

fopen()函数将 filename 指定的名称资源绑定到一个流上。若 filename 为 "scheme://..." 格式，则被当成一个 URL，PHP 将搜索协议处理器（也称封装协议）来处理此模式。如果尚未注册封装协议，则 PHP 将发出一条消息来帮助检查脚本中潜在的问题并将 filename 当成一个普通的文件名继续执行。如果要在 include_path 选项设置的路径中查找文件，则应将参数 use_include_path 的值设置为 1 或 true。

如果打开文件成功，则 fopen()函数返回文件指针资源，否则返回 false。

对于已经打开的文件，可以对其执行所需操作。在完成这些操作之后，应该使用 fclose()函数将该文件关闭，语法格式如下。

```
fclose(resource $handle): bool
```

其中，参数 handle 是通过 fopen()函数成功打开的文件指针，该文件指针必须是有效的。fclose()函数将参数 handle 指向的文件关闭。如果关闭文件成功，则返回 true，否则返回 false。

下面的 PHP 代码演示了上述 3 个函数的用法。

```php
<?php
$filename = "/home/rasmus/file.txt";
if (file_exists($filename)) {                    // 检查文件存在性
```

```
    if ($handle = fopen($filename,"r")) {;  // 以只读方式打开文件并检查文件指针
        // 在此处对文件进行操作
        fclose($handle);                     // 关闭文件
    }
}
?>
```

### 6.1.2 向文件中写入数据

打开文件后，即可向其中写入数据。与文件写入相关的操作可以使用以下函数完成。

（1）使用 is_writable()函数判断给定文件是否可写，语法格式如下。

```
is_writable(string $filename): bool
```

其中，参数 filename 表示要检查的文件名。如果指定文件存在且可写，则 is_writable()函数返回 true，否则抛出 E_WARNING 警告。

（2）使用 fwrite()函数将一个字符串写入文件，语法格式如下。

```
fwrite(resource $handle, string $str[, int $length]): int
```

其中，参数 handle 是通过 fopen()函数成功打开的文件指针，用于指定要写入的文件；参数 str 为要写入的字符串；参数 length 用于指定要写入的字节数。

fwrite()函数将字符串 str 写入文件指针 handle。如果指定了 length，则当写入 length 字节或者写完字符串 str 以后，写入会立即停止。fwrite()函数返回写入的字符数，若出现错误，则返回 false。

（3）使用 vfprintf()函数将格式化字符串写入文件，语法格式如下。

```
vfprintf(resource $handle, string $format,array $args): int
```

其中，参数 handle 是通过 fopen()函数成功打开的文件指针，用于指定要写入的文件；参数 format 为格式化字符串，参见 printf()函数；参数 args 为数组，用于给出向文件中写入的根据 format 格式化后的字符串。vfprintf()函数返回写入的字符串的长度。

（4）使用 file_put_contents()函数将一个字符串写入文件，语法格式如下。

```
file_put_contents(string $filename, string $data[, int $flags[, resource $context]]): int
```

其中，参数 filename 用于指定要写入数据的文件名；参数 data 为要写入的数据，其类型可以是 string、array 或 stream 资源；参数 flags 是使用运算符"|"对标志位 FILE_USE_INCLUDE_PATH（在包含目录中搜索）、FILE_APPEND（追加数据）和 LOCK_EX（独占文件）进行的组合；参数 context 表示一个 context 资源。

file_put_contents()函数将返回写入指定文件的数据的字节数，若失败，则返回 false。调用该函数与依次调用 fopen()函数、fwrite()函数及 fclose()函数的效果是相同的。

【例 6.1】创建一个 PHP 动态网页，用于说明如何使用不同的 PHP 函数将数据写入文件。源文件为/06/06-01.php，源代码如下。

```
<?php
```

```php
    if ($_POST) {                                       // 若提交了表单
        $filename = "poem.html";                        // 设置文件名
        if ($handle = fopen($filename, "w")) {          // 以写入方式打开文件
            // 定义一个字符串，其内容为 HTML 源代码
            $poem = <<<POEM
<!doctype html>
<html>
<head>
<meta charset="utf-8">
<title>唐诗欣赏</title>
</head>

<body>
<h3>登鹳雀楼</h3>
<p>唐 &#8226; 王之涣</p>
<p>白日依山尽，黄河入海流。</p>
<p>欲穷千里目，更上一层楼。</p>
<hr>
POEM;
            fwrite($handle, $poem);                     // 将字符串写入文件
            $data = array("author" => "王之涣", "decade" => "688 年—742 年",
                "address" => "并州晋阳（今山西太原）");  // 定义一个数组
            // 将格式化字符串写入文件
            vfprintf($handle, "<p>【作者简介】%s（%s），%s 人。</p>", $data);
            fclose($handle);                            // 关闭文件
        }
        $line1 = "<p>王之涣幼年聪颖，弱冠能文。慷慨有大略，倜傥有异才。</p>";
        $line2 = "<p>王之涣精于文章，善于写诗，多被引为歌词。尤善五言诗，以描写边塞风光为胜，代表作有《登鹳雀楼》《凉州词二首》等。</p>";
        $line3 = "</body>";
        $line4 = "</html>";
        file_put_contents($filename, array($line1, $line2, $line3, $line4),
FILE_APPEND);                                           // 写入文件
        header("Location:" . $filename);                // 通过网址重定向打开生成的网页
    }
?>
<!doctype html>
<html>
<head>
<meta charset="utf-8">
<title>在网页上创建网页</title>
</head>

<body>
<h3>在网页上创建网页</h3>
<hr>
<form method="post" action="">
```

```
        <p><input name="submit" type="submit" value="创建网页并查看其内容"></p>
    </form>
    </body>
</html>
```

本例中创建了一个包括提交按钮的表单。当单击该提交按钮时，将会执行 PHP 代码，其结果是生成一个新的网页并重定向到该网页，如图 6.1 和图 6.2 所示。

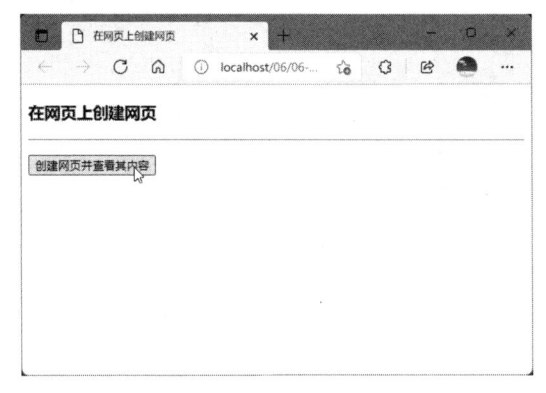

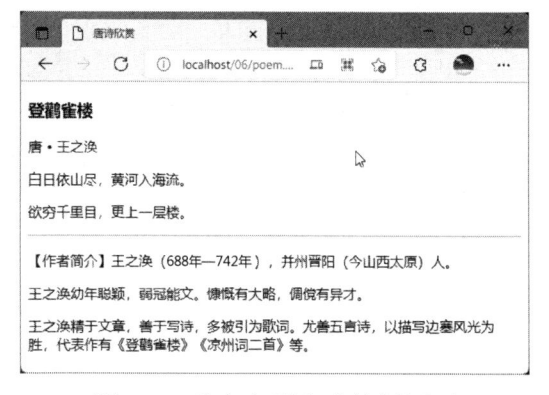

图 6.1　单击提交按钮　　　　　　　图 6.2　重定向到生成的新网页

### 6.1.3　从文件中读取数据

PHP 提供了许多用于读取文件数据的函数，可以根据不同情况进行选择。下面介绍一些与文件读取操作相关的函数。

（1）使用 is_readable() 函数判断给定文件名是否可读，语法格式如下。

```
is_readable(string $filename): bool
```

其中，参数 filename 用于指定要检查的文件或目录的路径。如果该文件或目录存在且可读，则 is_readable() 函数返回 true，否则返回 false。

（2）使用 fgetc() 函数从文件中读取字符，语法格式如下。

```
fgetc(resource $handle): string
```

其中，参数 handle 用于指定要读取的文件，必须指向由 fopen() 函数成功打开的文件。

fgetc() 函数返回一个字符串，其中包含一个从 handle 指向的文件中得到的字符。当遇到文件结束时，该函数将返回 false。

（3）使用 fgetcsv() 函数从文件中读入一行并解析 CSV 字段，语法格式如下。

```
fgetcsv(int $handle[, int $length[, string $delimiter[, string $enclosure[, string $escape]]]]): array
```

其中，参数 handle 是通过 fopen() 函数成功打开的文件指针，用于指定要读取的文件；参数 length 用于指定要读取的长度，必须大于文件内最长的一行，若忽略该参数，则长度没有限制；参数 delimiter 用于设置字段的分界符（只允许一个字符），默认为逗号；参数 enclosure 用于设置字段的定界符（只允许一个字符），默认为双引号；参数 escape 用于设置转义字符（只允许一个字符），默认为反斜线。

fgetcsv() 函数解析读入的行并找出 CSV 格式的字段，然后返回包含这些字段的数组，如果出错或遇到文件结束，则返回 false。

（4）使用 fgets()函数从文件中读取一行，语法格式如下。

```
fgets(int $handle[, int $length]): string
```

其中，参数 handle 用于指定要读取的文件；参数 length 用于指定要读取的长度。

fgets()函数从 handle 指向的文件中读取一行并返回长度最多为 length-1 字节的字符串。当遇到换行符（包括在返回值中）、EOF 或者已经读取了 length-1 字节时停止。如果没有指定 length，则默认为 1024 字节。如果出错，则 fgets()函数返回 false。

（5）使用 fgetss()函数从文件中读取一行并去掉 HTML 标签，语法格式如下。

```
fgetss(resource $handle[, int $length[, string $allowable_tags]]): string
```

fgetss()函数的功能与 fgets()函数的功能类似，不同的是，fgetss()函数尝试从读取的文本中去掉任何 HTML 和 PHP 标签。使用可选的参数 allowable_tags 可以指定哪些标签不被去掉。

（6）使用 file()函数将整个文件读入一个数组，语法格式如下。

```
file(string $filename[, int $use_include_path[, resource $context]]): array
```

其中，参数 filename 表示要读取的文件名；其他两个参数均为可选参数。如果要在 include_path 中查找文件，则可以将参数 use_include_path 的值设置为 1。

file()函数将指定文件的内容作为一个数组返回。数组中的每个元素都是文件中相应的一行，包括换行符在内。如果失败，则 file()函数返回 false。

（7）使用 file_get_contents()函数将整个文件的内容读入一个字符串，语法格式如下。

```
file_get_contents(string $filename[, bool $use_include_path
[, resource $context[, int $offset[, int $maxlen]]]]): string
```

其中，参数 filename 表示要读取的文件名；参数 offset 用于指定从何处开始读取；参数 maxlen 用于指定读取的最大长度。

file_get_contents()函数是将文件的内容读入一个字符串的首选方法。它将在 offset 指定的位置开始读取长度为 maxlen 的内容。如果失败，则 file_get_contents()函数返回 false。

（8）使用 fread()函数读取文件（可安全用于二进制文件），语法格式如下。

```
fread(int $handle, int $length): string
```

其中，参数 handle 是指向要读取的文件的指针；参数 length 用于指定要读取的字节数。

fread()函数从 handle 指向的文件中读取最多 length 字节。该函数在读取完最多 length 字节时，或者遇到文件结束时，或者一个包可用（对于网络流）时，或者（在打开用户空间流之后）已读取 8192 字节时，会停止读取文件。

fread()函数返回读取的字符串，如果出错，则返回 false。

（9）使用 fscanf()函数从文件中格式化输入，语法格式如下。

```
fscanf(resource $handle, string $format[,mixed &$...]): mixed
```

其中，参数 handle 是指向要读取的文件的指针；参数 format 为格式化字符串；可选参数必须采用引用传递方式。fscanf()函数从与handle关联的文件中接收输入并根据指定的format解释输入。如果只给fscanf()函数传递了两个参数，则解析后的值会被当作数组返回。如果还提供了可选参数，则fscanf()函数将返回被赋值的数目。

【例6.2】创建一个PHP动态网页，用于说明如何读取当前页面的源代码并加上行号。源文件为/06/06-02.php，源代码如下。

```php
<?php
$filename = "counter.txt";      // 设置文件名，使用此文本文件记录页面浏览次数
if (!file_exists($filename)) {                   // 若文件不存在
    $count = 1;                                  // 设置浏览次数为1
    file_put_contents($filename, $count);        // 写入文本文件
} else { // 若文件已存在
    $count = file_get_contents($filename);       // 读取其内容（浏览次数）并放到变量count中
    file_put_contents($filename, ++$count);      // 将变量加1后写入文本文件
}
?>
<!doctype html>
<html>
<head>
<meta charset="utf-8">
<title>文件读取操作示例</title>
<style>
    span {
        display: inline-block;
        padding: 0 6px;
        color: gray;
    }
</style>
</head>

<body>
<h3>文件读取操作示例</h3>
<hr>
<form name="form1" method="post" action="">
    <p>当前页面已被浏览<span class="counter"><?php echo $count; ?></span>次。</p>
    <p><input type="submit" name="view" id="view" value="查看源代码"></p>
</form>
<hr>
<?php
if ($_POST) {                                               // 若已提交表单
    $i = 1;                                                 // 设置起始行号
    $filename = $_SERVER["SCRIPT_FILENAME"];                // 获取当前页面文件名
    $content = file($filename);                             // 将整个文件读入数组
    foreach ($content as $line) {                           // 遍历数组
        $search = array(" ", "<", ">", "\t");
        $replace = array(" ", "&lt;", "&gt;", "    ");
```

```
                $line = str_replace($search, $replace, $line);    // 替换一些字符

                //显示一行源代码
                printf("<span>{$i}</span>    %s<br>", $line);
                $i++;
            }
        }
        ?>
    </body>
</html>
```

本例中首先编写了一个 PHP 代码块，并通过读写文本文件为当前页面创建了一个计数器；然后在该页面中创建了一个表单，其中包含一个提交按钮，当单击该按钮时，页面计数器加 1；最后在表单后面编写了另一个 PHP 代码块，先将整个文件的内容读入一个数组，再通过遍历该数组显示每一行的源代码。运行结果如图 6.3 所示。

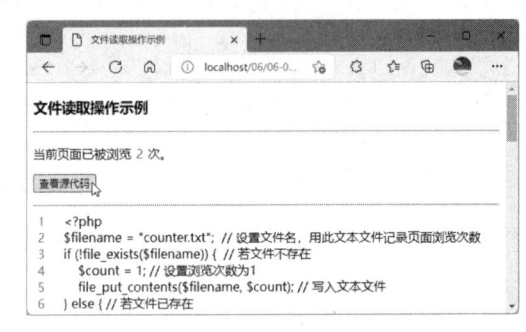

图 6.3 文件读取操作示例

### 6.1.4 在文件中定位

在读写文件时，经常需要检测或设置文件指针的位置。在 PHP 中，可以使用以下函数检测或设置文件指针的位置。

（1）使用 fseek() 函数在文件中定位文件指针，语法格式如下。

```
fseek(resource $handle, int $offset[, int $whence=SEEK_SET]): int
```

其中，参数 handle 表示文件指针，是由 fopen() 函数创建的资源；参数 offset 表示偏移量；参数 whence 用于设置定位方式，其取值如下。

- SEEK_SET：指定位置为 offset。这是默认值。
- SEEK_CUR：指定位置为当前位置加上 offset。
- SEEK_END：指定位置为文件尾（EOF）加上 offset。如果要移动到 EOF 之前的位置，则应当给 offset 传递一个负值。

fseek() 函数在与 handle 关联的文件中设置文件指针的位置。新位置从文件头开始以字节数进行计算，是以 whence 指定的位置加上 offset。如果定位文件指针成功，则 fseek() 函数返回 0，否则返回 -1。注意，移动到 EOF 之后不算错误。

（2）使用 rewind() 函数将文件指针设置到文件头，语法格式如下。

```
rewind(resource $handle): bool
```

其中，参数 handle 是一个有效的文件指针，指向由 fopen() 函数成功打开的文件。

rewind() 函数将与 handle 关联的文件中文件指针的位置设置到文件头。如果成功，则 rewind() 函数返回 true，否则返回 false。

如果以追加模式（"a"或"a+"）打开文件，则写入文件的任何数据都会被附加在后面，而不管文件指针的位置在何处。

（3）使用 ftell()函数返回文件指针读写的位置，语法格式如下。

```
ftell(resource $handle): int
```

其中，参数 handle 是一个有效的文件指针，指向由 fopen()函数成功打开的文件。

ftell()函数返回与 handle 关联的文件中文件指针读写的位置，也就是文件中的偏移量。如果出错，则返回 false。如果使用追加模式（加参数"a"）打开文件，则返回未定义错误。

（4）使用 feof()函数测试文件指针是否到了文件尾的位置，语法格式如下。

```
feof(resource $handle): bool
```

其中，参数 handle 是一个有效的文件指针，指向由 fopen()函数成功打开的文件。

如果文件指针遇到 EOF 或者出错，则 feof()函数返回 true，否则返回一个错误，在其他情况下返回 false。

【例 6.3】创建一个 PHP 动态网页，用于说明如何通过移动文件指针在文件中读取所需字符。源文件为/06/06-03.php，源代码如下。

```
<!doctype html>
<html>
<head>
<meta charset="utf-8">
<title>移动文件指针与读取字符内容</title>
<style>
    table {
        border-collapse: collapse;
        width: 460px;
        margin: 0 auto;
    }
    caption {
        margin-bottom: 1em;
        font-size: large;
        font-weight: bold;
    }
    th, td {
        padding: 3px;
        text-align: center;
    }
</style>
</head>

<body>
<?php
function put_char($pos, $str, $eof) {
    printf("<tr><td>%d</td><td>%s</td><td>%s</td></tr>", $pos, $str, $eof);
}
```

```php
    $filename = "test.txt";
    file_put_contents($filename, "PHP动态网站开发");
    if ($fp = fopen($filename, "r")) {
        echo "<table border=\"1\">";
        echo "<caption>移动文件指针与读取字符内容</caption>";
        echo "<tr><th>文件指针</th><th>字符内容</th><th>是否遇到EOF</th></tr>";
        put_char(ftell($fp), fgetc($fp), feof($fp) ? "true" : "false");
        fseek($fp, 5, SEEK_CUR);
        put_char(ftell($fp), fgetc($fp) . fgetc($fp) . fgetc($fp), feof($fp) ? "true" : "false");
        fseek($fp, 6, SEEK_CUR);
        put_char(ftell($fp), fgetc($fp) . fgetc($fp) . fgetc($fp), feof($fp) ? "true" : "false");
        fseek($fp, 3, SEEK_CUR);
        put_char(ftell($fp), fgetc($fp) . fgetc($fp), feof($fp) ? "true" : "false");
        rewind($fp);
        put_char(ftell($fp), fgetc($fp), feof($fp) ? "true" : "false");
        put_char(ftell($fp), fgetc($fp), feof($fp) ? "true" : "false");
        fseek($fp, -9, SEEK_END);
        put_char(ftell($fp), fgetc($fp) . fgetc($fp) . fgetc($fp), feof($fp) ? "true" : "false");
        echo "</table>";
        fclose($fp);
    }
    printf("<p style=\"text-align: center\">文件内容：%s</p>", file_get_contents($filename));
    ?>
    </body>
    </html>
```

本例中编写了一个 PHP 代码块，将一行字符串写入文本文件，并通过移动文件指针读取所需字符。由于该字符串默认采用 UTF-8 编码，每个英文字母占用 1 字节，每个汉字占用 3 字节，因此，调用一次 fgetc()函数可读取一个英文字母，连续调用 3 次 fgetc()函数才能读取一个汉字。运行结果如图 6.4 所示。

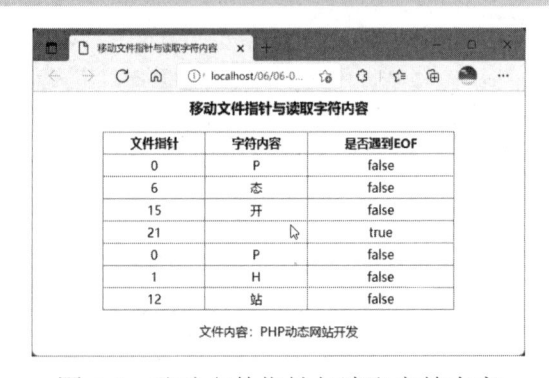

图 6.4 移动文件指针与读取字符内容

### 6.1.5 检查文件属性

在 PHP 中，可以通过以下函数获取文件的各种属性。

（1）使用 fileatime()函数获取文件的上次访问时间，语法格式如下。

```
fileatime(string $filename): int
```

其中，参数 filename 表示文件名。此函数返回文件上次被访问的时间，如果出错，则返回 false。时间以 UNIX 时间戳的方式返回，可以用于 date()函数。

（2）使用 filectime()函数获取文件的创建时间，语法格式如下。

```
filectime(string $filename): int
```

其中，参数 filename 表示文件名。此函数返回文件的创建时间，如果出错，则返回 false。时间以 UNIX 时间戳的方式返回，可以用于 date()函数。

（3）使用 filemtime()函数获取文件的修改时间，语法格式如下。

```
filemtime(string $filename): int
```

其中，参数 filename 表示文件名。此函数返回文件上次被修改的时间，如果出错，则返回 false。时间以 UNIX 时间戳的方式返回，可以用于 date()函数。

（4）使用 filesize()函数获取文件的大小，语法格式如下。

```
filesize(string $filename): int
```

其中，参数 filename 表示文件名。此函数返回文件大小的字节数，如果出错，则返回 false。

在 PHP 中，整型数是有符号的，并且大多数平台使用 32 位整型数，filesize()函数在碰到大于 2GB 的文件时可能会返回非预期的结果。对于大小为 2GB～4GB 的文件，通常可以使用 sprintf("%u", filesize($filename))解决这个问题。

（5）使用 filetype()函数获取文件的类型，语法格式如下。

```
filetype(string $filename): string
```

其中，参数 filename 表示文件名。此函数返回文件的类型，可能的值有 fifo、char、dir、block、link、file 和 unknown，如果出错，则返回 false。

【例 6.4】创建一个 PHP 动态网页，用于说明如何通过调用相关函数来读取当前页面文件的各种属性。源文件为/06/06-04.php，源代码如下。

```
<!doctype html>
<!doctype html>
<html>
<head>
<meta charset="utf-8">
<title>检查文件属性示例</title>
<style>
    table {
        border-collapse: collapse;
        width: 460px;
        margin: 0 auto;
    }

    caption {
        margin-bottom: 1em;
        font-size: large;
        font-weight: bold;
    }
```

```
        th, td {
            padding: 6px;
            text-align: center;
        }
    </style>
</head>

<body>
<?php
$filename = $_SERVER["SCRIPT_FILENAME"];
printf("<table border=\"1\">\n");
printf("<caption>当前页面文件的属性</caption>\n");
printf("<tr><th>属性名</th><th>属性值</th></tr>\n");
printf("<tr><td>文件创建时间</td><td>%s</td></tr>\n",
    date("Y-m-d H:i:s", filectime($filename)));
printf("<tr><td>文件修改时间</td><td>%s</td></tr>\n",
    date("Y-m-d H:i:s", filemtime($filename)));
printf("<tr><td>上次访问时间</td><td>%s</td></tr>\n",
    date("Y-m-d H:i:s", fileatime($filename)));
printf("<tr><td>文件类型</td><td>%s</td></tr>\n", filetype($filename));
printf("<tr><td>文件字节数</td><td>%d</td></tr>\n", filesize($filename));
printf("</table>\n");
?>
</body>
</html>
```

本例中通过编写 PHP 代码检查当前页面文件的文件创建时间、文件修改时间、上次访问时间、文件类型及文件字节数。运行结果如图 6.5 所示。

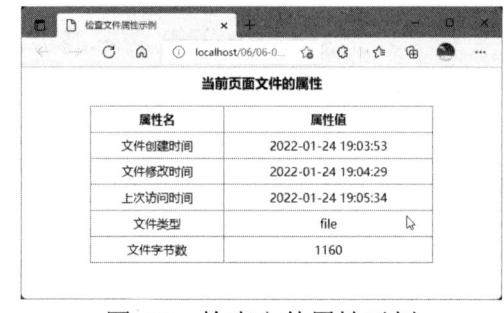

图 6.5 检查文件属性示例

### 6.1.6 其他文件操作

使用 PHP 提供的以下函数可以执行文件的重命名、复制和删除操作。

（1）使用 rename()函数对一个文件或目录进行重命名，语法格式如下。

```
rename(string $oldname, string $newname[, resource $context]): bool
```

其中，参数 oldname 用于指定文件或目录原来的路径；参数 newname 指定新的路径。

rename()函数尝试把 oldname 重命名为 newname。如果成功，则返回 true，否则返回 false。

rename()函数不仅可以用来对文件或目录进行重命名，也可以用来改变文件甚至整个目录的路径，即具有移动文件和目录的功能。

（2）使用 copy()函数复制指定的文件，语法格式如下。

```
copy(string $source, string $dest): bool
```

其中，参数 source 用于指定源文件；参数 dest 用于指定目标文件。

copy()函数将文件从 source 复制到 dest。如果参数 dest 指定的目标文件已存在，则会被覆盖。如果成功，则返回 true，否则返回 false。

在 Windows 中，如果复制一个零字节的文件，则 copy()函数将返回 false，但文件也会被正确复制。

（3）使用 unlink()函数删除指定的文件，语法格式如下。

```
unlink(string $filename): bool
```

其中，参数 filename 用于指定待删除的文件。如果成功，则返回 true，否则返回 false。如果要删除目录，则应该调用 rmdir()函数。

【例 6.5】创建一个 PHP 动态网页，用于说明如何通过调用相关函数来执行文件的重命名、复制和删除操作。源文件为/06/06-05.php，源代码如下。

```
<!doctype html>
<html>
<head>
<meta charset="utf-8">
<title>文件的重命名、复制和删除</title>
</head>

<body>
<h3>文件的重命名、复制和删除</h3>
<hr>
<form name="form1" method="post" action="">
   <p>
      <input type="submit" name="rename" value="重命名文件">  
      <input type="submit" name="copy" value="复制文件">  
      <input type="submit" name="delete" value="删除文件">
   </p>
</form>
<?php
$filename = "demo.txt";

if (!file_exists($filename)) {
   file_put_contents($filename, "这是一个示例文件。");
}
// 若单击了"重命名文件"按钮
if (isset($_POST["rename"])) {
   if (file_exists($filename) && rename($filename, "new.txt")) {
      echo "<p>文件重命名成功。</p>";
   } else {
      echo "<p>文件重命名未能执行。</p>";
   }
}
// 若单击了"复制文件"按钮
if (isset($_POST["copy"])) {
```

```php
        if (file_exists($filename)) {
            $source = $filename;
        } elseif (file_exists("new.txt")) {
            $source = "new.txt";
        } else {
            echo "<p>源文件不存在,文件复制未能执行。</p>";
            exit();
        }
        if (file_exists($source) && copy($source, "dest.txt")) {
            echo "<p>文件复制成功。</p>";
        } else {
            echo "<p>文件复制未能执行。</p>";
        }
    }
    // 若单击了"删除文件"按钮
    if (isset($_POST["delete"])) {
        $files = array();
        if (file_exists($filename)) $files[] = $filename;
        if (file_exists("new.txt")) $files[] = "new.txt";
        if (file_exists("dest.txt")) $files[] = "dest.txt";
        if (!count($files)) {
            echo "<p>不存在要删除的文件。</p>";
            exit();
        } else {
            for ($i = 0; $i < count($files); $i++) {
                unlink($files[$i]);
            }
            echo "<p>{$i}个文件被成功删除。</p>";
        }
    }
?>
</body>
</html>
```

本例中创建了一个表单,其中包含 3 个提交按钮,分别用于重命名、复制和删除文件;在该表单下面编写了一个 PHP 代码块,用于检测用户单击了哪个按钮,并执行相应的文件操作。运行结果如图 6.6 所示。

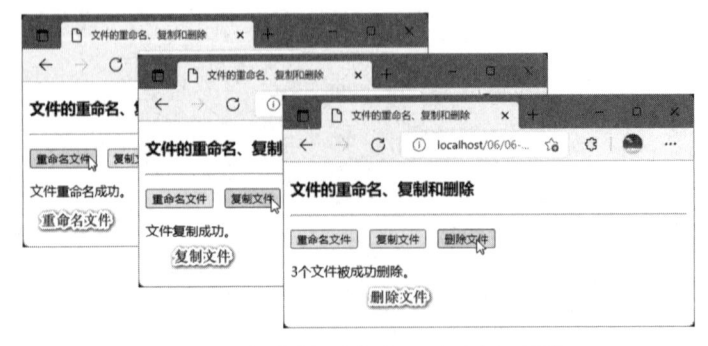

图 6.6 文件的重命名、复制和删除

## 任务 6.2 目录操作

目录也被称为文件夹。通常按照用途将不同的文件分别存放在不同的目录中，以便对文件进行管理。目录操作也是 PHP 文件编程的内容之一。在本任务中，读者将学习和掌握通过 PHP 操作目录的基本技能。

### 任务目标

- 掌握创建、读取和删除目录的方法
- 掌握解析路径信息的方法
- 掌握检查磁盘空间的方法

### 6.2.1 创建目录

在 PHP 中，使用 mkdir()函数可以创建一个新目录，语法格式如下。

```
mkdir(string $pathname[, int $mode]): bool
```

mkdir()函数尝试创建一个由参数 pathname 指定的目录。参数 mode 在 Windows 操作系统下会被忽略。如果成功创建目录，则返回 true，否则返回 false。

在创建目录之后，可以使用 opendir()函数打开该目录，语法格式如下。

```
opendir(string $path[, resource $context]): resource
```

其中，参数 path 用于指定要打开的目录。opendir()函数打开由参数 path 指定的目录句柄，可以用于之后的 closedir()函数、readdir()函数和 rewinddir()函数调用。

如果成功打开目录，则返回目录句柄的 resource，否则返回 false。如果参数 path 不是一个合法的目录或者因为权限限制或文件系统错误而不能打开该目录，则 opendir()函数将返回 false 并产生一个 E_WARNING 级别的 PHP 错误信息。在 opendir()函数前面加上符号"@"可抑制错误信息的输出。

对于已打开的目录，可以使用 closedir()函数关闭该目录，语法格式如下。

```
closedir(resource $dir_handle): void
```

其中，参数 dir_handle 用于指定目录句柄的 resource，该目录句柄之前由 opendir()函数打开。

在 PHP 中，可以使用 getcwd()函数获取当前工作目录，语法格式如下。

```
getcwd(): string
```

使用 getcwd()函数获取当前工作目录，如果成功，则返回当前工作目录，否则返回 false。

如果要更改当前工作目录，则可以调用 chdir()函数，语法格式如下。

```
chdir(string $directory): bool
```

其中，参数 directory 用于指定新的当前目录。chdir()函数将 PHP 的当前目录更改为参数 directory 指定的目录，如果成功，则返回 true，否则返回 false。

如果要判断给定的文件名是不是一个目录,则可以调用 is_dir()函数,语法格式如下。
```
is_dir(string $filename): bool
```
如果文件名存在并且是目录,则返回 true。如果 filename 是一个相对路径,则按照当前工作目录检查其相对路径。

【例 6.6】创建一个 PHP 动态网页,用于说明如何通过调用相关函数创建新目录和更改当前工作目录。源文件为/06/06-06.php,源代码如下。

```
<!doctype html>
<html>
<head>
<meta charset="utf-8">
<title>创建和更改目录示例</title>
</head>

<body>
<h3>创建和更改目录示例</h3>
<hr>
<?php
if (chdir("..")) {                    // 更改当前工作目录
    printf("<p>当前工作目录更改为:%s。</p>", getcwd());
}
$dirname = "images";
if (is_dir($dirname)) {               // 检查指定目录是否存在
    printf("<p>%s 目录已存在。</p>", $dirname);
} elseif (mkdir($dirname)) {          // 在当前目录中创建指定的目录
    printf("<p>%s 目录创建成功。</p>", $dirname);
}
if (chdir($dirname)) {                // 更改当前工作目录
    printf("<p>当前工作目录更改为:%s。</p>", getcwd());
}
?>
</body>
</html>
```

本例中通过编写 PHP 代码块首先将当前工作目录更改为上一级目录,然后在该目录中创建名为 images 的目录,最后将当前目录更改为新建目录。运行结果如图 6.7 所示。

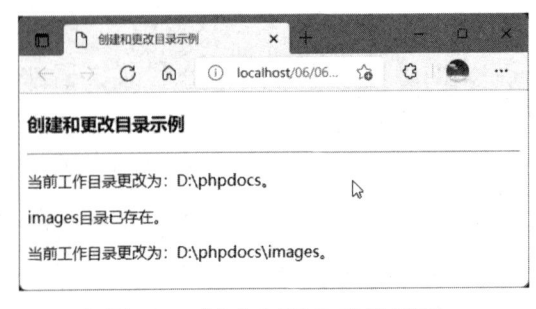

图 6.7 创建和更改目录示例

## 6.2.2 读取目录

在 PHP 中，可以使用 readdir()函数从一个目录中读取条目，语法格式如下。

```
readdir(resource $dir_handle): string
```

其中，参数 dir_handle 用于指定目录句柄的 resource，该目录句柄之前由 opendir()函数打开。

readdir()函数返回目录中下一个文件的文件名，且文件名按照文件在文件系统中的排列顺序返回。若调用成功，则 readdir()函数返回文件名，否则返回 false。

除了使用 readdir()函数遍历目录，还可以使用 scandir()函数列出指定路径中的文件和目录，语法格式如下。

```
scandir(string $directory[, int $sorting_order[, resource $context]]): array
```

其中，参数 directory 用于指定要被浏览的目录；参数 sorting_order 用于指定排序方式，默认的排序方式为按字母升序排列，若将该参数的值设置为 1，则排序方式为按字母降序排列。

若调用成功，则 scandir()函数返回一个数组。该数组包含 directory 中的文件和目录。若调用失败，则该函数返回 false。若 directory 不是目录，则返回 false 并生成一条 E_WARNING 级的错误。

【例 6.7】创建一个 PHP 动态网页，用于说明如何通过调用相关函数更改当前工作目录和读取当前工作目录。源文件为/06/06-07.php，源代码如下。

```
<!doctype html>
<html>
<head>
<meta charset="utf-8">
<title>读取目录示例</title>
<style>
    table {
        border-collapse: collapse;
        margin: 0 auto;
    }
    caption {
        font-weight: bold;
        font-size: large;
        margin-bottom: 0.5em;
    }
    td, th {
        padding: 3px 1em;
        text-align: center;
    }
    td:first-child {
        text-align: left;
    }
</style>
```

```
</head>

<body>
<?php
// 更改当前工作目录
chdir("D://phpstudy_pro//Extensions//php//php8.1.1nts");
// 列出当前工作目录中包含的文件和目录
$items = scandir(getcwd());
printf("<table border=\"1\">");
printf("<caption>目录%s 包含的内容</caption>", getcwd());
printf("<tr><th>名称</th><th>类型</th><th>大小</th><th>创建时间</th></tr>");
foreach ($items as $item) {
    if ($item == "." || $item == "..") continue;
    if (is_file($item)) {
        $type = "文件";
        $size = filesize($item) . "字节";
    } elseif (is_dir($item)) {
        $type = "目录";
        $size = "-";
    }
    printf("<tr><td>%s</td><td>%s</td><td>%s</td><td>%s</td></tr>",
        $item, $type, $size, date("Y-m-d h:i:s", filectime($item)));
}
printf("</table>");
?>
</body>
</html>
```

本例中首先调用 chdir()函数更改当前工作目录，然后调用 scandir()函数读取当前工作目录中包含的所有文件和目录，其结果是生成一个数组，最后使用 foreach 语句遍历这个数组并列出读取的文件和目录。运行结果如图 6.8 所示。

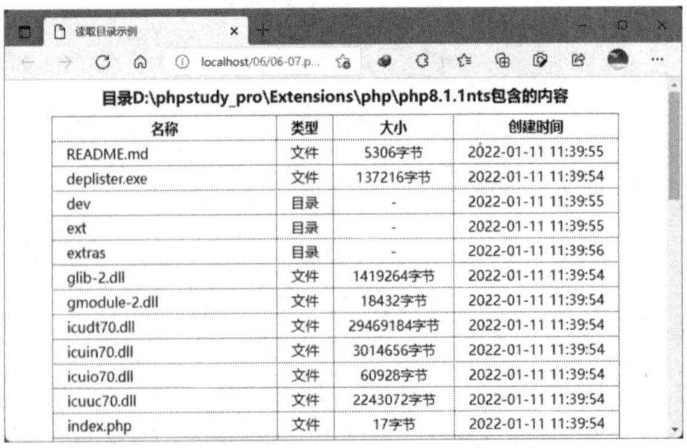


| 名称 | 类型 | 大小 | 创建时间 |
| --- | --- | --- | --- |
| README.md | 文件 | 5306字节 | 2022-01-11 11:39:55 |
| deplister.exe | 文件 | 137216字节 | 2022-01-11 11:39:54 |
| dev | 目录 | - | 2022-01-11 11:39:55 |
| ext | 目录 | - | 2022-01-11 11:39:55 |
| extras | 目录 | - | 2022-01-11 11:39:56 |
| glib-2.dll | 文件 | 1419264字节 | 2022-01-11 11:39:54 |
| gmodule-2.dll | 文件 | 18432字节 | 2022-01-11 11:39:54 |
| icudt70.dll | 文件 | 29469184字节 | 2022-01-11 11:39:54 |
| icuin70.dll | 文件 | 3014656字节 | 2022-01-11 11:39:54 |
| icuio70.dll | 文件 | 60928字节 | 2022-01-11 11:39:54 |
| icuuc70.dll | 文件 | 2243072字节 | 2022-01-11 11:39:54 |
| index.php | 文件 | 17字节 | 2022-01-11 11:39:54 |

图 6.8　读取目录示例

## 6.2.3　删除目录

在 PHP 中，可以使用 rmdir()函数删除指定的目录，语法格式如下。

```
rmdir(string $dirname): bool
```

其中,参数 dirname 用于指定要删除的目录,该目录必须是空的,而且要求用户有相应的操作权限。rmdir()函数尝试删除该目录,如果删除成功,则返回 true,否则返回 false。

【例 6.8】创建一个 PHP 动态网页,用于说明如何批量删除一些目录。源文件为/06/06-08.php,源代码如下。

```php
<?php
// 创建一些目录
for ($i = 1; $i <= 6; $i++) {
    $num = ($i < 10 ? ("0" . $i) : $i);
    if (!is_dir("temp" . $num)) mkdir("temp" . $num);
}
if ($_POST) {                                    // 若单击"删除目录"按钮(提交表单)
    $dirs = $_POST["dir"];                       // 获取选中的目录名称
    for ($i = 0; $i < count($dirs); $i++) {      // 通过循环语句批量删除目录
        rmdir($dirs[$i]);
    }
    $msg = $i;                                   // 已删除目录的数量
}
?>
<!doctype html>
<html>
<head>
<meta charset="utf-8">
<title>删除目录示例</title>
<script src="../js/jquery-3.6.0.js"></script>
<script>
    $(document).ready(function () {
        $("input[value*='temp']").each(function (index, element) {
            $(this).click(function () {
                if (!$(this).prop("checked")) $("#all").prop("checked", false);
            });
        });
        $("#all").click(function () {
            $("input[value*='temp']").each(function () {
                $(this).prop("checked", $("#all").prop("checked"));
            });
        });
        $("#form1").submit(function () {
            if ($("input[value*='temp']:checked").length == 0) {
                alert("请选择要删除的目录!");           // 弹出警告框
                return false;                          // 阻止表单提交
            } else {
                return confirm("您确实要删除选中的目录吗?");  // 弹出确认删除对话框
            }
        })
    });
</script>
```

```
<style>
    table {
        border-collapse: collapse;
        width: 460px;
        margin: 0 auto;
    }
    caption {
        margin-bottom: 1em;
        font-size: large;
        font-weight: bold;
    }
    th, td {
        padding: 3px;
        text-align: center;
    }
</style>
</head>

<body>
<form id="form1" method="post" action="">
    <table border="1">
        <caption>删除目录示例</caption>
        <tr>
            <th><input id="all" name="all" type="checkbox" value="1"></th>
            <th>目录名称</th>
            <th>创建时间</th>
        </tr>
        <?php
        $file = scandir(getcwd());
        $i = 0;
        foreach ($file as $item) {
            if ($item == "." || $item == ".." || is_file($item)) continue;
            printf("<tr><td><input id=\"%d\" name=\"dir[]\" type=\"checkbox\" value=\"%s\"></td> <td> %s</td> <td>%s</td></tr>\n", $i, $item, $item, date("Y-m-d H:i:s", filectime($item)));
            $i++;
        }
        ?>
    </table>
    <p style="text-align: center;"><input id="del" name="del" type="submit" value="删除目录"</p>
</form>
<?php
if (isset($msg)) {
    printf("<p style=\"text-align: center;\">%s 个目录被删除。</p>", $msg);
}
?>
```

```
</body>
</html>
</html>
```

本例中通过 PHP 代码生成了一些目录并以表格形式列出这些目录的名称和创建时间。在页面中勾选要删除的目录并单击"删除目录"按钮，会弹出确认删除对话框，如图 6.9 所示。如果在确认删除对话框中单击"确定"按钮，则选中的这些目录都会被删除，如图 6.10 所示。

图 6.9 确认删除对话框    图 6.10 选中的目录已被删除

## 6.2.4 解析路径信息

在 PHP 中，可以使用以下函数对路径信息进行解析。

（1）使用 basename()函数返回路径中的基本文件名部分，语法格式如下。

```
basename(string $path[, string $suffix]): string
```

其中，参数 path 为字符串，给出文件的全路径。basename()函数返回路径中的基本文件名部分。如果文件名以 suffix 结束，则这部分也会被去掉。

（2）使用 dirname()函数返回从全路径中去掉文件名后的目录名，语法格式如下。

```
dirname(string $path): string
```

其中，参数 path 为字符串，给出文件的完整路径。dirname()函数返回从全路径 path 中去掉文件名后的目录名。

（3）使用 pathinfo()函数返回文件路径的信息，语法格式如下。

```
pathinfo(string $path[, int $options]): array
```

其中，参数 path 为字符串，用于指定一个路径。pathinfo()函数返回一个包含该路径信息的关联数组，其中包含以下键名：dirname、basename、extension 及 filename。

参数 options 用于指定要返回哪些元素，包括 PATHINFO_DIRNAME、PATHINFO_BASENAME、PATHINFO_EXTENSION 和 PATHINFO_FILENAME，默认返回全部元素。

**注意**：如果 path 中包含一个以上的扩展名，则 PATHINFO_EXTENSION 只返回最后一个，而 PATHINFO_FILENAME 仅剥离并返回最后一个。如果 path 中没有扩展名，则返回的数据中不会有 PATHINFO_EXTENSION 元素。

【例 6.9】创建一个 PHP 动态网页，用于说明如何对当前页面的路径信息进行解析。源文件为/06/06-09.php，源代码如下。

```php
<!doctype html>
<html>
<head>
<meta charset="utf-8">
<title>文件路径信息解析示例</title>
</head>

<body>
<h3>当前页面路径信息解析结果</h3>
<hr>
<?php
$path = pathinfo($_SERVER["SCRIPT_FILENAME"]);
printf("<ul>");
printf("<li>完整路径：%s</li>", $_SERVER["SCRIPT_FILENAME"]);
printf("<li>目录名称：%s</li>", $path["dirname"]);
printf("<li>基本文件名：%s</li>", $path["basename"]);
printf("<li>文件扩展名：%s</li>", $path["extension"]);
printf("<li>文件名：%s</li>", $path["filename"]);
printf("</ul>");
?>
</body>
</html>
```

运行结果如图 6.11 所示。

图 6.11 文件路径信息解析示例

### 6.2.5 检查磁盘空间

PHP 提供了以下两个函数，分别用于检查磁盘分区的总空间和可用空间。

（1）使用 disk_total_space()函数计算一个目录所在磁盘分区的总空间，语法格式如下。

```
disk_total_space(string $directory): float
```

其中，参数 directory 用于指定包含一个目录的字符串。disk_total_space()函数将根据相应的文件系统或磁盘分区返回所有的字节数。

disk_total_space()函数返回的是该目录所在磁盘分区的总空间，因此在给出同一个磁盘分区的不同目录作为参数时，所得到的结果是完全相同的。

（2）使用 disk_free_space()函数计算目录所在磁盘分区的可用空间，语法格式如下。
```
disk_free_space(string $directory): float
```
其中，参数 directory 用于指定包含一个目录的字符串。disk_free_space()函数将根据相应的文件系统或磁盘分区返回可用的字节数。

【例 6.10】创建一个 PHP 动态网页，用于说明如何调用相关函数对磁盘分区的总空间和可用空间进行检测。源文件为/06/06-10.php，源代码如下。

```
<!doctype html>
<html>
<head>
<meta charset="utf-8">
<title>检查磁盘空间示例</title>
<style>
    table {
        border-collapse: collapse;
        width: 460px;
        margin: 0 auto;
    }
    caption {
        margin-bottom: 1em;
        font-size: large;
        font-weight: bold;
    }
    th, td {
        padding: 6px;
        text-align: center;
    }
</style>
</head>

<body>
<?php
define("GB", 1024 * 1024 * 1024);
printf("<table border=\"1\">");
printf("<caption>磁盘分区空间统计</caption>");
printf("<tr><th>磁盘分区</th><th>总空间</th><th>可用空间</th></tr>");
printf("<tr><td>C 盘</td><td>%.1f GB</td><td>%.1f GB</td></td></tr>",
    disk_total_space("C:") / GB, disk_free_space("C:") / GB);
printf("<tr><td>D 盘</td><td>%.1f GB</td><td>%.1f GB</td></td></tr>",
    disk_total_space("D:") / GB, disk_free_space("D:") / GB);
printf("<tr><td>E 盘</td><td>%.1f GB</td><td>%.1f GB</td></td></tr>",
    disk_total_space("E:") / GB, disk_free_space("E:") / GB);
printf("<tr><td>F 盘</td><td>%.1f GB</td><td>%.1f GB</td></td></tr>",
    disk_total_space("F:") / GB, disk_free_space("F:") / GB);
printf("<tr><td>G 盘</td><td>%.1f GB</td><td>%.1f GB</td></td></tr>",
    disk_total_space("G:") / GB, disk_free_space("G:") / GB);
```

```
printf("<tr><td>H 盘</td><td>%.1f GB</td><td>%.1f GB</td></tr>",
    disk_total_space("G:") / GB, disk_free_space("H:") / GB);
printf("</table>");
?>
</body>
</html>
```

本例用于检测磁盘分区的总空间和可用空间。运行结果如图 6.12 所示。

图 6.12　检查磁盘空间示例

## 任务 6.3　文件上传

PHP 中可以接收任何由符合 RFC-1867 标准的浏览器上传的文件。使用 PHP 的文件上传功能可以让用户上传文本文件和二进制文件，使用 PHP 文件操作函数还可以对上传的文件进行处理。在本任务中，读者将学习和掌握通过 PHP 上传文件的方法和步骤。

### 任务目标

- 掌握创建文件上传表单的方法
- 掌握上传单个和多个文件的方法

### 6.3.1　创建文件上传表单

为了实现文件上传功能，首先需要在页面中创建一个文件上传表单。该表单中至少应当包含一个文件域、一个隐藏域和一个提交按钮。创建文件上传表单的步骤如下。

（1）添加表单。在文档中添加一个 form 元素，将其 method 属性值设置为 post，enctype 属性值设置为 multipart/form-data。

（2）添加文件域。在表单内添加一个 input 元素，将其 type 属性值设置为 file，即可添加文件域。例如：

```
<input id="fileField" name="fileField" type="file" required>
```

其中，name 属性用于指定 input 元素的名称。当提交表单时，该名称将被发送到服务器中。设置 required 属性值可以确保选择文件后才能提交表单。在 PHP 脚本中，可以使用超全局变量$_FILES 获取上传文件的相关信息。

文件域的功能是让用户可以从其计算机上选择文件，以便将文件上传到服务器中。在不同的浏览器中，文件域的外观可能有所不同，但通常都包含一个按钮和一个只读文本框。用户可以使用该按钮来查找和选择文件，所选文件的路径将显示在该文本框中。

（3）添加隐藏域。在表单内添加一个 input 元素，将其 name 属性值设置为 MAX_FILE_SIZE，type 属性值设置为 hidden，并将 value 属性值设置为 PHP 处理的上传文件的上限（以字节为单位）。

MAX_FILE_SIZE 隐藏字段的值为接收文件的最大尺寸。这是对浏览器的一个建议，PHP 也会检查此项。建议在表单中加上该字段。

（4）添加提交按钮。在表单内添加一个 input 元素，并将其 type 属性值设置为 submit。当单击提交按钮时，选定的文件会被发送到服务器中。

下面给出创建文件上传表单的示例代码。

```
<form id="upload_form" name="upload_form" method="post" enctype="multipart/form-data">
    <input id="userfile" name="userfile" type="file" required>
    <input id="max_file_size" name="MAX_FILE_SIZE" type="hidden" value="10485760">
    <input id="upload" name="upload" type="submit" value="开始上传">
</form>
```

### 6.3.2 上传单个文件

在使用 PHP 的文件上传功能之前，应该对 php.ini 文件中的相关配置选项进行设置，主要包括以下两个选项。

（1）设置存储上传文件的临时目录。例如：

```
upload_tmp_dir=E:\php\tmp
```

（2）设置 PHP 处理的上传文件的上限，默认值为 2MB。例如：

```
upload_max_filesize=5M
```

修改配置文件后，应重启 Apache 服务器。

要在 PHP 代码中处理上传的文件，可以使用数组$_FILES。该数组包含所有上传的文件信息。假如文件上传表单中的文件域名称为 userfile，则$_FILES 数组的内容如下。

- $_FILES["userfile"]["name"]：客户端文件的原名称。
- $_FILES["userfile"]["type"]：上传文件的 MIME 类型，这个信息应当由浏览器提供，如 image/gif。PHP 中并不检查此 MIME 类型，不要想当然地认为有这个值。
- $_FILES["userfile"]["size"]：已上传文件的大小，单位为字节。
- $_FILES["userfile"]["tmp_name"]：文件被上传后在服务器端存储的临时文件名。
- $_FILES["userfile"]["error"]：与文件上传相关的错误代码，如表 6.2 所示。

表 6.2　与文件上传相关的错误代码（PHP 常量）

| PHP 常量 | 值 | 说　　明 |
|---|---|---|
| UPLOAD_ERR_OK | 0 | 没有发生错误，文件上传成功 |
| UPLOAD_ERR_INI_SIZE | 1 | 上传文件的大小超过了 php.ini 文件中 upload_max_filesize 选项指定的值 |
| UPLOAD_ERR_FORM_SIZE | 2 | 上传文件的大小超过了 HTML 表单中 MAX_FILE_SIZE 选项指定的值 |
| UPLOAD_ERR_PARTIAL | 3 | 文件只有部分被上传 |
| UPLOAD_ERR_NO_FILE | 4 | 没有文件被上传 |
| UPLOAD_ERR_NO_TMP_DIR | 6 | 找不到临时文件夹 |
| UPLOAD_ERR_CANT_WRITE | 7 | 文件写入失败 |

文件被上传后，在默认情况下会被存储到服务器端的默认临时目录中，除非在 php.ini 文件中把 upload_tmp_dir 的值设置为其他路径。

通过 $_FILES 数组获取上传的文件后，可以使用以下两个函数对该文件进行处理。

（1）使用 move_uploaded_file()函数将上传的文件移动到新位置，语法格式如下。

```
move_uploaded_file(string $filename, string $dest): bool
```

move_uploaded_file()函数检查并确保由 filename 参数指定的文件是合法的上传文件（即通过 PHP 的 HTTP POST 上传机制上传的文件）。如果文件合法，则将其移动到由 dest 指定的路径下。如果移动文件成功，则该函数返回 true。如果 filename 不是合法的上传文件，则不会执行任何操作，此时该函数将返回 false。如果 filename 是合法的上传文件，但由于某些原因无法移动，则也不会执行任何操作，此时该函数也将返回 false，同时还会发出一条警告。如果上传的文件可能会对用户或本系统的其他用户显示其内容，这种检查就显得格外重要。

如果参数 dest 指定的目标文件已经存在，则该文件会被覆盖。

（2）使用 is_uploaded_file()函数判断文件是不是通过 HTTP POST 上传机制上传的，语法格式如下。

```
is_uploaded_file(string $filename): bool
```

如果 filename 给出的文件是通过 HTTP POST 上传机制上传的，则该函数返回 true。这可以用来确保恶意用户无法欺骗脚本去访问原本不能访问的文件。

为了使 is_uploaded_file()函数正常工作，应指定类似于 $_FILES["userfile"]["tmp_name"] 的变量，若该函数使用从客户端上传的文件名 $_FILES["userfile"]["name"]，则它是不能正常工作的。

【例 6.11】创建一个 PHP 动态网页，用于演示如何实现单个文件的上传操作。源文件为 /06/06-11.php，源代码如下。

```
<!doctype html>
<html>
<head>
<meta charset="utf-8">
<title>上传单个文件示例</title>
<style>
```

```css
        fieldset {
            width: 300px;
            margin: 0 auto;
            border-radius: 6px;
        }
        table {
            margin: 0 auto;
        }
        td {
            padding: 12px;
        }
        p, h3{
            text-align: center;
        }
        ul {
            margin: 0;
        }
    </style>
</head>

<body>
<?php if (!$_POST) {   // 若未提交表单 ?>
    <form method="post" enctype="multipart/form-data" action="">
        <fieldset>
            <legend>上传文件</legend>
            <table>
                <tr>
                    <td><input name="MAX_FILE_SIZE" type="hidden" value="10995116277760"></td>
                    <td><input name="upfile" type="file" required></td>
                </tr>
                <tr>
                    <td> </td>
                    <td><input type="submit" value="上传">   
                        <input type="reset" value="重置"></td>
                </tr>
            </table>
        </fieldset>
    </form>
    <?php
} else {   // 若已提交表单
    $uploaddir = "../uploads/";

    if (!is_dir($uploaddir)) mkdir($uploaddir);
    $uploadfile = $uploaddir . basename($_FILES["upfile"]["name"]);
    if (move_uploaded_file($_FILES["upfile"]["tmp_name"], $uploadfile)) {
        printf('<h3>上传文件成功</h3>');
```

```
        printf('<hr></hr>上传文件信息如下：');
        printf('<ul>');
        printf('<li>文件名：%s</li>', $_FILES["upfile"]["name"]);
        printf('<li>文件类型：%s</li>', $_FILES["upfile"]["type"]);
        printf('<li>文件大小：%d 字节</li>', $_FILES["upfile"]["size"]);
        printf('</ul>');
        printf('<p><a href="javascript:history.back();">返回</a></p>');
    } else {
        printf('<p> 文件未能上传。</p>');
    }
}
?>
</body>
</html>
</html>
```

本例中创建了一个文件上传表单，可以从本地计算机上选择并上传文件。首先单击文件域中的"选择文件"按钮，从弹出的"打开"对话框中选择需要上传的文件，在选择成功后，选中的文件名将出现在"选择文件"按钮旁边，如图6.13所示；然后单击"上传"按钮，如果上传过程中不出现问题，则会看到文件上传成功的信息，如图6.14所示。

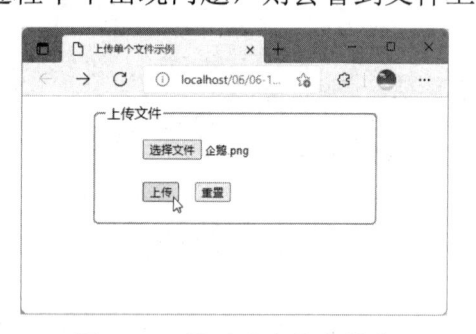

图6.13 显示选中的文件名

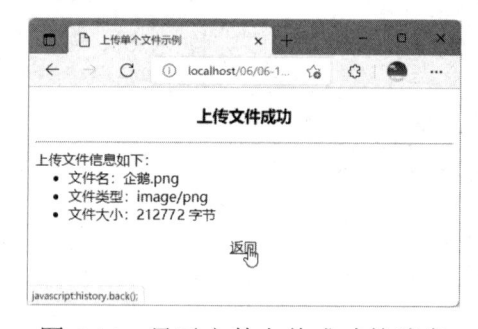

图6.14 显示文件上传成功的消息

### 6.3.3 上传多个文件

执行一次提交表单操作，也可以实现多个文件的上传，其方法与上传单个文件的方法类似。虽然也可以对文件域使用不同的 name 来上传多个文件，但不提倡这样做。PHP 支持同时上传多个文件并将它们的信息自动以数组的形式进行组织。要完成这项功能，需要在 HTML 表单中对文件域使用与多选框和复选框相同的数组方式提交语法，也就是说，在命名文件域时，应当采用类似于 userfile[] 的形式。

例如，在下面的文件上传表单中添加了 3 个文件域：

```
<form action="file-upload.php" method="post" enctype="multipart/form-data">
    发送以下文件：<br>
    <input name="userfile[]" type="file"><br>
    <input name="userfile[]" type="file"><br>
    <input type="submit" value="上传文件">
</form>
```

应当说明的是，当用户提交表单之后，数组$_FILES["userfile"]、$_FILES["userfile"]["name"]及$_FILES["userfile"]["size"]都将被初始化。如果将register_globals（php.ini文件的一个配置项）的值设置为on，则与文件上传相关的全局变量也将被初始化。所有这些提交的信息都将被存储到以数字为索引的数组中。

例如，有两个文件review.swf和xwp.gif被提交，那么$_FILES["userfile"]["name"][0]的值将是文件名review.swf，而$_FILES["userfile"]["name"][1]的值将是文件名xwp.gif。类似地，$_FILES["userfile"]["size"][0]的值将是review.swf文件的大小，以此类推。

【例6.12】创建一个PHP动态网页，用于演示如何通过执行一次提交表单操作来实现多个文件的上传。源文件为/06/06-12.php，源代码如下。

```
<!doctype html>
<html>
<head>
<meta charset="utf-8">
<title>上传多个文件示例</title>
<script src="../js/jquery-3.6.0.js"></script>
<script>
    $(document).ready(function () {
        $("#file_count").change(function () {
            const n = parseInt($(this).val());
            for (let i = 0; i < n - 1; i++) {
                $('<p><input type="file" name="upfile[]" required></p>').appendTo($("#more"));
            }
        });
    });
</script>
<style>
    fieldset {
        width: 360px;
        margin: 0 auto;
        border-radius: 6px;
    }
    table {
        border-collapse: collapse;
        margin: 0 auto;
    }
    td {
        padding: 6px;
    }
    p {
        text-align: center;
    }
</style>
```

```
</head>

<body>
<?php if (!count($_POST)) { ?>
<form method="post" enctype="multipart/form-data" action="">
    <fieldset>
        <legend>上传多个文件</legend>
        <table>
            <tr>
                <td><label for="file_count">文件数目：</label></td>
                <td><select id="file_count" name="file_count">
                        <option value="1">1</option>
                        <option value="2">2</option>
                        <option value="3">3</option>
                        <option value="4">4</option>
                        <option value="5">5</option>
                    </select></td>
            </tr>
            <tr>
                <td><input name="MAX_FILE_SIZE" type="hidden" value="10995116277760"></td>
                <td><input name="upfile[]" type="file" required>
                    <div id="more"></div>
                </td>
            </tr>
            <tr>
                <td> </td>
                <td><input type="submit" value="上传文件">
                </td>
            </tr>
        </table>
    </fieldset>
</form>
<?php } else {
    $uploaddir = "../uploads/";

    if (!is_dir($uploaddir)) mkdir($uploaddir);
    $count = 0;
    foreach ($_FILES["upfile"]["error"] as $key => $error) {
        if ($error == UPLOAD_ERR_OK) {
            $tmp_name = $_FILES["upfile"]["tmp_name"][$key];
            $name = $_FILES["upfile"]["name"][$key];
            $uploadfile = $uploaddir . basename($name);
            if (move_uploaded_file($tmp_name, $uploadfile)) $count++;
        }
    }
```

```
        printf("<p>%d 个文件上传成功！<br>上传文件信息如下：</p>", $count);
        printf("<table border=\"1\" style=\"width: 400px;\">");
        printf("<tr><th>文件名</th><th>类型</th><th>大小</th></tr>");
        for ($i = 0; $i < $count; $i++) {
            printf("<tr style=\"text-align: center;\"><td>%s</td><td>%s</td><td>%d 字节</td></tr>",
                $_FILES["upfile"]["name"][$i], $_FILES["upfile"]["type"][$i],
                $_FILES["upfile"]["size"][$i]);
        }
        printf("</table>");
        printf("<p><a href='javascript:history.back();'>返回</a></p>");
    }
?>
</body>
</html>
```

本例中创建了一个文件上传表单，可用于上传多个文件。首先在"文件数目"下拉列表中选择要上传的文件数目（1～5），此时会出现多个文件域；然后分别使用每个文件域选择一个文件；最后单击"上传文件"按钮，如图 6.15 所示。如果上传过程中不出现问题，则此时会看到文件上传成功的信息，并以表格形式列出这些文件的文件名、类型和大小，如图 6.16 所示。

图 6.15 选择要上传的多个文件　　　　图 6.16 显示已上传成功的文件信息

## 项 目 思 考

### 一、选择题

1. 在调用 fopen()函数时，将 mode 参数值设置为"w"，表示（　　）。

   A. 以只读方式打开文件并将文件指针指向文件头

   B. 以读写方式打开文件并将文件指针指向文件头

   C. 以写入方式打开文件并将文件指针指向文件头，将文件大小截为零

   D. 以写入方式打开文件，并将文件指针指向文件尾

2. 如果要以读写方式打开文件并将文件指针指向文件尾，则在调用 fopen()函数时应将第

二个参数值设置为（　　）。

A．"r+"　　　　B．"w+"　　　　C．"a"　　　　D．"a+"

3．要将整个文件的内容读入一个数组，可以调用（　　）函数。

A．fgetc()　　　B．fgets()　　　C．fgetss()　　　D．file()

4．要获取文件指针读写的位置，可以调用（　　）函数。

A．fseek()　　　B．rewind()　　　C．ftell()　　　D．feof()

5．要获取PHP的当前工作目录，可以调用（　　）函数。

A．mkdir()　　　B．getcwd()　　　C．chdir()　　　D．opendir()

6．假设HTML表单中的文件域名称为userfile，可以通过（　　）访问文件被上传后存储在服务器端的临时文件名。

A．$_FILES["userfile"]["tmp_name"]　　　B．$_FILES["userfile"]["name"]

C．$_FILES["userfile"]["file_name"]　　　D．$_FILES["userfile"]["server_name"]

## 二、判断题

1．使用file_exists()函数可以检查文件是否存在。（　　）

2．使用fopen()函数只能打开一个文件。（　　）

3．使用fwrite()函数可以将一个格式化字符串写入文件。（　　）

4．使用fgetss()函数可以将整个文件的内容读入一个数组。（　　）

5．使用feof()函数可以测试文件指针是否到达文件头的位置。（　　）

6．使用rename()函数只能对文件进行重命名。（　　）

7．使用delete()函数可以删除指定的文件。（　　）

8．使用getcwd()函数可以更改当前工作目录。（　　）

9．使用scandir()函数可以列出指定路径中的文件和目录。（　　）

10．使用pathinfo()函数可以返回一个包含路径信息的变量。（　　）

11．在创建文件上传表单时，应将enctype属性值设置为multipart/form-data。（　　）

12．在使用文件域时，也可以在其文本框内输入要上传文件的路径。（　　）

## 三、简答题

1．在使用fopen()函数时，打开文件有哪几种模式？

2．将数据写入文件有哪两种模式？

3．rename()函数除了重命名文件或目录，还有什么功能？

4．如何删除一个文件？如何创建一个目录？

5．如何读取或更改当前工作目录？

6. 要列出一个目录中的所有文件和目录，有哪两种方式？

7. 文件上传表单至少应包含哪些内容？

8. 在 PHP 中，如何获取上传的文件？如何将上传的文件移动到指定位置？

## 项 目 实 训

1. 创建一个 PHP 动态网页，要求通过该网页可以创建新的 HTML 静态网页或 PHP 动态网页。

2. 创建一个 PHP 动态网页，要求使用文本文件制作页面计数器。

3. 创建一个 PHP 动态网页，用于读取并显示当前页面的内容。

4. 创建一个 PHP 动态网页，用于对当前页面文件的各种属性进行检查。

5. 创建一个 PHP 动态网页，用于对指定文件进行重命名或移动。

6. 创建一个 PHP 动态网页，用于检查指定目录是否存在，若不存在，则创建该目录。

7. 创建一个 PHP 动态网页，用于列出指定目录下的所有文件和目录，并允许通过单击链接删除指定的文件或目录。

8. 创建一个 PHP 动态网页，用于对当前页面的路径进行解析。

9. 创建一个 PHP 动态网页，用于对磁盘分区的总空间和可用空间进行检查。

10. 创建一个 PHP 动态网页，用于实现多文件上传，要求通过下拉列表设置可以上传的文件数目。

# 项目 7

# PHP 图像处理

PHP 不仅可以用于动态生成 HTML 输出，也可以用于创建和操作各种不同格式的图像文件。使用 PHP 可以方便地创建各种格式的图像，也可以将图像流直接输出到浏览器中。为此，需要使用图像处理扩展库 GD 对 PHP 进行编译。在本项目中，读者将学习和掌握使用 PHP 进行图像处理的各项操作技能，主要包括配置 GD 库、图像基本操作、绘制图形、绘制文本等。

## 项目目标

- 掌握配置 GD 库的方法
- 掌握图像基本操作
- 掌握绘制图形的方法
- 掌握绘制文本的方法

## 任务 7.1 配置 GD 库

GD 库是用 C 语言编写的一个图像处理扩展库，可以用于动态创建图像。在 PHP 中处理图像主要是通过调用 GD 库中的函数实现的，只有在加载 GD 库后才能创建和操作图像。在本任务中，读者将学习和掌握加载与检测 GD 库的方法。

### 任务目标

- 掌握加载 GD 库的方法
- 掌握检测 GD 库的方法

### 7.1.1 加载 GD 库

如果要通过 PHP 调用 GD2 库中的图像处理函数，则必须确保 PHP 以模块方式运行，还要对配置文件 php.ini 进行修改，操作方法如下。

（1）在记事本程序中打开 PHP 配置文件 php.ini。

（2）在文件中查找"extension=php_gd2.dll"，并在找到后去掉前面的分号。

（3）保存配置文件 php.ini。

（4）重启 Apache 服务器。

如果要使用 phpStudy 配置 PHP 环境，则可以使用其控制面板打开 php_gd2 扩展，具体操作方法如下。

（1）打开 phpStudy 集成环境控制面板。

（2）在左侧的导航栏中选择"网站"选项，在右侧的内容窗格中单击"管理"按钮，并在弹出的菜单中选择"PHP 扩展"→"php_gd"命令，如图 7.1 所示。

（3）重启 Apache 服务器，使执行的操作生效。

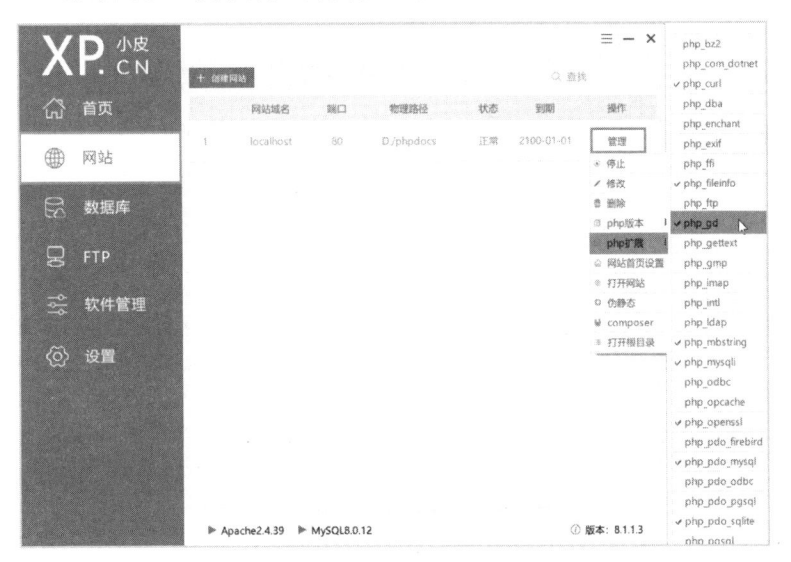

图 7.1 启用 php_gd2 库扩展

## 7.1.2 检测 GD 库

加载 GD 库后，即可调用该库中的 gd_info()函数获取当前安装的 GD 库的相关信息，语法格式如下。

```
gd_info(): array
```

gd_info()函数返回一个关联数组，用于描述已安装的 GD 库的版本和性能。gd_info()函数返回的数组包含以下元素。

- GD Version：string 值，描述了安装的 GD 库的版本号。
- FreeType Support：boolean 值，若安装了 FreeType 支持，则其值为 true。
- FreeType Linkage：string 值，描述了 FreeType 连接的方法，仅在 FreeType Support 的值为 true 时有定义，其取值为 "with freetype"、"with TTF library"和"with unknown library"。
- T1Lib Support：boolean 值，若提供 T1Lib 支持，则其值为 true。
- GIF Read Support：boolean 值，若提供读取 GIF 图像的支持，则其值为 true。
- GIF Create Support：boolean 值，若提供创建 GIF 图像的支持，则其值为 true。

- JPEG Support：boolean 值，若提供 JPEG 支持，则其值为 true。
- PNG Support：boolean 值，若提供 PNG 支持，则其值为 true。
- WBMP Support：boolean 值，若提供 WBMP 支持，则其值为 true。
- XBM Support：boolean 值，若提供 XBM 支持，则其值为 true。

**提示**：WBMP（Wireless Bitmap）是一种移动设备使用的标准图像格式，应用于 WAP 网页中。WBMP 仅支持 1 位颜色，即 WBMP 图像只包含黑色和白色像素，而且不能制作得过大，这样才能被正确显示。XBM（X-Bitmap）是一种古老而通用的图像格式，与现在的许多 Web 浏览器都兼容。XBM 图像实质上是使用十六进制数组表示二进制图像的 C 语言源代码文件。

也可以调用 phpinfo()函数获取 GD 库的相关信息，语法格式如下。

```
phpinfo([int $what]): bool
```

其中，what 为可选参数，可以用一个或多个常量通过位运算来组合，用来定制输出的信息，默认值为 INFO_ALL，即显示所有信息。调用 phpinfo()函数获取的 GD 库信息如图 7.2 所示。

| GD Support | enabled |
| --- | --- |
| GD Version | bundled (2.1.0 compatible) |
| FreeType Support | enabled |
| FreeType Linkage | with freetype |
| FreeType Version | 2.9.1 |
| GIF Read Support | enabled |
| GIF Create Support | enabled |
| JPEG Support | enabled |
| libJPEG Version | 8 |
| PNG Support | enabled |
| libPNG Version | 1.6.34 |
| WBMP Support | enabled |
| XPM Support | enabled |
| libXpm Version | 30512 |
| XBM Support | enabled |
| WebP Support | enabled |
| BMP Support | enabled |
| AVIF Support | enabled |
| TGA Read Support | enabled |

图 7.2 调用 phpinfo()函数获取的 GD 库信息

**【例 7.1】** 创建一个 PHP 动态网页，用于检测 GD 库是否加载成功并列出 GD 库中包含的所有函数。源文件为/07/07-01.php，源代码如下。

```
<!doctype html>
<html>
<head>
<meta charset="utf-8">
<title>PHP GD 库函数</title>
<style>
    ol {
        column-count: 2;
        column-rule: thin dashed gray;
    }
    ol li {
        margin-left: 3em;;
    }
```

```
</style>
</head>

<body>
<h3 style="text-align: center;">PHP GD 库函数</h3>
<hr>
<?php
if (!function_exists("gd_info")) {
    die("GD 库加载失败。");
}
$funcs = get_extension_funcs("gd");

echo "<ol>";
foreach ($funcs as $func) {
    echo "<li> {$func}</li>";
}
echo "</ol>";
?>
</body>
</html>
```

本例可检测 GD 库是否加载成功，若成功，则列出 GD 库中包含的所有函数。运行结果如图 7.3 所示。

图 7.3  PHP GD 库函数

## 任务 7.2  图像基本操作

在 PHP 中，可以利用 GD 库进行图像处理，其主要步骤包括：创建一个图像作为画布；设置图像的前景颜色和背景颜色；在画布上绘制图形和文本；向浏览器中输出图像或将图像保存到文件中；释放与图像关联的系统资源等。在本任务中，读者将学习和掌握 PHP 图像处理的基本操作技能，能够创建图像、输出图像及分配颜色等。

### 任务目标

- 掌握创建图像的方法

- 掌握输出图像的方法
- 掌握分配颜色的方法

### 7.2.1 创建图像

在 PHP 动态网页中创建图像主要有以下两种方式：一种是创建空白图像，另一种是基于现有文件创建图像。

#### 1. 创建空白图像

使用以下函数可以创建空白图像。

（1）使用 imagecreate()函数创建一个基于调色板的图像，语法格式如下。

```
imagecreate(int $x_size, int $y_size): resource
```

其中，参数 x_size 用于指定图像的宽度；参数 y_size 用于指定图像的高度。imagecreate()函数返回一个图像标识符，代表一个大小为 x_size 和 y_size 的空白图像。

（2）使用 imagecreatetruecolor()函数创建一个真彩色图像，语法格式如下。

```
imagecreatetruecolor(int $x_size, int $y_size): resource
```

其中，参数 x_size 用于指定图像的宽度；参数 y_size 用于指定图像的高度。imagecreatetruecolor()函数返回一个图像标识符，代表一个黑色图像。

创建一个图像后，即可将此图像作为画布并在其上绘制出各种图形，最后应当调用 imagedestroy()函数销毁该图像，语法格式如下。

```
imagedestroy(resource $image): bool
```

其中，参数 image 是由图像创建函数 imagecreate()或 imagecreatetruecolor()返回的图像标识符。imagedestroy()函数用于释放与 image 关联的内存。

#### 2. 基于现有文件创建图像

要想基于现有文件创建图像，可以调用以下函数。

（1）使用 imagecreatefromgif()函数基于 GIF 文件或 URL 创建一个图像，语法格式如下。

```
imagecreatefromgif(string $filename): resource
```

其中，参数 filename 表示 GIF 图像的路径。

（2）使用 imagecreatefromjpeg()函数基于 JPEG 文件或 URL 创建一个图像，语法格式如下。

```
imagecreatefromjpeg(string $filename): resource
```

其中，参数 filename 表示 JPEG 图像的路径。

（3）使用 imagecreatefrompng()函数基于 PNG 文件或 URL 创建一个图像，语法格式如下。

```
imagecreatefrompng(string $filename): resource
```

其中，参数 filename 表示 PNG 图像的路径。

上述 3 个函数的返回值均为图像标识符，表示从给定的文件中获取的图像。如果图像获取失败，则函数返回 false。

【例 7.2】创建一个 PHP 动态网页，用于说明如何通过调用相关函数创建不同类型的图像。源文件为/07/07-02.php，源代码如下。

```php
<?php
$w = 150;                                                           // 设置图像宽度
$h = 120;                                                           // 设置图像高度
$img = @imagecreate($w, $h) or die("不能初始化新的 GD 图像流。");    // 创建一个基于调色板的图像
$bgc = imagecolorallocate($img, 183, 222, 202);                    // 设置图像背景填充颜色
$fc = imagecolorallocate($img, 255, 55, 120);                      // 设置绘图颜色
imagefilledellipse($img, 75, 60, 100, 75, $fc);                    // 绘制一个填充椭圆（大）
$fc = imagecolorallocate($img, 83, 72, 204);                       // 改变绘图颜色
imagefilledellipse($img, 75, 60, 93, 68, $fc);                     // 绘制另一个填充椭圆（小）
imagejpeg($img, "../images/image7-02.jpg");                        // 输出图像到 JPEG 文件中
imagedestroy($img);                                                 // 销毁图像
$img = @imagecreatetruecolor($w, $h) or die("不能初始化新的 GD 图像流");  // 创建一个真彩色图像
$fc = imagecolorallocate($img, 0, 255, 255);                       // 设置绘图颜色
imagesetthickness($img, 3);                                         // 设置线条宽度
imagerectangle($img, 30, 30, 120, 90, $fc);                        // 绘制一个矩形
imagegif($img, "../images/image7-02.gif");                         // 输出图像到 GIF 文件中
imagedestroy($img);                                                 // 销毁图像
$filename = "../images/landscape.jpg";                             // 指定图像文件路径
$img = @imagecreatefromjpeg($filename) or die("不能初始化新的 GD 图像流");  // 创建基于现有文件的图像
$tc = imagecolorallocate($img, 255, 0, 0);                         // 设置文本颜色
imagestring($img, 5, 40, 70, "Landscape", $tc);                    // 绘制一个字符串
imagepng($img, "../images/image7-02.png");                         // 输出图像到 PNG 文件中
imagedestroy($img);                                                 // 销毁图像
?>
<!doctype html>
<html>
<head>
<meta charset="utf-8">
<title>创建图像示例</title>
<style>
    h3, tr {
        text-align: center;
    }
    table {
        margin: 0 auto;
    }
</style>
</head>

<body>
```

```
    <h3>创建图像示例</h3>
    <hr>
    <table>
      <tr>
          <td><img  name="img1"  src="image7-02.jpg"  width="150"  height="120" alt=""></td>
          <td><img  name="img2"  src="image7-02.gif"  width="150"  height="120" alt=""></td>
          <td><img  name="img3"  src="image7-02.png"  width="150"  height="120" alt=""></td>
      </tr>
      <tr>
          <td>基于调色板的图像</td>
          <td>真彩色图像</td>
          <td>基于现有文件的图像</td>
      </tr>
    </table>
  </body>
</html>
```

本例中首先分别创建了 3 个不同类型的图像并将它们保存为 JPEG、GIF 和 PNG 格式的图像文件，然后将这些动态生成的图像文件放在表格的单元格中。运行结果如图 7.4 所示。

图 7.4　创建图像示例

### 7.2.2　输出图像

在 PHP 中创建一个图像后，就需要输出该图像。既可以将该图像保存到文件中，也可以将该图像直接输出到客户端浏览器中。如果希望将一个图像以某种格式输出到客户端浏览器中，则需要先调用 header()函数设置输出文件的 MIME 类型。

```
header("Content-type:image/gif");
header("Content-type:image/jpeg");
header("Content-type:image/png");
```

输出图像可以通过调用下列 PHP 函数来实现。

（1）使用 imagegif()函数可以以 GIF 格式将图像输出到浏览器或文件中，语法格式如下。

```
imagegif(resource $image[, string $filename]): bool
```

其中，参数 image 表示图像标识符，是图像创建函数的返回值；参数 filename 为可选项，用于指定要保存的图像文件路径。当输出图像成功时，该函数返回 true；当输出图像失败时，该函数返回 false。

imagegif()函数基于 image 图像并以 filename 为文件名创建一个 GIF 图像。若省略 filename，将直接输出原始图像流，其格式为 GIF87a。若使用 imagecolortransparent()函数将图像变为透明的，则其格式为 GIF89a。使用 header()函数发送"Content-type:image/gif"可以使 PHP 直接输出 GIF 图像。

（2）使用 imagejpeg()函数可以以 JPEG 格式将图像输出到浏览器或文件中，语法格式如下。

```
imagejpeg(resource $image[, string $filename[, int $quality]]): bool
```

其中，参数 image 表示图像标识符，是图像创建函数的返回值；参数 filename 为可选项，用于指定要保存的图像文件路径；参数 quality 为可选项，用于指定图像质量，取值范围为从 0（最差质量，文件最小）到 100（最佳质量，文件最大），其默认值为 IJG 默认的质量值（大约 75）。当输出图像成功时，该函数返回 true；当输出图像失败时，该函数返回 false。

imagejpeg()函数基于 image 图像并以 filename 为文件名创建一个 JPEG 图像。若省略 filename，将直接输出原始图像流。若要跳过 filename 而提供 quality，则应使用 null。使用 header()函数发送"Content-type: image/jpeg"可以使 PHP 直接输出 JPEG 图像。

（3）使用 imagepng()函数可以以 PNG 格式将图像输出到浏览器或文件中，语法格式如下。

```
imagepng(resource $image[, string $filename]): bool
```

其中，参数 image 表示图像标识符，是图像创建函数的返回值；参数 filename 为可选项，用于指定要保存的图像文件路径。当输出图像成功时，该函数返回 true，当输出图像失败时，该函数返回 false。

imagepng()函数将 GD 图像流（image）以 PNG 格式输出到标准输出（通常为浏览器）中，如果使用 filename 给出了文件名，则会将图像保存到该文件中。

【例 7.3】创建一个 PHP 动态网页，用于说明如何创建图像并将其输出到浏览器中。源文件为/07/07-03.php，源代码如下。

```php
<?php
$w = 260;                                                    // 设置图像的宽度
$h = 150;                                                    // 设置图像的高度
$img = @imagecreate($w, $h) or die("不能初始化新的GD图像流。");    // 创建一个基于调色板的图像
$bgc = imagecolorallocate($img, 0, 128, 0);                  // 设置图像背景填充色
$yellow = imagecolorallocate($img, 255, 255, 0);             // 设置绘图颜色
imagefilledellipse($img, 125, 75, 220, 140, $yellow);        // 绘制一个填充椭圆（大）
imagefilledellipse($img, 125, 75, 210, 130, $bgc);           // 绘制一个填充椭圆（小）
imagesetthickness($img, 5);                                  // 设置线条宽度
imagerectangle($img, 30, 20, 220, 130, $yellow);             // 绘制一个矩形
imagestring($img, 5, 40, 50, "PHP Web Development", $yellow);// 绘制一个字符串
imagestring($img, 5, 58, 90, "GD Image Stream", $yellow);    // 绘制另一个字符串
header("Content-type:image/jpeg");                           // 设置输出文件的 MIME 类型
imagejpeg($img, null, 100);                                  // 将图像输出到浏览器中
```

```
imagedestroy($img);                                      // 销毁图像
?>
```

本例中首先创建了一个基于调色板的图像，然后在图像中绘制了两个填充椭圆和一个轮廓矩形，并绘制了两个字符串，最后以 JPEG 格式将图像输出到浏览器中，效果如图 7.5 所示。

图 7.5 将图像输出到浏览器中的效果

### 7.2.3 分配颜色

在创建一个图像后，需要为其分配一些颜色，供绘制图形或写入文字使用。在 PHP 中，可以使用 imagecolorallocate()函数为一个图像分配颜色，语法格式如下。

```
imagecolorallocate(resource $image, int $red, int $green, int $blue) int
```

其中，参数 image 表示图像标识符，是图像创建函数的返回值；red、green 和 blue 三个参数分别表示所需颜色的红、绿、蓝成分，这些参数的取值范围为 0～255（十六进制表示形式为 0x00～0xFF）。

imagecolorallocate()函数返回一个图像标识符，表示由给定的 RGB 成分组成的颜色。如果颜色分配失败，则该函数返回-1。必须使用该函数分配 image 代表的图像中的每一种颜色。

对于由 imagecreate()函数创建的图像，第一次调用 imagecolorallocate()函数时会用当前设置的颜色填充背景，而对于由 imagecreatetruecolor()函数创建的图像则不会填充。

也可以使用 imagecolorallocatealpha()函数为一个图像分配颜色和透明度，语法格式如下。

```
imagecolorallocatealpha(resource $image, int $red, int $green, int $blue, int $alpha int
```

imagecolorallocatealpha()函数的功能与 imagecolorallocate()函数类似，但它多出一个额外的透明度参数 alpha，其取值范围为 0～127，0 表示完全不透明，127 表示完全透明。

imagecolorallocatealpha()函数返回一个标识符，表示由给定的 RGB 成分和透明度组成的颜色。如果颜色分配失败，则该函数返回 false。

【例 7.4】创建一个 PHP 动态网页，用于说明如何使用带透明度的颜色绘制图形。源文件为/07/07-04.php，源代码如下。

```php
<?php
$w = 300;                                                // 设置图像宽度
$h = 200;                                                // 设置图像高度
$img = imagecreatetruecolor($w, $h);                     // 创建一个真彩色图像
$bgc = imagecolorallocate($img, 255, 221, 255);          // 设置图像背景填充色
$text_color = imagecolorallocate($img, 255, 0, 0);       // 分配颜色
$border = imagecolorallocate($img, 127, 127, 127);       // 分配颜色
imagefilledrectangle($img, 0, 0, $w, $h, $bgc);          // 绘制一个填充矩形
imagesetthickness($img, 3);                              // 设置线条宽度
```

```
imagerectangle($img, 0, 0, $w - 1, $h - 1, $border); // 绘制一个轮廓矩形
// 设置坐标和半径
$x1 = 125; $y1 = 65;
$x2 = 115; $y2 = 130;
$x3 = 180; $y3 = 110; $r = 120;
// 分配一些带透明度的颜色
$green = imagecolorallocatealpha($img, 0, 128, 0, 75);
$red = imagecolorallocatealpha($img, 255, 0, 0, 75);
$blue = imagecolorallocatealpha($img, 0, 0, 255, 75);
// 绘制 3 个叠加的填充圆和一个字符串
imagefilledellipse($img, $x1, $y1, $r, $r, $green);
imagefilledellipse($img, $x2, $y2, $r, $r, $red);
imagefilledellipse($img, $x3, $y3, $r, $r, $blue);
imagestring($img, 5, 160, 180, "THREE CIRCLES", $text_color);
header("Content-type:image/gif");        // 设置输出文件的 MIME 类型
imagegif($img);                          // 以 GIF 格式将图像输出到浏览器中
imagedestroy($img);                      // 销毁图像
?>
```

本例中使用带透明度的颜色绘制了 3 个填充圆形，效果如图 7.6 所示。

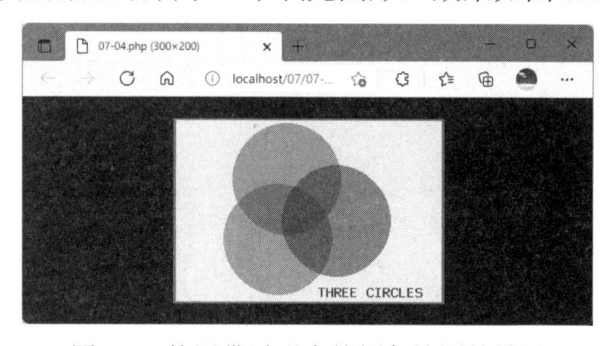

图 7.6 使用带透明度的颜色绘图的效果

## 任务 7.3 绘制图形

准备好画布、颜料和画笔，就可以开始绘画了。同样地，创建图像并为其分配颜色后，就可以在该图像上绘制各种图形了，而 GD 库中的各种画图函数就是所用的画笔。在本任务中，读者将学习和掌握在 PHP 中利用 GD 库函数绘制基本图形的各项技能，能够绘制像素、轮廓图形及填充图形等。

### 📓 任务目标

- 掌握绘制像素的方法
- 掌握绘制轮廓图形的方法
- 掌握绘制填充图形的方法

### 7.3.1 绘制像素

像素是最简单的图形，相当于几何图形中的点，也是构成各种图像的基本要素。在 PHP 中，可以使用 imagesetpixel()函数绘制一个单一像素，语法格式如下。

```
imagesetpixel(resource $image, int $x, int $y, int $color): bool
```

其中，参数 image 表示图像标识符，是图像创建函数的返回值；参数 x、y 用于指定像素在图像上的位置，图像左上角的坐标为（0,0）；参数 color 用于指定绘制图形所用的颜色，是分配颜色函数的返回值。

imagesetpixel()函数会在图像 image 中用颜色 color 在（x,y）坐标处绘制一个点。

【例 7.5】创建一个 PHP 动态网页，用于说明如何使用 imagesetpixel()函数绘制直线和抛物线。源文件为/07/07-05.php，源代码如下。

```php
<?php
define("MAX_WIDTH_PIXEL", 600);
define("MAX_HEIGHT_PIXEL", 260);
$img = imagecreate(MAX_WIDTH_PIXEL, MAX_HEIGHT_PIXEL);  // 创建图像
$bgcolor = imagecolorallocate($img, 255, 255, 255);     // 分配颜色
$red = imagecolorallocate($img, 255, 0, 0);
$blue = imagecolorallocate($img, 0, 0, 255);
$black = imagecolorallocate($img, 0, 0, 0);
$width = MAX_WIDTH_PIXEL / 2;                           // 宽度
$height = MAX_HEIGHT_PIXEL / 2;                         // 高度
imageline($img, $width, 0, $width, MAX_HEIGHT_PIXEL, $black);   // 绘制 y 轴
imageline($img, 0, $height, MAX_WIDTH_PIXEL, $height, $black);  // 绘制 x 轴
for ($x = 0; $x <= MAX_WIDTH_PIXEL; $x += 0.01) {       // 通过循环绘制正弦曲线
    $y1 = 100 * sin($x / 100 * pi());                   // 使用 pi()函数获取圆周率
    @imagesetpixel($img, $x, $height + $y1, $red);      // 在指定位置绘制像素
}
imagestring($img, 5, 236, 80, "Sinusoidal Curve", $blue);       // 标注文字
imagepng($img, "../images/image07_05.png");             // 保存 PNG 图像文件
imagedestroy($img);                                     // 释放图像资源
?>
<!doctype html>
<html>
<head>
<meta charset="utf-8">
<title>绘制正弦曲线</title>
</head>

<body>
<figure style="text-align: center"><img src="../images/image07_05.png">
    <figcaption>绘制正弦曲线</figcaption>
</figure>
</body>
</html>
```

本例中首先使用绘图函数动态生成了坐标轴和正弦曲线的图像，然后通过 HTML 代码将该图像显示在页面中，运行结果如图 7.7 所示。

### 7.3.2 绘制轮廓图形

前面学习了使用 imagesetpixel()函数绘制像素的方法，而像素是构成其他复杂图形的要素。

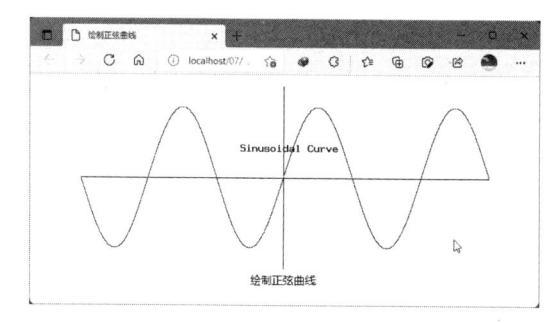

图 7.7 绘制正弦曲线

从理论上讲，只要设计好适当的算法，就可以通过"描点"的方式绘制需要的任何图形。不过，对直线、矩形、多边形、椭圆和椭圆弧等常用轮廓图形而言，GD 库提供了一些现成的绘图函数。使用这些函数可以方便地绘制需要的图形。

（1）使用 imageline()函数在图像中绘制一条线段，语法格式如下。

```
imageline(resource $image, int $x1, int $y1, int $x2, int $y2, int $color):
bool
```

其中，参数 image 表示图像标识符；(x1,y1)表示线段的起点，(x2,y2)表示线段的终点，图像左上角的坐标为（0,0）；参数 color 用于指定画线时用的颜色。

（2）使用 imagedashedline()函数在图像中绘制一条虚线，语法格式如下。

```
imagedashedline(resource $image, int $x1, int $y1, int $x2, int $y2, int $color): bool
```

其中，参数 image 表示图像标识符；(x1,y1)表示虚线的起点，(x2,y2)表示虚线的终点，图像左上角的坐标为（0,0）；参数 color 用于指定画线时用的颜色。

（3）使用 imagerectangle()函数在图像中绘制一个矩形，语法格式如下。

```
imagerectangle(resource $image, int $x1, int y1, int $x2, int $y2, int $color):
bool
```

其中，参数 image 表示图像标识符；(x1,y1)表示矩形左上角的坐标，(x2,y2)表示矩形右下角的坐标，图像左上角的坐标为（0,0）；参数 color 用于指定画线时用的颜色。

（4）使用 imagepolygon()函数在图像中绘制一个多边形，语法格式如下。

```
imagepolygon(resource $image, array $points, int $num_points, int $color): bool
```

其中，参数 image 表示图像标识符；参数 points 是一个数组，包含了多边形的各个顶点坐标，即 points[0] = x0，points[1] = y0，points[2] = x1，points[3] = y1，以此类推；参数 num_points 表示顶点的总数；参数 color 用于指定画线时用的颜色。

（5）使用 imageellipse()函数在图像中绘制一个椭圆，语法格式如下。

```
imageellipse(resource $image, int $cx, int $cy, int $w, int $h, int $color):
bool
```

其中，参数 image 表示图像标识符；参数 cx 和 cy 用于指定椭圆的中心点坐标，图像左上角的坐标为（0,0）；参数 w 和 h 分别用于指定椭圆的宽度和高度；参数 color 用于指定画线时用的颜色。

（6）使用 imagearc()函数在图像中绘制一段椭圆弧，语法格式如下。

```
imagearc(resource $image, int $cx, int $cy, int $w, int $h, int $s, int $e,
int $color): bool
```

其中，参数 image 表示图像标识符；参数 cx 和 cy 用于指定椭圆弧的中心点坐标，图像左上角的坐标为（0,0）；参数 w 和 h 分别用于指定椭圆弧的宽度和高度；参数 s 和 e 用于指定起始点和结束点的角度，0°位于 3 点钟的位置，以顺时针方向进行绘制；参数 color 用于指定画线时用的颜色。

在使用上述函数绘制轮廓图形之前，应该使用 imagecolorallocate()函数为图像分配颜色，还可以使用 imagesetthickness()函数设置画线的宽度，语法格式如下。

```
imagesetthickness(resource $image, int $thickness): bool
```

imagesetthickness()函数将绘制线段、虚线、矩形、多边形、椭圆弧等图形时所用的线条宽度设置为 thickness（以像素为单位）。如果设置成功，则该函数返回 true，否则返回 false。根据测试，使用该函数设置的线条宽度在绘制椭圆时是不起作用的。

【例 7.6】创建一个 PHP 动态网页，用于说明如何绘制各种轮廓图形。源文件为/07/07-06.php，源代码如下。

```php
<?php
$img = imagecreatetruecolor(300, 200);                    // 创建真彩图像
imagesetthickness($img, 3);                               // 设置线条宽度
$white = imagecolorallocate($img, 255, 255, 255);         // 分配白色
$blue = imagecolorallocate($img, 0, 0, 255);              // 分配蓝色
$red = imagecolorallocate($img, 255, 0, 0);               // 分配红色
$black = imagecolorallocate($img, 0, 0, 0);               // 分配黑色
$green = imagecolorallocate($img, 0, 255, 0);             // 分配绿色
imagefilledrectangle($img, 0, 0, 300, 200, $white);       // 绘制填充矩形
imagerectangle($img, 0, 0, 299, 199, $blue);              // 绘制外部矩形
imageline($img, 0, 100, 300, 100, $blue);                 // 绘制水平线
imagedashedline($img, 150, 0, 150, 200, $blue);           // 绘制垂直虚线
imageellipse($img, 75, 50, 120, 80, $red);                // 绘制椭圆
imageellipse($img, 75, 50, 122, 82, $red);                // 绘制椭圆
imageellipse($img, 75, 50, 124, 84, $red);                // 绘制椭圆
imagestring($img, 3, 52, 45, "Ellipse", $black);          // 写椭圆标注
imageellipse($img, 150, 100, 150, 150, $green);           // 绘制正圆
imageellipse($img, 150, 100, 152, 152, $green);           // 绘制正圆
imageellipse($img, 150, 100, 154, 154, $green);           // 绘制正圆
$points = array(225, 10, 285, 85, 165, 85);               // 定义三角形顶点
@imagepolygon($img, $points, 3, $red);                    // 绘制三角形
imagestring($img, 3, 199, 45, "Triangle", $black);        // 写三角形标注
imagerectangle($img, 15, 115, 135, 185, $red);            // 绘制内部矩形
imagestring($img, 3, 45, 143, "Rectangle", $black);       // 写矩形标注
imagearc($img, 225, 150, 110, 75, 170, 10, $red);         // 绘制椭圆弧
imagestring($img, 3, 215, 143, "Arc", $black);            // 写椭圆弧标注
imagegif($img, "../images/profile.png");                  // 以 PNG 格式输出图像
```

```
imagedestroy($img);                                    // 释放图像资源
?>
<!doctype html>
<html>
<head>
<meta charset="utf-8">
<title>绘制轮廓图形</title>
<style>
    h3, p {
        text-align: center;
    }
</style>
</head>

<body>
<?php
if (is_file("profile.png")) {
    echo '<h3>绘制轮廓图形</h3>';
    echo '<p><img src="profile.png"></p>';
}
?>
</body>
</html>
```

本例中首先调用 PHP 绘图函数绘制了矩形、线段、虚线、椭圆、三角形和椭圆弧等轮廓图形并以 PNG 格式输出图像，然后将图像插入页面。运行结果如图 7.8 所示。

### 7.3.3 绘制填充图形

前面介绍了绘制矩形、多边形、椭圆和椭圆弧等轮廓圆形的函数，如果要绘制矩形、多边形、椭圆和椭圆弧并加以填充，则可以使用以下函数来实现。

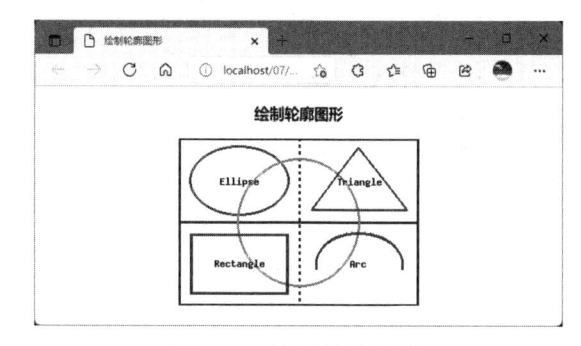

图 7.8 绘制轮廓图形

（1）使用 imagefilledrectangle()函数在指定图像中绘制一个矩形并填充，语法格式如下。

```
imagefilledrectangle(resource $image, int $x1, int $y1, int x2, int $y2, int $color): bool
```

imagefilledrectangle()函数在图像 image 中绘制一个用颜色 color 填充的矩形，该矩形左上角的坐标为（x1,y1），右下角的坐标为（x2,y2）。图像左上角的坐标为（0,0）。

（2）使用 imagefilledpolygon()函数在指定图像中绘制一个多边形并加以填充，语法格式如下。

```
imagefilledpolygon(resource $image, array $points, int $num_points, int $color): bool
```

imagefilledpolygon()函数在图像 image 中绘制一个用颜色 color 填充的多边形。参数 points 是一个按顺序包含多边形各顶点坐标的数组；参数 num_points 表示顶点的总数，必须大于 3。

（3）使用 imagefilledellipse()函数在指定图像中绘制一个椭圆并加以填充，语法格式如下。

```
imagefilledellipse(resource $image, int $cx, int $cy, int $w, int $h, int $color): bool
```

imagefilledellipse()函数在图像 image 中以（cx,cy）为中心点绘制一个用颜色 color 填充的椭圆。参数 w 和 h 分别用于指定椭圆的宽度和高度。如果绘制成功，则该函数返回 true，否则返回 false。

（4）使用 imagefilledarc()函数在图像中绘制一个椭圆弧并加以填充，语法格式如下。

```
imagefilledarc(resource $image, int $cx, int $cy, int $w, int $h, int $s, int $e, int $color, int $style): bool
```

imagefilledarc()函数在图像 image 中以（cx,cy）为中心点绘制一段用颜色 color 填充的椭圆弧。参数 w 和 h 分别用于指定椭圆弧的宽度和高度；参数 s 和 e 分别以角度形式指定了椭圆弧的起点和终点；参数 style 是下列值按二进制位进行或运算后的值。

- IMG_ARC_PIE：产生圆形边界。
- IMG_ARC_CHORD：仅使用直线连接起点和终点。
- IMG_ARC_NOFILL：弧或弦只有轮廓，不填充。
- IMG_ARC_EDGED：使用直线将起点和终点与中心点连接。

其中，IMG_ARC_PIE 和 IMG_ARC_CHORD 互斥，如果同时使用这两者，则 IMG_ARC_CHORD 生效。IMG_ARC_EDGED 和 IMG_ARC_NOFILL 一起使用是画饼状图轮廓的好方法。

如果画图成功，则该函数返回 true，否则返回 false。

（5）使用 imagefill()函数进行区域填充，语法格式如下。

```
imagefill(resource $image, int $x, int $y, int $color): bool
```

imagefill()函数在图像 image 的（x,y）坐标处用颜色 color 进行区域填充，即与（x,y）点颜色相同且相邻的点都会被填充。

【例 7.7】创建一个 PHP 动态网页，用于说明如何调用相关函数绘制各种填充图形。源文件为/07/07-07.php，源代码如下。

```php
<?php
// 定义一个绘制五角星的函数
// $img 表示图像标识符，$x 和$y 表示顶点坐标，$r 表示半径，$color 表示画图时用的颜色
function draw_five_start($img, $x, $y, $r, $color) {
    $sin18 = sin(18 * M_PI / 180);        // 预定义常量 M_PI=3.1415926535898
    $cos18 = cos(18 * M_PI / 180);
    $tan18 = tan(18 * M_PI / 180);
    $sin36 = sin(36 * M_PI / 180);
    $cos36 = cos(36 * M_PI / 180);
    $tan36 = tan(36 * M_PI / 180);
```

```php
    // 计算10个顶点的坐标
    $x1 = $x;
    $y1 = $y;
    $x2 = $x1 + ($r - $r * $sin18) * $tan18;
    $y2 = $y1 + $r - $r * $sin18;
    $x3 = $x1 + $r * $cos18;
    $y3 = $y1 + $r - $r * $sin18;
    $x4 = $x1 + ($r - $r * $sin18) * $tan18 + 2 * ($r - $r * $sin18) * $sin18 * $tan18;
    $y4 = $y1 + $r - $r * $sin18 + 2 * ($r - $r * $sin18) * $sin18;
    $x5 = $x1 + $r * $sin36;
    $y5 = $y1 + $r + $r * $cos36;
    $x6 = $x1;
    $y6 = $y1 + 2 * ($y2 - $y1);
    $x7 = $x1 - $r * $sin36;
    $y7 = $y1 + $r + $r * $cos36;
    $x8 = $x1 - ($r - $r * $sin18) * $tan18 - 2 * ($r - $r * $sin18) * $sin18 * $tan18;
    $y8 = $y4;
    $x9 = $x1 - $r * $cos18;
    $y9 = $y1 + $r - $r * $sin18;
    $x10 = $x1 - ($r - $r * $sin18) * $tan18;
    $y10 = $y1 + $r - $r * $sin18;
    $points = array($x1, $y1, $x2, $y2, $x3, $y3, $x4, $y4, $x5, $y5,
        $x6, $y6, $x7, $y7, $x8, $y8, $x9, $y9, $x10, $y10);  // 用数组存储所有顶点坐标
    @imagefilledpolygon($img, $points, 10, $color);// 绘制由10边形组成的填充五角星
}
$img = imagecreatetruecolor(400, 170);                  // 创建真彩色图像
$bgc = imagecolorallocate($img, 168, 253, 96);          // 设置图像背景填充颜色
$border = imagecolorallocate($img, 0, 0, 0);            // 分配颜色
$blue = imagecolorallocate($img, 0, 0, 255);            // 分配颜色
$magenta = imagecolorallocate($img, 255, 0, 255);       // 分配颜色
$red = imagecolorallocate($img, 255, 0, 0);             // 分配颜色
imagefill($img, 0, 0, $bgc);                            // 执行区域填充
imagerectangle($img, 0, 0, 399, 169, $border);          // 绘制轮廓矩形
// 绘制各种填充图形
draw_five_start($img, 80, 5, 45, $red);                 // 绘制第一个五角星
draw_five_start($img, 200, 5, 45, $blue);               // 绘制第二个五角星
draw_five_start($img, 320, 5, 45, $magenta);            // 绘制第三个五角星
imagefilledellipse($img, 80, 130, 90, 60, $red);        // 绘制填充椭圆
imagefilledrectangle($img, 160, 105, 235, 158, $blue);  // 绘制填充矩形
// 绘制一个填充的椭圆弧
imagefilledarc($img, 320, 130, 90, 60, 180, 0, $magenta, IMG_ARC_PIE);
// 绘制一个不填充的椭圆弧
imagefilledarc($img, 320, 130, 90, 60, 0, 180, $magenta, IMG_ARC_NOFILL);
imagepng($img, "../images/fill.png");                   // 以PNG格式输出图像
imagedestroy($img);                                     // 释放图像关联的内存
```

```
?>
<!doctype html>
<html>
<head>
<meta charset="utf-8">
<title>绘制轮廓图形</title>
<style>
    h3, p {
        text-align: center;
    }
</style>
</head>

<body>
<?php
if (is_file("./images/fill.png")) {
    echo '<h3>绘制填充图形</h3>';
    echo '<p><img src="../images/fill.png"></p>';
}
?>
</body>
</html>
```

本例中通过调用 PHP 绘图函数绘制了五角星（由 10 条边组成的多边形）、椭圆、矩形、椭圆弧等填充图形并以 PNG 格式输出图像，然后将生成的图像插入页面。运行结果如图 7.9 所示。

图 7.9　绘制填充图形

## 任务 7.4　绘制文本

在创建一个 GD 图像后，除了绘制各种轮廓图形和填充图形，还可以在图像中绘制文本。例如，为某些图形添加标注文字或随机生成验证码。向图像中写入文本有多种方式，既可以写入单个字符，也可以写入一个字符串。图像中的文本信息还可以通过点阵字体或 TrueType 字体显示出来。在本任务中，读者将学习和掌握在 GD 图像中绘制文本的方法。

### 任务目标

- 掌握绘制单个字符的方法

- 掌握绘制字符串的方法
- 掌握绘制中文文本的方法

### 7.4.1 绘制单个字符

调用 GD 库中的以下两个函数可以向图像中写入字符。

（1）使用 imagechar()函数沿水平方向在图像中绘制一个字符，语法格式如下。

```
imagechar(resource $image, int $font, int $x, int $y, string $char, int $color): bool
```

imagechar()函数将字符串 char 的首字符水平地绘制在图像 image 中，其左上角的坐标为（x,y），颜色为 color。如果 font 为 1、2、3、4 或 5，则使用内置字体，且数字越大，字号就越大。

（2）使用 imagecharup()函数沿垂直方向在图像中绘制一个字符，语法格式如下。

```
imagecharup(resource $image, int $font, int $x, int $y, string $char, int $color): bool
```

imagecharup()函数将字符串 char 的首字符垂直地绘制在图像 image 指定的（x,y）处，颜色为 color。如果 font 为 1、2、3、4 或 5，则使用内置字体。

【例 7.8】创建两个 PHP 动态网页，分别用于生成图片验证码和模拟网站登录。用于生成图片验证码的源文件为/07/vcode.php，源代码如下。

```php
<?php
if (!isset($_SESSION)) session_start();      // 启动会话
$w = 80;                                      // 图片宽度
$h = 20;                                      // 图片高度
$str = array();
$vcode = "";
$string = "abcdefghijklmnopqrstuvwxyz0123456789";
for ($i = 0; $i < 4; $i++) {                  // 随机生成一个验证码
    $str[$i] = $string[rand(0, 35)];          // 使用 rand()函数产生一个 0~35 的随机整数
    $vcode .= $str[$i];
}
$_SESSION["vcode"] = $vcode;                  // 将验证码保存在会话变量中
$img = imagecreatetruecolor($w, $h);          // 创建一个真彩色图像
$white = imagecolorallocate($img, 255, 255, 255);   // 分配颜色
$blue = imagecolorallocate($img, 0, 0, 255);
imagefilledrectangle($img, 0, 0, $w, $h, $white);   // 使用白色绘制并填充矩形
imagerectangle($img, 0, 0, $w - 1, $h - 1, $blue);  // 使用蓝色绘制图像边框
// 以下循环语句用于生成图像的雪花背景
for ($i = 1; $i < 200; $i++) {
    $x = mt_rand(1, $w - 10);                 // 使用 mt_rand()函数生成随机数
    $y = mt_rand(1, $h - 10);
    $color = imagecolorallocate($img, mt_rand(200, 255),
        mt_rand(200, 255), mt_rand(200, 255));    // 随机生成一种颜色
    imagechar($img, 1, $x, $y, "*", $color);  // 向图像中写入一个星号
```

```php
    }
    // 以下循环语句用于将验证码写入图像
    for ($i = 0; $i < count($str); $i++) {
        $x = 13 + $i * ($w - 15) / 4;
        $y = mt_rand(3, $h / 5);
        $color = imagecolorallocate($img, mt_rand(0, 225), mt_rand(0, 150), mt_rand(0, 225));
        @imagechar($img, 5, $x, $y, $str[$i], $color);
    }
    header("Content-type:image/gif");
    imagegif($img);                                    // 以 GIF 格式向浏览器输出图像
    imagedestroy($img);
?>
```

源文件/07/vcode.php 用于随机生成图片验证码,它每运行一次都会生成一个不同的验证码并将该验证码保存到会话变量中。该文件可以作为图片应用在网站登录页面中,该登录页面的源文件为/07/07-08.php,源代码如下。

```php
<?php
    if (!isset($_SESSION)) {
        session_start();                               // 启动会话
    }
    $result = "";                                      // 变量初始化
    if ($_POST) {                                      // 若提交表单
        $user = array("username" => "admin", "password" => "admin");    // 使用数组保存用户名和密码
        // 检查验证码
        if ($_SESSION["vcode"] != $_POST["vcode"]) {   // 若提交的验证码不正确
            $result = "err";                           // 设置状态变量为 err
            // 若验证码正确,则继续检查用户名和密码
        } elseif ($_POST["username"] == $user["username"] && $_POST["password"] == $user["password"]) {
            $_SESSION["username"] = $_POST["username"];
            $result = "ok";                            // 设置状态变量为 ok
        } else {                                       // 若用户名和密码不正确
            echo '<script>';
            echo 'alert("用户名或密码错误,登录失败!");';
            echo '</script>';
        }
    }
?>
<!doctype html>
<html>
<head>
<meta charset="utf-8">
<title>网站登录</title>
<script>
    function hide() {                                  // 定义函数,用于隐藏错误信息
        document.getElementById("err").style.display = "none";
```

```
        }
        window.setTimeout("hide()", 3000);           // 3s 之后隐藏错误信息
</script>
<style>
    fieldset {
        width: 380px;
        margin: 0 auto;
        border-radius: 6px;
        box-shadow: 3px 3px 3px grey;
    }
    legend {
        font-weight: bold;
        padding: 3px 12px;
    }
    table {
        margin: 0 auto;
    }
    td {
        padding: 5px;
    }
    td:first-child {
        text-align: right;
    }
    h3, p {
        text-align: center;
    }
    #err {
        color: red;
        font-size: small;
    }
    img {
        vertical-align: bottom;
    }
</style>
</head>

<body>
<?php if ($result != "ok") {  // 若状态变量不为 ok ?>
<form id="from1" method="post" action="">
    <fieldset>
        <legend>网站登录</legend>
        <table>
            <tr>
                <td><label for="username">用户名：</label></td>
                <td><input id="username" name="username" type="text"
                        value="<?php echo ($_POST["username"] ?? "")?>"
                        required placeholder="请输入用户名"></td>
            </tr>
            <tr>
                <td><label for="password">密码：</label></td>
```

```
                    <td><input id="password" name="password" type="password"
                        value="<?php echo ($_POST["password"] ?? "")?>"
                        required placeholder="请输入密码"></td>
                </tr>
                <tr>
                    <td style="vertical-align: top;"><label for="vcode">验证码：</label></td>
                    <td><input id="vcode" name="vcode" type="text"
                        value="<?php echo ($_POST["vcode"] ?? "")?>"
                        required placeholder="请输入验证码"                    >
                        <img src="vcode.php" onclick="this.src='vcode.php?d='+Math.random();"
                            title="单击此处刷新验证码">
                        <?php if ($result == "err") echo "<br><span id=\"err\">验证码错误！</span>"; ?></td>
                </tr>
                <tr>
                    <td> </td>
                    <td><input name="login" type="submit" value="登录">  
                        <input type="reset" value="重置"></td>
                </tr>
            </table>
        </fieldset>
    </form>
<?php } else {                                          // 若状态变量值为ok
    printf("<h3>网站首页</h3>");
    printf("<hr>");
    printf("<p>%s, 欢迎您访问本网站！</p>", $_SESSION["username"]);
}
?>
</body>
</html>
```

上述源文件中创建了一个登录表单，用户在登录时需要输入用户名、密码和验证码。当用户单击"登录"按钮时，将通过 PHP 脚本对输入的验证码进行检查。如果用户输入的验证码与图片中显示的验证码不匹配，则显示红色错误信息，如图 7.10 所示；如果用户输入的验证码与图片中显示的验证码一致，则通过 PHP 脚本对用户名和密码进行验证，如果与数组中存储的信息匹配，则登录成功，从而进入网站首页，如图 7.11 所示。

图 7.10　显示红色错误信息　　　　　　　　图 7.11　进入网站首页

## 7.4.2 绘制字符串

使用逐个写字符的方式也可以向图像中写入一个字符串，但这样做每次都需要计算字符的位置并从字符串中取出要输出的字符，操作起来颇为麻烦。如果希望快速地向图像中写入一个字符串，则可以调用以下两个函数。

（1）使用 imagestring()函数沿水平方向在图像中绘制一个字符串，语法格式如下。

```
imagestring(resource $image, int $font, int $x, int $y, string $str, int $color): bool
```

imagestring()函数用颜色 color 将字符串 str 沿水平方向绘制到图像 image 的（x,y）坐标处，这是字符串左上角的坐标，图像左上角的坐标为（0,0）。如果参数 font 为 1、2、3、4 或 5，则使用内置字体。

（2）使用 imagestringup()函数沿垂直方向在图像中绘制一个字符串，语法格式如下。

```
imagestringup(resource $image, int $font, int $x, int $y, string $str, int $color): bool
```

imagestringup()函数用颜色 color 将字符串 str 沿垂直方向绘制到图像 image 的（x,y）坐标处，这是字符串左上角的坐标，图像左上角的坐标为（0,0）。如果参数 font 为 1、2、3、4 或 5，则使用内置字体。

【例 7.9】创建一个 PHP 动态网页，用于说明如何在图像中绘制水平文本和垂直文本。源文件为/07/07-09.php，源代码如下。

```php
<?php
$w = 368;                                               // 设置图像宽度
$h = 200;                                               // 设置图像高度
$img = imagecreate($w, $h);                             // 创建一个基于调色板的图像
$bgc = imagecolorallocate($img, 225, 255, 232);         // 设置图像背景填充颜色
$border = imagecolorallocate($img, 0, 128, 255);        // 分配颜色
$red = imagecolorallocate($img, 255, 0, 0);             // 分配颜色
$green = imagecolorallocate($img, 0, 255, 0);           // 分配颜色
$blue = imagecolorallocate($img, 0, 0, 255);            // 分配颜色
$purple = imagecolorallocate($img, 128, 0, 255);        // 分配颜色
imagesetthickness($img, 3);                             // 设置线条宽度
imagerectangle($img, 0, 0, $w - 1, $h - 1, $border);    // 绘制一个轮廓矩形
$str = "imagestring: Draw a string horizontally.";      // 设置字符串内容
imagestring($img, 2, 5, 10, $str, $red);                // 绘制水平字符串
imagestring($img, 3, 5, 35, $str, $green);              // 绘制水平字符串
imagestring($img, 4, 5, 60, $str, $blue);               // 绘制水平字符串
imagestring($img, 5, 5, 85, $str, $purple);             // 绘制水平字符串
$str = "GD Library";                                    // 设置字符串内容
imagestringup($img, 2, 50, 190, $str, $red);            // 绘制垂直字符串
imagestringup($img, 3, 130, 190, $str, $green);         // 绘制垂直字符串
imagestringup($img, 4, 210, 190, $str, $blue);          // 绘制垂直字符串
imagestringup($img, 5, 290, 190, $str, $purple);        // 绘制垂直字符串
imagegif($img, "../images/text.gif");                   // 以 GIF 格式输出图像到文件中
```

```
imagedestroy($img);                                          // 销毁图像
?>
<!doctype html>
<html>
<head>
<meta charset="utf-8">
<title>在图像中绘制文本</title>
</head>

<body>
<?php
if (is_file("../images/text.gif")) {
    echo '<div style="text-align: center"><img src="../images/text.gif"></div>';
    echo '<div style="text-align: center">在图像中绘制文本</div>';
}
?>
</body>
</html>
```

本例中使用 PHP 代码创建了一个图像并在其中绘制了一些文本。运行结果如图 7.12 所示。

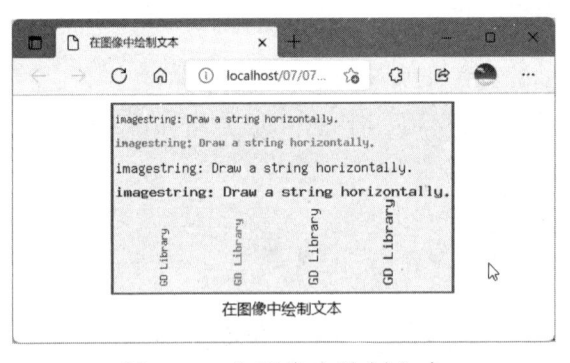

图 7.12　在图像中绘制文本

### 7.4.3　绘制中文文本

使用 imagechar() 和 imagestring() 等函数可以方便地向图像中写入字符和字符串。但是，这些函数都有一个局限性，即只能向图像中写入英文文本，而不能向图像中写入中文文本。如果要向图像中写入中文文本，则需要使用 imagettftext() 函数实现，这样就可以使用 TrueType 字体向图像中写入文本内容，语法格式如下。

```
imagettftext(resource $mage, float $size, float $angle,
    int $x, int $y, int $color, string $fontfile, string $text ): array
```

其中，参数 image 为由图像创建函数返回的图像标识符。参数 size 用于指定字体的尺寸，根据 GD 库的版本不同，单位可以是像素（GD1）或磅（GD2）；参数 angle 为用角度制表示的角度，0°表示从左向右读的文本，更高数值表示逆时针旋转，例如，90°表示从下向上读的文本；由参数 x 和 y 表示的坐标定义了第一个字符的基本点（字符的左下角坐标）；参数 color 为颜色索引，使用负的颜色索引值具有关闭防锯齿的效果；参数 fontfile 为想要使用的 TrueType

字体的路径；参数 text 为使用 UTF-8 编码的文本字符串。

imagettftext()函数返回一个含有 8 个元素的数组，表示文本外框的 4 个角的坐标，其顺序为左下角、右下角、右上角和左上角。这些角是相对于文本来说的，与角度无关，因此"左上角"指的是以水平方向看文字时文本的左上角。

【例 7.10】创建一个 PHP 动态网页，用于说明如何在图像中绘制中文文本。源文件为 /07/07-10.php，源代码如下。

```php
<?php
// 创建真彩色图像
$img = imagecreatetruecolor(390, 100);
// 分配颜色
$white = imagecolorallocate($img, 0xff, 0xff, 0xff);
$grey1 = imagecolorallocate($img, 0x66, 0x66, 0x66);
$grey2 = imagecolorallocate($img, 0x33, 0x33, 0x33);
$bgc = imagecolorallocate($img, 0x17, 0x23, 0x9a);
$yellow1 = imagecolorallocate($img, 0xff, 0xcc, 0x05);
$yellow2 = imagecolorallocate($img, 0xff, 0xff, 0);
$text = "世上无难事 只要肯登攀";
// 设置字体文件
$font = getcwd() . "\\fonts\\sushiti.ttf";
imagefill($img, 0, 0, $white);                                   // 填充区域
imagefilledrectangle($img, 2, 30, 380, 78, $bgc);                // 绘制填充矩形
$pts1 = array(2, 15, 12, 5, 390, 5, 380, 15);                    // 设置多边形顶点
$pts2 = array(380, 15, 390, 5, 390, 75, 380, 85);                // 设置另一个多边形顶点
@imagefilledpolygon($img, $pts1, 4, $yellow1);                   // 绘制填充多边形
@imagefilledpolygon($img, $pts2, 4, $grey1);                     // 绘制另一个填充多边形
imagefilledrectangle($img, 2, 15, 380, 85, $bgc);                // 绘制一个填充矩形
imagettftext($img, 24, 0, 20, 65, $grey2, $font, $text);         // 写入中文文本（灰色）
imagettftext($img, 24, 0, 16, 61, $yellow2, $font, $text);       // 写入中文文本（黄色）
imagepng($img, "../images/cntext.png");                          // 以 PNG 格式输出图像
imagedestroy($img);                                              // 销毁图像
?>
<!doctype html>
<html>
<head>
<meta charset="utf-8">
<title>绘制中文文本</title>
</head>

<body>
<?php
if (is_file("../images/cntext.png")) {
    echo '<div style="text-align: center"><img src="../images/cntext.png"></div>';
    echo '<div style="text-align: center">绘制中文文本</div>';
}
?>
</body>
```

```
</html>
```

本例中首先通过 PHP 脚本创建一个图像并在其中绘制图形和中文文本，然后将生成的图像添加到当前页面中。运行结果如图 7.13 所示。

图 7.13  绘制中文文本

# 项 目 思 考

### 一、选择题

1. 要用 PHP 绘制一个矩形，可以使用（　　）函数来实现。

A．imageline()                           B．imagedashedline()

C．imagerectangle()                      D．imageellipse()

2. 使用（　　）函数可以在图像中绘制一个椭圆并加以填充。

A．imagefilledrectangle()                B．imagefilledpolygon()

C．imagefilledellipse()                  D．imagefilledarc()

3. 在使用 imagefilledarc() 函数时，若要用直线连接起点、终点与中心点，则应将 style 参数值设置为（　　）。

A．IMG_ARC_PIE                           B．IMG_ARC_CHORD

C．IMG_ARC_NOFILL                        D．IMG_ARC_EDGED

### 二、判断题

1. 使用 gd_info() 函数可以获取当前安装的 GD 库的相关信息。（　　）

2. 使用 imagecreate() 函数可以创建一个真彩色图像。（　　）

3. 在使用 imagejpeg() 函数时，若要跳过文件名而提供后面的参数，则应将文件名设置为空字符串。（　　）

4. 使用函数 imagecolorallocate() 可以为一个图像分配颜色和透明度。（　　）

5. 使用 imagepolygon() 函数可以在图像中绘制一个轮廓多边形。（　　）

6. 使用 imagestring() 函数可以在图像中绘制一个中英文字符串。（　　）

### 三、简答题

1. 要启用 PHP GD 扩展功能，有哪两种设置方式？

2．如何在 PHP 中测试 GD 库是否已加载？

3．在 PHP 中，使用 GD 库绘图主要有哪些步骤？

4．在 PHP 中，创建图像主要有哪两种方式？

5．在 PHP 中，输出图像通常有哪两种方式？

6．要向图像中写入中文文本，需要注意什么？

## 项 目 实 训

1．创建一个 PHP 动态网页，用于检测 GD 库是否加载成功并列出该库中的所有函数。

2．创建一个 PHP 动态网页，分别用于创建基于调色板的图像、真彩色图像和基于文件的图像。

3．创建一个 PHP 动态网页，用于创建图像并绘制矩形、椭圆和文本，并将图像输出到浏览器中。

4．创建一个 PHP 动态网页，使用带透明度的颜色绘制 3 个部分叠加的矩形。

5．创建一个 PHP 动态网页，使用 imagesetpixel()函数绘制直线和抛物线。

6．创建一个 PHP 动态网页，用于创建图像并绘制矩形、三角形、椭圆和圆弧等轮廓图形。

7．创建一个 PHP 动态网页，用于创建图像并绘制矩形、三角形、椭圆和五角星等填充图形。

8．创建两个 PHP 动态网页，一个用于生成图像验证码，一个用于模拟网站登录页面（包含图像验证码）。

9．创建一个 PHP 动态网页，用于创建图像并在其中绘制中文文本。

# 项目 8

# MySQL 数据库管理

MySQL 是一个小型关系数据库管理系统，具有体积小、速度快、总体成本低及开放源码等特点。由于 MySQL 和 PHP 都可以免费使用，所以 PHP 动态网站开发通常会选择 MySQL 作为网站的后台数据库。在本项目中，读者将学习和掌握 MySQL 数据库应用与管理的各项操作技能，能够使用各种管理工具创建与维护数据库、操作和查询数据、使用和管理各种数据库对象，以及进行安全性管理等。

## 项目目标

- 掌握使用 MySQL 管理工具的技能
- 掌握创建与管理数据库的技能
- 掌握创建与维护表的技能
- 掌握数据操作与查询的技能
- 掌握使用其他数据库对象的技能
- 掌握备份与恢复数据库的技能
- 掌握安全性管理的技能

## 任务 8.1 使用 MySQL 管理工具

MySQL 是由一个多线程 SQL 服务器、多种客户端程序、管理工具及编程接口组成的。在本任务中，读者将学习和掌握 3 种 MySQL 管理工具的使用方法，为创建和管理 MySQL 数据库打下基础。

### 任务目标

- 掌握 MySQL 命令行工具的用法
- 掌握 Navicat for MySQL 的用法
- 掌握 PhpStorm 数据库管理功能的用法

## 8.1.1 使用 MySQL 命令行工具

MySQL 命令行工具 mysql 是一个简单的 SQL 外壳。在 Windows 中打开命令提示符窗口，就可以通过以下命令调用 mysql 工具。

```
mysql -h<hostname> -u<username> -p<password>
```

其中，<hostname>用于指定要连接的 MySQL 服务器的主机名，如果要连接本地主机上的 MySQL 服务器，则主机名可以用<localhost>表示；<username>用于指定用户名；<password>表示登录密码。如果使用了-p 选项而未指定密码，则会显示"Enter Password:"，提示用户输入密码。

例如，要以 root 用户身份连接本地主机上的 MySQL 服务器，可以输入以下命令。

```
mysql -hlocalhost -uroot -p
```

在命令提示符窗口中输入正确的密码后，将显示欢迎信息并出现 mysql 提示符和光标，如图 8.1 所示。

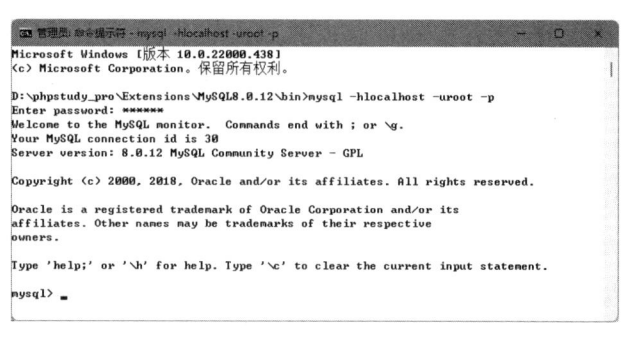

图 8.1 命令提示符窗口

在 mysql 提示符后面可以输入一个 SQL 语句并以";"、"\g"或"\G"结尾，然后按回车键执行该语句。如果要退出 mysql 工具，可以执行 quit 或 exit 命令。

表 8.1 列出了 mysql 工具的常用命令，每个命令有长形式和短形式。长形式命令对大小写不敏感；短形式命令对大小写敏感。长形式命令后面可以加一个分号结束符，但短形式命令不可以。

表 8.1 mysql 工具的常用命令

| 命　　令 | 说　　明 |
|---|---|
| connect, \r | 重新连接服务器，可选参数为 db 和 host |
| delimiter, \d | 设置语句定界符，将本行中的其余内容作为新的定界符。在该命令中，应避免使用反斜线 "\" |
| go, \g | 将命令发送到 MySQL 服务器中 |
| help, \h | 显示帮助信息 |
| quit, \q | 退出 mysql 工具 |
| source, \. | 执行一个 SQL 脚本文件，以文件名为参数 |
| status, \s | 通过服务器获取状态信息。此命令提供连接和使用的服务器相关的部分信息 |
| use, \u | 使用另一个数据库，以数据库名为参数 |

在一般情况下，我们是以交互方式使用 mysql 工具的。不过，也可以事先将要执行的 SQL 语句保存到一个文件中，然后通过 mysql 工具从该文件中读取输入。因此，首先创建一个文本文

件 sql_file.sql（称为脚本文件），并输入想要执行的 SQL 语句，然后按以下方式调用 mysql 工具。

```
mysql db_name < sql_file.sql
```

其中，db_name 用于指定要访问的数据库。

如果在脚本文件中包含一个 use 语句，则不需要在命令行中指定数据库。

```
mysql < sql_file.sql
```

如果正在运行 mysql 工具，则可以使用 source 或 \. 命令执行 SQL 脚本文件。

```
mysql> source filename;
mysql> \. filename;
```

【例 8.1】首先运行 MySQL 命令行工具 mysql，然后执行 status 命令，查看当前 MySQL 服务器的相关信息。操作步骤如下。

（1）按组合键 Win+R，打开"运行"对话框。

（2）在"打开"文本框中输入命令"cmd"，进入命令提示符窗口。

（3）切换到 mysql 工具所在目录（如 D:\phpstudy_pro\Extensions\MySQL8.0.12\bin），然后在命令提示符窗口中输入以下命令。

```
mysql -hlocalhost -uroot -p
```

（4）在输入密码并登录成功后，在 mysql 提示符后面输入命令"status"并按回车键，此时可以看到当前 MySQL 版本号、当前用户及服务器端字符设置等信息，如图 8.2 所示。

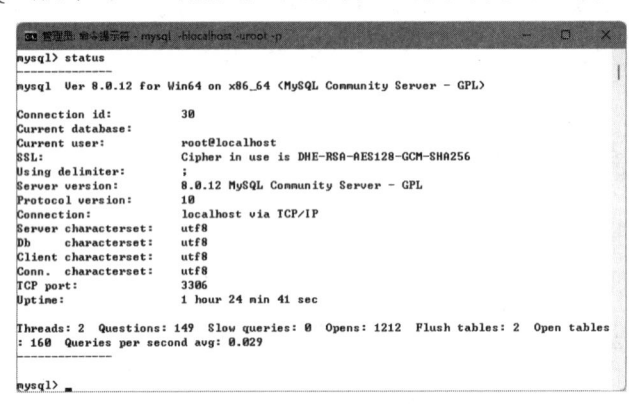

图 8.2　查看当前 MySQL 服务器的相关信息

（5）输入命令"quit"，退出 mysql 工具。

## 8.1.2　使用 Navicat for MySQL

Navicat for MySQL 是由 PremiumSoft 公司出品的用于管理 MySQL 数据库的桌面应用程序。使用它能同时连接 MySQL 和 MariaDB 数据库，并与 Amazon RDS、Amazon Aurora、Oracle Cloud、Microsoft Azure、阿里云、腾讯云和华为云等云数据库兼容。它提供了智能数据库设计器、简单的 SQL 编辑、无缝数据迁移及多元化操作工具，为 MySQL 数据库管理、开发和维护提供了一款直观且强大的图形界面。

要使用 Navicat for MySQL 创建和管理 MySQL 数据库，首先需要创建和打开 MySQL 连接，操作步骤如下。

（1）启动 Navicat for MySQL 应用程序。

（2）选择"文件"→"新建连接"→"MySQL"命令，如图 8.3 所示。

（3）打开"正在测试-MySQL-新建连接"对话框之后，输入连接名、主机、端口、用户名和密码，并单击"测试连接"按钮。

（4）在弹出的对话框中看到连接成功的提示信息时，单击"确定"按钮，如图 8.4 所示。

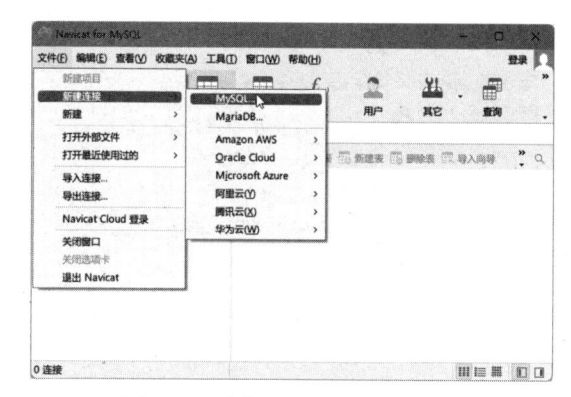

图 8.3　选择"MySQL"命令

（5）再次单击"确定"按钮，完成 MySQL 连接的创建。

（6）创建的 MySQL 连接将出现在导航窗格中，对其进行双击，即可打开这个连接，如图 8.5 所示。此时可以看到 MySQL 服务器上所有的数据库。

图 8.4　测试连接

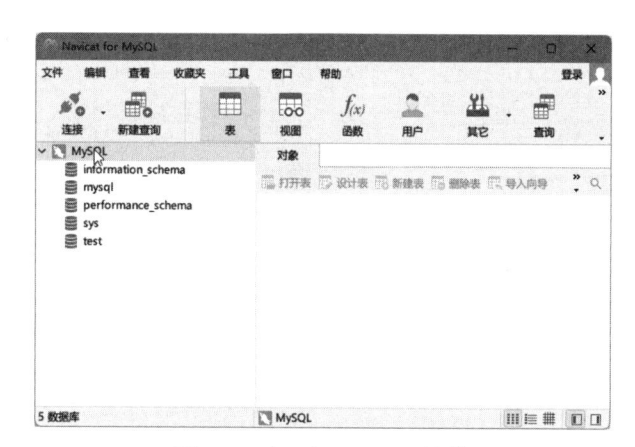

图 8.5　打开 MySQL 连接

打开 MySQL 连接之后，即可对现有的数据库进行管理，也可以创建新的数据库，并在数据库中创建各种对象。此外，还可以选择"工具"→"命令列界面"命令或者按 F6 键，打开 MySQL 命令行工具，并以命令行的方式执行各种操作。

### 8.1.3　使用 PhpStorm 数据库管理功能

PhpStorm 作为一个功能强大的 PHP 开发工具，不仅对 PHP 提供了支持，而且对前端 HTML、CSS、JavaScript 也提供了很好的支持。此外，它集成了包含数据库管理在内的很多实用功能。PhpStorm 支持目前流行的各种数据库，如 SQL Server、MySQL、DB2 及 Oracle 等。下面介绍如何使用 PhpStorm 数据库管理工具配置 MySQL 数据库连接。

（1）单击应用程序窗口右侧的"数据库"按钮，如图 8.6 所示，展开"数据库"窗口。

（2）单击"数据库"窗口左上角的加号按钮，从弹出的菜单中选择"数据源"→"MySQL"

命令，创建 MySQL 数据源，如图 8.7 所示。

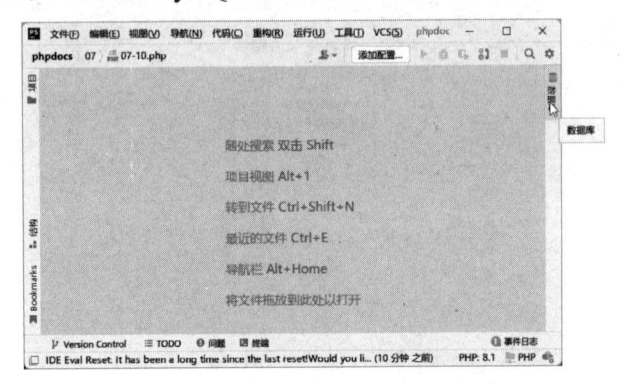

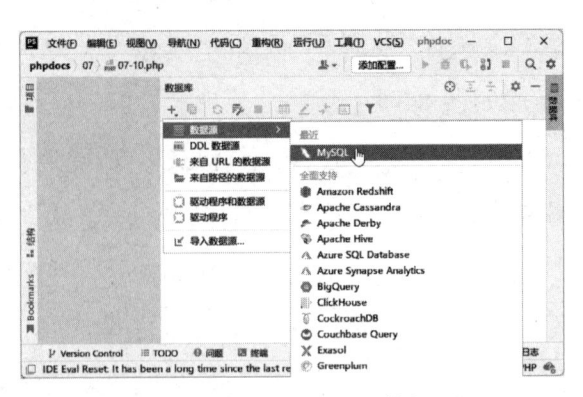

图 8.6　单击"数据库"按钮　　　　图 8.7　创建 MySQL 数据源

（3）在如图 8.8 所示的"数据源和驱动程序"对话框中，输入数据源名称、主机、用户和密码（数据库留空），单击"测试连接"链接，当出现"已成功"字样时，单击"确定"按钮。

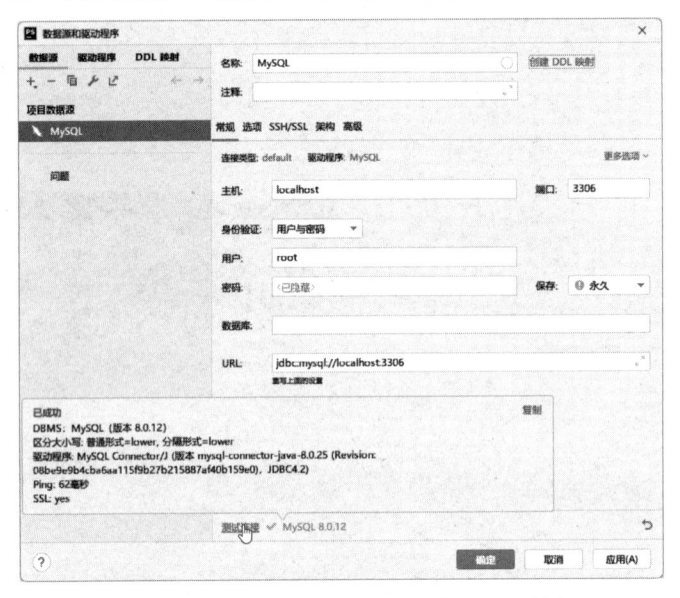

图 8.8　"数据源和驱动程序"对话框

（4）完成 MySQL 数据源配置后，将看到"数据库"窗口中列出了所有的用户数据库，如图 8.9 所示。

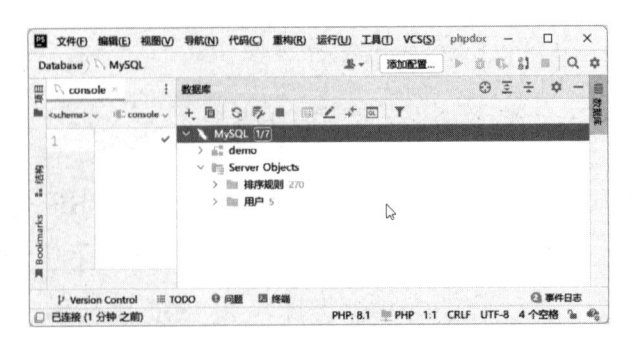

图 8.9　完成 MySQL 数据源配置后的"数据库"窗口

配置好 MySQL 连接后，就可以在"数据库"窗口中创建新的数据库（架构）、用户及角色等，也可以在现有数据库中创建表和视图等对象，还可以在表中输入新的数据，或者修改已有的数据。此外，利用数据操作控制台可以直接执行和测试 SQL 语句，而通过测试的 SQL 语句可以被用在 PHP 代码中。

## 任务 8.2　创建与管理数据库

数据库是与特定主题或用途相关的数据和对象的容器，被存储在一个或多个磁盘文件中。MySQL 数据库中包含表、视图、存储过程、函数及触发器等。要使用数据库存储数据和其他对象，首先要创建数据库。在本任务中，读者将学习和掌握创建与管理数据库的各项操作技能，能够创建数据库、查看数据库列表及删除数据库。

### 任务目标

- 掌握创建数据库的方法
- 掌握查看数据库列表的方法
- 掌握删除数据库的方法

### 8.2.1　创建数据库

在 MySQL 中，可以使用 create database 语句创建数据库，语法格式如下。

```
create database [if not exists] db_name
[[default] character set charset_name]
[default] collate collation_name]
```

其中，db_name 用于指定要创建的数据库的名称。如果已经存在同名数据库，并且没有指定 if not exists，则会出现错误。

character set 用于指定默认字符集；collate 用于指定默认排序规则。若省略 character set 和 collate 子句，则创建的数据库将使用 MySQL 配置文件 my.ini 中的设置。在一般情况下，默认字符集为 utf8 或 utf8mb4，默认排序规则为 utf8_unicode_ci 或 utf8mb4_0900_ai_ci。

【例 8.2】使用 MySQL 命令行工具创建数据库。

所用的 SQL 语句如下。

```
create database sale;
```

执行结果如图 8.10 所示。

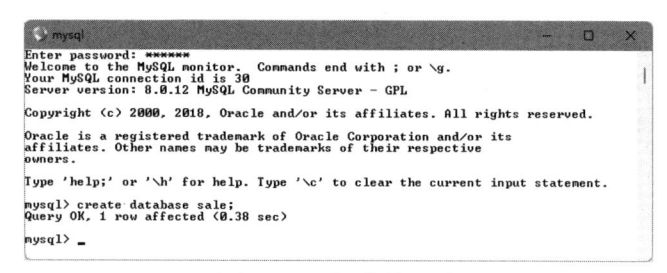

图 8.10　创建数据库

## 8.2.2 查看数据库列表

使用 show databases 语句可以查看当前服务器上所有数据库的列表，语法格式如下。

```
show databases [like 'pattern']
```

其中，like 'pattern' 子句为可选项，用于限制语句只输出名称与模式匹配的数据库；'pattern' 是一个字符串，其中可以包含 SQL 通配符 "%" 和 "_"，"%" 表示任意多个字符，"_" 表示任意单个字符。如果未指定 like 子句，则显示当前服务器上的所有数据库。

【例 8.3】使用 MySQL 命令行工具查看当前服务器上名称中包含字母 "m" 的数据库。

所用的 SQL 语句如下。

```
show databases like '%m%';
```

执行结果如图 8.11 所示。

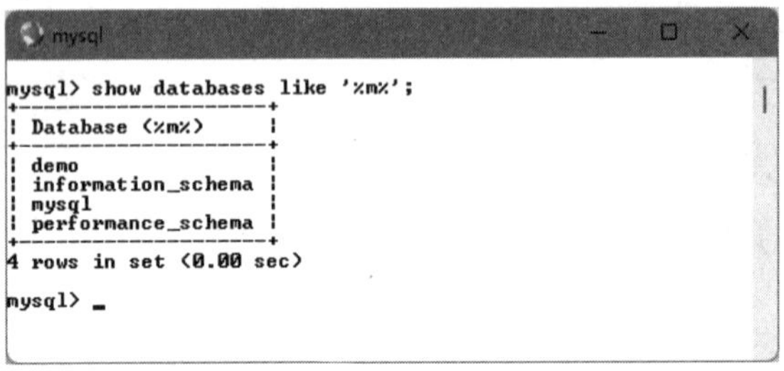

图 8.11 查看数据库列表

## 8.2.3 删除数据库

使用 drop database 语句可以从服务器中删除指定的数据库，语法格式如下。

```
drop database [if exists] db_name
```

其中，db_name 用于指定要删除数据库的名称。drop database 语句用于删除数据库中的所有表并删除该数据库。if exists 用于防止当数据库不存在时发生的错误。

【例 8.4】使用 MySQL 命令行工具删除一个名为 sale 的数据库，然后查看当前服务器上的所有数据库。

所用的 SQL 语句如下。

```
drop database if exists sale;
show databases;
```

执行结果如图 8.12 所示。

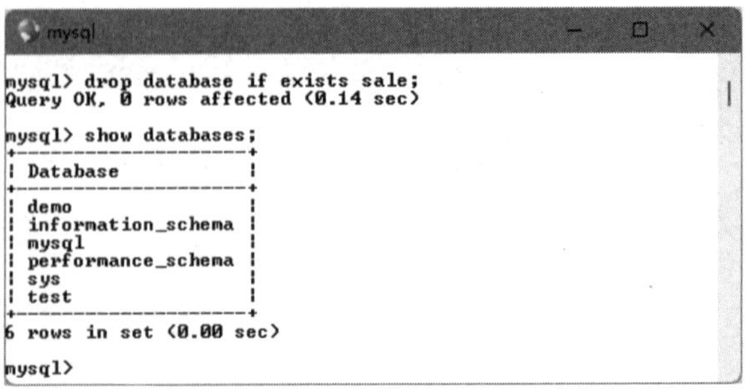

图 8.12 删除和查看数据库

## 任务 8.3　创建与维护表

新建的数据库是一个空库，不仅要存储数据，还要在其中创建表。在创建表时，首先要定义表的结构，也就是对表中每一列的名称、数据类型及其他属性进行设置。在本任务中，读者将了解 MySQL 中有哪些数据类型，并学习和掌握创建、查看、修改、重命名与删除表的方法。

### 任务目标

- 了解 MySQL 数据类型
- 掌握创建表的方法
- 掌握查看表信息的方法
- 掌握修改、重命名与删除表的方法

### 8.3.1　MySQL 数据类型

在创建表时，必须对表中的每一列设置数据类型。为了优化存储，在任何情况下都应当使用最精确的数据类型。MySQL 支持多种数据类型，包括字符串类型、数值类型和日期/时间类型等。下面介绍常用的 MySQL 数据类型。

#### 1. 字符串类型

常用的字符串类型包括以下几种。

（1）定长字符串 char(m)：m 表示字符个数，取值范围为 0~255。如果字符串的实际长度小于 m，则后面补充空格；如果字符串的长度大于 m，则报错。

（2）变长字符串 varchar(m)：m 表示最大字符个数，取值范围为 0~65 535。如果字符串的实际长度大于 m，则报错。

（3）文本类型 text：包括 tinytext、text[(m)]、mediumtext 和 longtext。针对 text，有一个字符集，text 列根据该字符集的校对规则对值进行排序和比较，不能有默认值，适合存储长文本。

（4）枚举类型 enum('value1', 'value2', ...)：这是一个字符串对象,其值从 'value1'、'value2'、...、null 或特殊错误值中选择，最多可以有 65 535 个不同的值。

（5）集合类型 set('value1', 'value2', ...)：这也是一个字符串对象，可以有零个或多个字符串值，每个值必须来自列值 'value1'、'value2'、...。set 列最多可以有 64 个成员。

enum 值和 set 值在 MySQL 内部均用整数表示。

#### 2. 数值类型

常用的数值类型有以下几种。

（1）极短整型 tinyint：占 1 字节存储空间，取值范围为-128~127；若为无符号数（需要设置 unsigned 属性），则取值范围为 0～255。

（2）短整型 smallint：占 2 字节存储空间，取值范围为-32 768～32 767；若为无符号数（需要设置 unsigned 属性），则取值范围为 0～65 535。

（3）整型 int：占 4 字节存储空间，取值范围为-2 147 483 648～2 147 483 647；若为无符号数（需要设置 unsigned 属性），则取值范围为 0～4 294 967 295。

（4）单精度浮点数 float[(m,d)]：m 和 d 分别表示总位数和小数位数。单精度浮点数允许的值为-3.402 823 466e+38～-1.175 494 351e-38、0 和 1.175 494 351e-38～3.402 823 466e+38。

（5）双精度浮点数 double[(m,d)]：允许的取值范围为-1.797 693 134 862 315 7e+308～-2.225 073 858 507 201 4e-308、0 和 2.225 073 858 507 201 4e-308～1.797 693 134 862 315 7e-308。

（6）定点数 decimal[(m[,d])]：小数点和负号不包括在 m 中。如果 D 是 0，则值没有小数点或分数部分。decimal 的 m 最大位数为 65；d 最大位数为 30。

### 3. 日期/时间类型

常用的日期/时间类型有以下几种。

（1）日期型 date：支持的日期范围为 '1000-01-01'～'9999-12-31'。MySQL 中以 'YYYY-MM-DD'格式显示 date 值，但允许使用字符串或数字为 date 列分配值。

（2）时间型 time：支持的范围为 '-838:59:59'～'838:59:59'。MySQL 以 'HH:MM:SS' 格式显示 time 值，但允许使用字符串或数字为 time 列分配值。

（3）日期/时间型 datetime：日期和时间的组合，支持的范围为 '1000-01-01 00:00:00' ～ '9999-12-31 23:59:59'。MySQL 以 'YYYY-MM-DD HH:MM:SS' 格式显示 datetime 值，但允许使用字符串或数字为 datetime 列分配值。

（4）时间戳 timestamp[(m)]：范围为'1970-01-01 00:00:00'～2037 年。timestamp 列用于在执行 insert 或 update 操作时记录日期和时间。如果不为其分配一个值，则表中的第一个 timestamp 列的值将被自动设置为最近操作的日期和时间。也可以通过分配一个空值，将 timestamp 列的值设置为当前的日期和时间。timestamp 值显示为'YYYY-MM-DD HH:MM:SS'格式的字符串，且显示宽度固定为 19 个字符。

## 8.3.2 创建表

在某个数据库中创建表之前，通常需要使用 use 语句通知 MySQL 将该数据库作为当前默认的数据库使用，且该数据库将用于后续语句。use 语句的语法格式如下。

```
use db_name
```

use 语句将数据库 db_name 保持为默认数据库，直到语句段的结尾，或者直到发布另一个不同的 use 语句为止。

使用 create table 语句可以在数据库中创建一个带有给定名称的表，基本语法格式如下。

```
create [temporary] table [if not exists] tbl_name
(column_definition, …)
[character set charset_name]
[collate collation_name]
[comment 'string']
column_definition:
col_name type [not null|null] [default default_value]
[auto_increment] [unique [key] | primary key] [comment 'string']
```

其中，tbl_name 用于指定要创建的表的名称。在默认情况下，将在当前数据库中创建表。如果指定的表已经存在，或者没有当前数据库，或者数据库不存在，则会出现错误。

表名称也可以通过 db_name.tbl_name 形式来指定，以便在指定的数据库中创建表。无论是否存在当前数据库，都可以通过这种方式创建表。如果使用加反引号的识别名，则应当对数据库和表名称分别加反引号（使用键盘上数字 1 左边的键来输入）。例如，`mydb`.`mytbl`是合法的，但是`mydb.mytbl`不合法。

使用关键字 temporary 可以创建临时表。如果表已经存在，则可以使用关键字 if not exists 防止发生错误。character set 子句用于设置表的默认字符集。collate 子句用于设置表的默认排序规则。comment 子句用于给出表或列的注释。

column_definition 用于给出列（字段）的定义，其中，col_name 表示列名，表名和列名都可以用反引号 "`" 括起来；type 表示列的数据类型，可以使用 8.3.1 节中介绍的任何数据类型。

not null | null 用于指定列是否允许为空，如果未指定 null 或 not null，则创建列时会指定为 null。default 子句用于为列指定一个默认值，且这个默认值必须是一个常数，不能是一个函数或一个表达式。例如，一个日期列的默认值不能被设置为一个函数，如 NOW()或 CURRENT_DATE()。不过，可以对 timestamp 列指定 current_timestamp 为默认值。

auto_increment 用于指定列为自动编号，该列必须被指定为一种整数类型，其值从 1 开始，依次加 1。unique key 将列设置为唯一索引；primary key 将列设置为主键，而主键列必须被定义为 not null。一个表只能有一个主键（可包含多列）。comment 子句用于给出列的注释。

提示：MySQL 有多种存储引擎，最常用的是 MyISAM 和 InnoDB。MyISAM 是 MySQL 的默认存储引擎，它基于传统的 ISAM（索引顺序访问方式）类型，将每个 MyISAM 表存放在 3 个磁盘文件中；InnoDB 是事务型引擎，它支持 ACID 兼容的事务，将表和索引存放在一个表空间中，表空间可以包含数个文件。根据需要，可以设置表的存储引擎，也可以临时改变默认表类型。

【例 8.5】创建一个名为 stuinfo 的数据库，并在该数据库中创建 3 个表，名称分别为 student、course 和 score。stuinfo 数据库的表结构如表 8.2 所示。

表 8.2　stuinfo 数据库的表结构

| 表名称 | 列名称 | 数据类型 | 备注 | 属性 |
|---|---|---|---|---|
| student | stuid | char(8) | 学号 | 主键 |
|  | stuname | varchar(10) | 姓名 | 不允许为空 |
|  | gender | enum('男', '女') | 性别 | 不允许为空 |
|  | birthdate | date | 出生日期 | 不允许为空 |
|  | department | enum('计算机系', '电子工程系', '电子商务系') | 系部 | 不允许为空 |
|  | class | char(5) | 班级 | 不允许为空 |
|  | email | varchar(20) | 电子邮箱 | 允许为空 |
| course | couid | tinyint | 课程编号 | 主键，自动递增 |
|  | couname | varchar(30) | 课程名称 | 不允许为空 |
|  | hours | smallint | 课时 | 不允许为空 |
| score | stuid | char(8) | 学号 | 主键 |
|  | couid | int | 课程编号 | 主键 |
|  | score | tinyint | 成绩 | 允许为空 |

操作步骤如下。

在记事本中创建一个文本文件，并将其保存为 SQL 脚本文件，文件名为 create_stuinfo.sql，然后输入用于创建数据库和表的 SQL 语句，内容如下。

```
create database if not exists stuinfo;
use stuinfo;
create table if not exists student (
    stuid char(8) not null comment '学号',
    stuname varchar(8) not null comment '姓名',
    gender enum('男', '女') not null comment '性别',
    birthdate date not null comment '出生日期',
    department enum('计算机系', '电子工程系', '电子商务系') not null comment '系部',
    class char(5) not null comment '班级',
    email varchar(20) null comment '电子邮箱',
    constraint student_pk
        primary key (stuid)
);
create table course (
    couid int auto_increment comment '课程编号',
    couname varchar(30) not null comment '课程名称',
    hours smallint not null comment '课时',
    constraint course_pk
        primary key (couid)
);
create table if not exists course (
    couid int auto_increment comment '课程编号',
    couname varchar(30) not null comment '课程名称',
    hours smallint not null comment '课时',
    constraint course_pk
        primary key (couid)
```

```
);
create table if not exists score (
    stuid char(8) not null comment '学号',
    couid int not null comment '课程编号',
    score tinyint null comment '成绩' default ,
    constraint score_pk
        primary key (stuid, couid)
);
```

在 Navicat for MySQL 中打开脚本文件 create_stuinfo.sql，单击"运行"按钮，执行该脚本文件，将创建 stuinfo 数据库并在其中创建 3 个表，如图 8.13 所示。

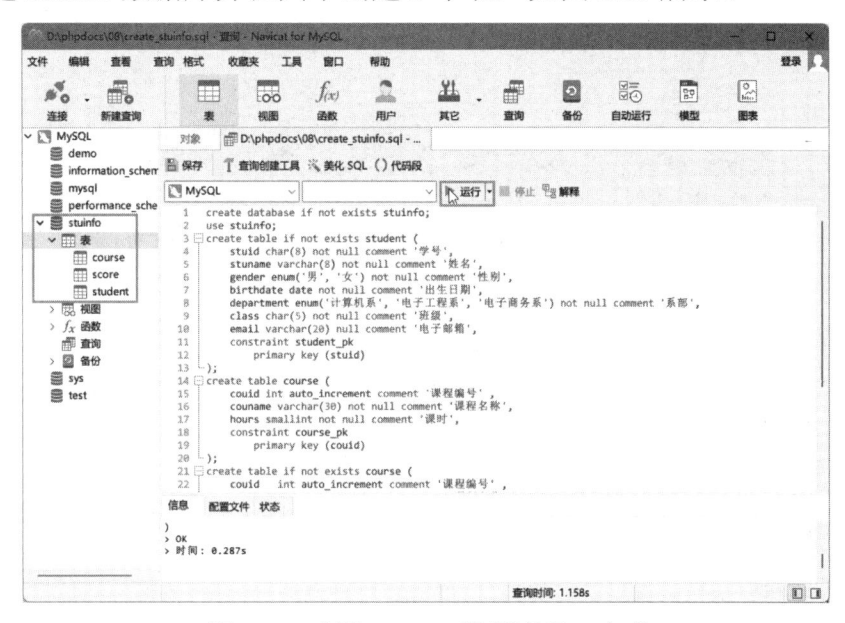

图 8.13 创建 stuinfo 数据库及 3 个表

### 8.3.3 查看表信息

在一个数据库中创建表之后，可以使用 show tables 语句列出该数据库中所有非临时表的清单，语法格式如下。

```
show [full] tables [from db_name] [like 'pattern']
```

show tables 语句也可以列举数据库中的其他视图。如果使用 full，则 show full tables 可以显示第二个输出列。对表而言，第二列的值为 base table；对视图而言，第二列的值为 view。

如果要查看一个给定表中各列的信息，则可以使用 show columns 语句，语法格式如下。

```
show [full] columns from tbl_name [from db_name] [like 'pattern']
```

show columns 语句也可以用于获取一个给定视图中各列的信息。

在 show columns 语句中，也可以使用 db_name.tbl_name 作为 tbl_name from db_name 语法的另一种形式。换言之，以下两个语句是等价的。

```
show columns from mytable from mydb;
show columns from mydb.mytable;
```

此外，还可以使用 describe 语句获取有关表中各列的信息。describe 语句是 show columns

from 语句的快捷方式，语法格式如下。

```
{describe | desc} tbl_name [col_name | wild]
```

其中，col_name 可以是一个列名称，也可以是一个包含通配符"%"和"_"的字符串，用于获取与字符串相匹配的名称的各列的输出。

【例 8.6】利用 MySQL 命令行工具查看 stuinfo 数据库中包含哪些表，并列出 course 表中各列的信息。

所用的 SQL 语句如下。

```
use stuinfo;
show tables;
desc course;
```

执行结果如图 8.14 所示。

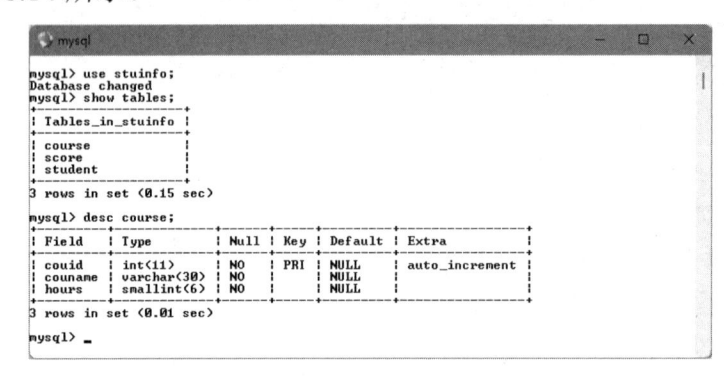

图 8.14 查看表的相关信息

### 8.3.4 修改表

在数据库中创建一个表后，如果需要对该表的结构进行修改，则可以通过 alter table 语句来实现，语法格式如下。

```
alter [ignore] table tbl_name
alter_specification[, alter_specification] …
```

其中，tbl_name 用于指定要修改的表的名称。ignore 是 MySQL 相对于标准 SQL 的扩展。如果在新表中有重复关键字，或者在 strict 模式启动后出现警告，则使用 ignore 控制 alter table 语句的执行。

如果没有指定 ignore，则当发生重复关键字错误时，复制操作会被放弃，返回前一步骤。如果指定了 ignore，则对于有重复关键字的行，只使用第一行，而其他有冲突的行会被删除，并且对错误值进行修正，使之尽量接近正确值。

alter_specification 用于指定如何对列进行修改，其内容很丰富，这里仅列出常用的部分。

```
add [column] column_definition [first|after col_name]
|add [column] (column_definition, …)
|alter [column] col_name {set default literal | drop default}
|change [column] old_col_name column_definition [first | after col_name]
|modify [column] column_definition [first|after col_name]
|drop [column] col_name
```

```
|drop primary key | rename [to] new_tbl_name
```

alter table 语句用于更改原有表的结构。例如，可以增加或删除列，创建或删除索引，更改原有列的类型，重新命名列或表，以及更改表的注释和表的类型。

alter table 语句的功能很强大，但其语法颇为复杂，使用起来多有不便。在实际应用中，如果需要对表的结构进行修改，则最好使用 Navicat for MySQL 之类的图形化工具来完成。

### 8.3.5 重命名表

使用 rename table 语句可以对一个或多个表进行重命名，语法格式如下。

```
rename table tbl_name1 to new_tbl_name[, tbl_name2 to new_tbl_name2] …
```

其中，tbl_name1 和 tbl_name2 表示表的原名称，new_tbl_name 和 new_tbl_name2 表示表的新名称。

### 8.3.6 删除表

使用 drop table 语句可以从数据库中删除一个或多个表，语法格式如下。

```
drop [temporary] table [if exists] tbl_name[, tbl_name] …
```

其中，tbl_name 表示要删除的表的名称。对于不存在的表，使用 if exists 语句可以防止错误发生。在使用关键字 temporary 时，此语句只删除 temporary 表。

## 任务 8.4　数据操作与查询

在数据库中创建表时只是定义了表的结构，即设置了表中包含哪些字段，每个字段采用哪种数据类型，以及表中的主键是如何设置的，等等。此时，表还是一个空表，其中没有存储任何数据。若要向表中添加数据，则可以使用相应的 SQL 语句来实现。表中的一行数据被称为一条记录。一个表中可以包含多条记录。在实际应用中，经常需要从表中查询需要的记录，或者对特定记录执行修改和删除操作。在本任务中，读者将学习和掌握使用 SQL 语句进行数据操作与查询的技能。

> **任务目标**
>
> - 掌握插入记录的方法
> - 掌握更新记录的方法
> - 掌握删除记录的方法
> - 掌握查询记录的方法

### 8.4.1 插入记录

如果要使用指定的值向表中插入一条或多条记录，则可以使用 insert…values 语句实现，基本语法格式如下。

```
insert [into] tbl_name [(col_name, …)]
values ({expr | default}, …), (…), …
[on duplicate key update col_name=expr, …]
```

其中，tbl_name 用于指定表的名称；col_name 用于指定字段的名称。如果不为 insert…values 语句指定一个字段列表，则表中每个字段的值都必须在 values 列表中被列出。如果指定了一个字段列表，但此列表中没有包含表中的所有字段，则未包含的各个字段将被设置为默认值。

如果指定了 on duplicate key update，并且在插入记录后导致一个 unique 索引或 primary key 中出现重复值，则对原有记录执行更新操作。

【例 8.7】利用 MySQL 命令行工具向 course 表中插入记录并使用 select 语句查看。

所用的 SQL 语句如下。

```
use stuinfo;
insert into course (couname, hours) values
('信息技术基础', 72), ('英语', 68), ('数学', 68),
('Python程序设计', 72), ('图形图像处理', 64),
('电路分析基础', 90), ('数字电子技术', 88),
('会计基础', 72), ('电子商务概论', 80);
select * from course;
```

本例中使用 insert…values 语句向 course 表中插入多条记录，并在字段列表中仅列出 couname 和 hours 两个字段，而没有列出 couid 字段，原因在于 couid 字段具有自动递增特性，会自动获得值。在插入记录后，使用 select 语句从 course 表中检索所有字段（用星号*表示）的值。执行结果如图 8.15 所示。

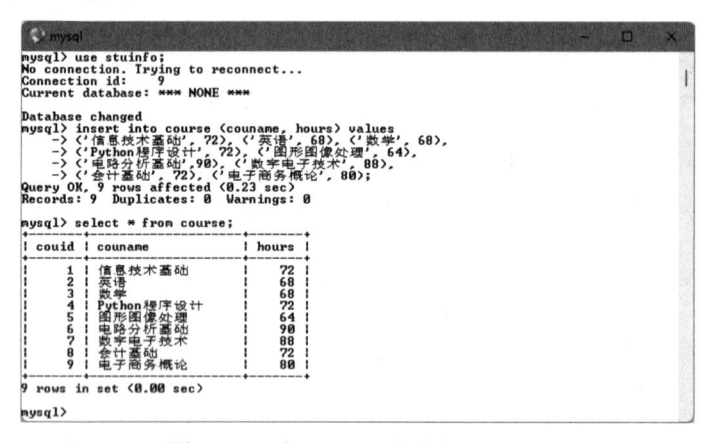

图 8.15 向 course 表中插入记录

在使用 insert…values 语句向一个表中插入多条记录时，如果 SQL 语句的内容比较长，也可以将这些语句保存到文件中，这种文件称为脚本文件。利用 MySQL 命令行工具可以执行脚本文件中的 SQL 语句。下面通过例子来加以说明。

【例 8.8】向 student 表中插入记录。

（1）打开 Windows 记事本程序，输入以下 SQL 语句。

```
use stuinfo;
insert into student values
('20220001', '李文举', '男', '2005-09-09', '计算机系', '计2201', 'swx@163.com'),
('20220002', '王梦瑶', '女', '2004-03-03', '计算机系', '计2201', 'wmy@sina.com'),
('20220003', '陈伟强', '男', '2005-10-09', '计算机系', '计2201', 'cwq@126.com'),
('20220004', '刘爱梅', '女', '2004-06-28', '计算机系', '计2201', 'lam@163.com'),
('20220005', '王保强', '男', '2006-07-09', '计算机系', '计2201', 'wbq@msn.com'),
('20220006', '冯岱若', '女', '2004-08-20', '计算机系', '计2201', 'fdr@sina.com'),
('20220007', '蒋东昌', '男', '2006-06-09', '计算机系', '计2201', 'jdc@gmail.com'),
('20220008', '王冠群', '男', '2004-03-15', '计算机系', '计2201', 'wgq@163.com'),
('20220009', '李丽珍', '女', '2005-09-12', '计算机系', '计2201', 'llm@126.com'),
('20220010', '吴昊天', '男', '2004-08-21', '计算机系', '计2201', 'wht@gmail.com');
select * from student;
```

（2）保存 SQL 脚本文件，指定文件名为 insert_student.sql。

（3）在 Navicat for MySQL 中打开并执行上述脚本文件，如图 8.16 所示。

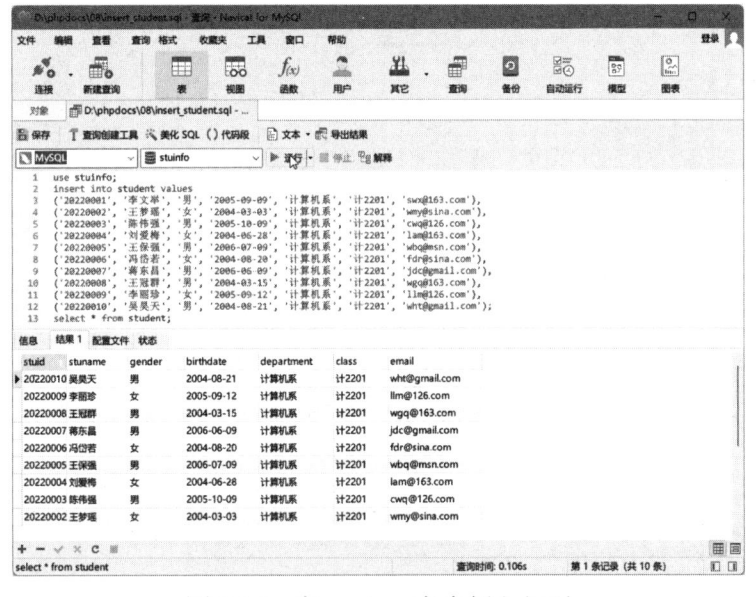

图 8.16　向 student 表中插入记录

在实际应用中，也可以使用一个或多个现有表中的数据向另一个表中插入多条记录，这可以通过 insert…select 语句来实现，基本语法格式如下。

```
insert [into] tbl_name [(col_name, …)]
select …
[on duplicate key update col_name=expr, …]
```

其中，tbl_name 表示要插入记录的目标表的名称；col_name 表示列的名称。select 子句的作用是从其他表中获取要插入的记录。其他选项的作用与 insert…values 语句中对应选项的作用相同。

【例 8.9】向 score 表中插入记录，其中，学号和课程编号字段的值分别来自 student 表和 course 表，成绩字段的值不填写。具体要求如下：对所有学生添加"信息技术基础"、"英语"和"数学"课程；对计算机系学生单独添加"Python 程序设计"和"图形图像处理"课程；

对电子工程系学生单独添加"电路分析基础"和"数字电子技术"课程，对电子商务系学生单独添加"会计基础"和"电子商务概论"课程。

（1）在记事本中新建文本文件，输入以下 SQL 语句。

```sql
use stuinfo;
insert into score(stuid, couid)
select distinct student.stuid, course.couid
from student, course
where student.stuid not in (select stuid from score)
  and course.couid not in (select couid from score)
  and course.couid<=3;
insert into score(stuid, couid)
select distinct student.stuid, course.couid
from student, course, score
where student.department='计算机系'
  and (course.couid=4 or course.couid=5);
insert into score(stuid, couid)
select distinct student.stuid, course.couid
from student, course, score
where student.department='电子工程系'
  and (course.couid=6 or course.couid=7);
insert into score(stuid, couid)
select distinct student.stuid, course.couid
from student, course, score
where student.department='电子商务系'
  and (course.couid=8 or course.couid=9);
select * from score order by stuid, couid;
```

（2）将文件保存为 insert_score.sql。

（3）在 Navicat for MySQL 中打开并执行上述脚本文件，如图 8.17 所示。

图 8.17　向 score 表中插入记录

## 8.4.2 更新记录

使用 update 语句可以用新值更新原有表行中的各列。该语句有单表语法和多表语法两种格式。

单表语法格式：
```
update [low_priority] [ignore] tbl_name
set col_name1=expr1[,col_name2=expr2…]
[where where_definition]
[order by…]
[limit row_count]
```

多表语法格式：
```
update [low_priority] [ignore] tbl_name[,tbl_name]
set col_name1=expr1[,col_name2=expr2…]
[where where_definition]
```

set 子句用于指定要修改哪些列和要赋予哪些值。where 子句用于指定应更新哪些行。如果没有使用 where 子句，则更新所有的行。如果指定了 order by 子句，则按照被指定的顺序对行进行更新。limit 子句用于给定一个限值，限制可以被更新行的数目。

如果使用关键字 low_priority，则 update 语句的执行将被延迟，直到没有其他客户端从表中读取为止。

如果使用关键字 ignore，则即使在更新过程中出现错误，更新语句也不会中断。如果出现了重复关键字冲突，则这些行不会被更新。如果列被更新后，新值会导致数据转化错误，则这些行被更新为最接近合法的值。

使用 limit row_count 子句可以限定更新的范围。该子句是一个与行匹配的限定。只要发现可以满足 where 子句的 row_count 行，则无论这些行是否被改变，该语句都会被中止。

如果一个 update 语句包括一个 order by 子句，则按照该子句指定的顺序更新行。

【例 8.10】使用 update 语句对 score 表中的成绩字段填写 65~98 之间的随机数。

在 MySQL 命令行工具中执行以下语句。
```
use stuinfo;
update score set score = floor(65 + rand() * (98 - 65));
select * from score order by stuid, couid;
```

执行结果如图 8.18 所示。

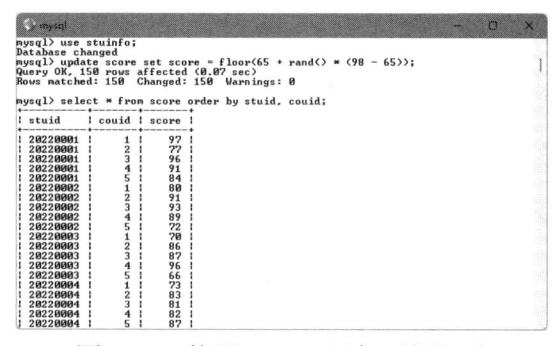

图 8.18 使用 update 语句更新记录

### 8.4.3 删除记录

使用 delete 语句可以从表中删除行，该语句有以下 3 种语法格式。

单表语法：
```
delete [low_priority] [quick] [ignore] from tbl_name
[where where_definition]
[order by…]
[limit row_count]
```

多表语法格式：
```
delete [low_priority] [quick] [ignore]
tbl_name [.*] [ ,tbl_name[.*]…]
from table_references
[where where_definition]
```

或者
```
delete [low_priority] [quick] [ignore]
from tbl_name[.*] [, tbl_name[.*]…]
using table_references
[where where_definition]
```

delete 语句用于删除 tbl_name 表中满足给定条件 where_definition 的行，并返回被删除行的数目。如果 delete 语句中没有 where 子句，则所有的行都会被删除。当不想知道被删除行的数目时，有一个更快的方法，即使用 truncate table 语句。

如果使用关键字 low_priority，则 delete 语句的执行将会被延迟，直到没有其他客户端读取本表时再执行。对于 myisam 表，如果使用关键字 quick，则在删除过程中，存储引擎不会合并索引端节点，这样可以加快部分种类删除操作的速度。

如果使用关键字 ignore，则在删除行的过程中将忽略所有错误。在分析阶段遇到的错误会以常规方式处理。由于使用该选项而被忽略的错误会被作为警告返回。

limit row_count 选项用于告知服务器在控制命令被返回客户端之前被删除行的最大值。该选项用于确保一个 delete 语句不会占用过多的时间。

如果 delete 语句包括一个 order by 子句，则各行按照子句中指定的顺序被删除。该子句只有在与 limit 联用时才起作用。

在一个 delete 语句中，可以指定多个表。根据这些表中的特定条件，可以从一个或多个表中删除行。table_references 部分列出了包含在联合中的表。在一个多表 delete 语句中不可以使用 order by 或 limit 子句。

使用 delete 语句的单表语法格式，只删除位于 from 子句之前的表中的对应行。使用 delete 语句的多表语法格式，不仅可以删除位于 from 子句之中且位于 using 子句之前的表中的对应行，也可以同时删除多个表中的行，并使用其他表进行搜索。例如：
```
delete t1,t2 from t1,t2,t3
where t1.id=t2.id and t2.id=t3.id;
```

也可以写成以下形式。

```
delete from t1,t2 using t1,t2,t3
where t1.id=t2.id and t2.id=t3.id;
```

在搜索要删除的记录时，上述语句将使用所有的 3 个表，但是只从 t1 表和 t2 表中删除记录。

【例 8.11】使用多表语法格式的 delete 语句删除记录，从 student 表和 course 表中选择学生与课程，并从 score 表中删除苏天宇同学的英语和数学两门课程的成绩。

在 MySQL 命令行工具中执行以下语句。

```
use stuinfo;
delete score from student, course, score
where student.stuid=score.stuid and course.couid=score.couid
and stuname='苏天宇' and couname in ('英语', '数学');
```

执行结果如图 8.19 所示。

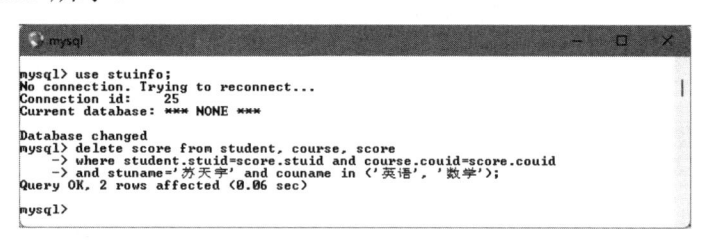

图 8.19 使用多表语法格式删除记录

### 8.4.4 查询记录

在使用 insert…values 和 insert…select 语句向表中插入记录后，可以使用 select 语句从一个或多个表中查询记录。select 语句的基本语法格式如下。

```
select select_expr, …
[into outfile 'file_name' export_options|into dumpfile 'file_name']
[from table_references]
[where where_definition]
[group by {col_name|expr|position} [asc|desc], …]
[having where_definition]
[order by {col_name|expr|position} [asc|desc], …]
[limit {[offset, ]row_count|row_count offset offset}]
```

其中，select 子句用于给出一个要查询的字段列表；into 子句用于指定将查询的行写入哪个文件；from 子句用于指定从哪个表或哪些表中查询行；where 子句用于指定被选择的行必须满足的条件；group by 子句用于指定输出行根据 group by 列进行分类；having 子句用于指定针对记录的过滤条件，通常与 group by 子句一起使用；order by 子句用于指定如何对查询到的行进行排序处理；limit 子句用于限制 select 语句返回的行数。

从一个表中查询所有行（记录）和列（字段）是 select 语句最简单的应用。在这种情况下，select 子句使用星号"*"表示所有字段。若要查询表中的一部分字段，则可以在 select 子句中指定要查询的字段列表，字段名之间使用逗号分隔。

在指定字段列表时，可以为字段指定别名，语法格式如下。

```
col_name [as] alias_name
```

例如，在 couse 表中，课程编号和课程名称字段都是用英文表示的，在查询记录时可以为这些字段指定中文别名。

```
select couid as 课程编号, couname as 课程名称 from course;
```

如果希望查询的结果集仅包含不同的值，则可以在 select 子句中使用关键字 distinct 或 distinctrow 消除重复值。

如果只需要从表中查询符合某种条件的行，则可以通过 where 子句设置查询条件。在设置查询条件时，可以使用的比较运算符包括=、>、<、>=、<=和<>（!=），另外一些运算符如表 8.3 所示。比较运算产生的结果为 1（true）、0（false）或 null。

表 8.3 用于 where 子句的部分比较运算符

| 比较运算符 | 说明 | 示例 |
|---|---|---|
| is [not] null | 检验一个值是否为 null | score is null |
| [not] between | 语法格式：expr between min and max<br>规则：若 expr>=min 且 expr<=max，则返回 1，否则返回 0 | score between 86 and 93 |
| [not] in | 语法格式：expr in (value , ...)<br>规则：若 expr 为 in 列表中的任意一个值，则返回 1，否则返回 0 | class in ('计 2201', '电 2201') |
| [not] like | 模式匹配 | stuname like '张%' |

在 where 子句中，也可以使用逻辑运算符连接多个查询条件。可用的逻辑运算符包括 not 或 !（逻辑非）、and 或 &&（逻辑与）以及 or 或 ||（逻辑或）。在 SQL 中，所有逻辑运算符的求值结果均为 true、false 或 null（unknown）。在 MySQL 中，它们体现为 1（true）、0（false）和 null。

【例 8.12】从 student 表中查询电子工程系所有男生的记录，要求为所有字段指定中文别名。

在 MySQL 命令行工具中执行以下 SQL 语句。

```
use stuinfo;
select stuid as 学号, stuname as 姓名, gender as 性别,
birthdate as 出生日期, department as 系部, class as 班级, email as 电子邮箱
from student
where gender='男' and department='电子工程系';
```

执行结果如图 8.20 所示。

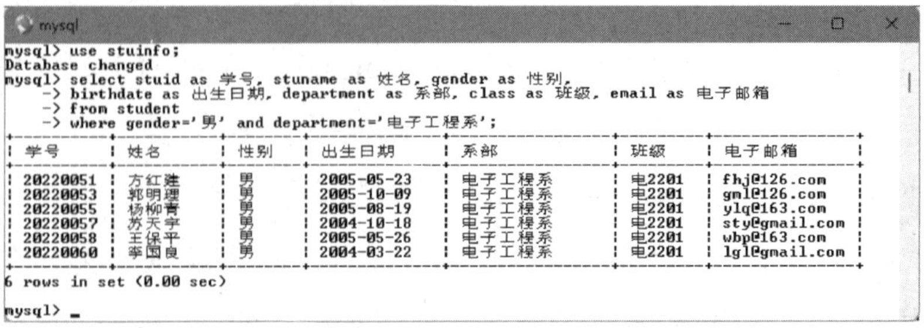

图 8.20 使用 select 语句从表中查询记录

在实际应用中，往往需要从多个表中查询记录，对于按规范方法设计的数据库来说更是如此。在执行多表查询时，需要在 from 子句中使用各种连接（join）运算来组合不同表中的列，同时使用 on 子句来设置表之间的关联条件。在 from 子句中，可以用"表名 [as] 别名"形式为表设置别名。该别名可以用在 select 列清单和 on 子句中。如果不同表拥有相同名称的列，则应在这些列前面添加表的名称或表的别名。

使用 order by 子句可以指定按一列或多列对结果集进行排序。排序依据可以是列名或列别名，也可以是表示列名或列别名在选择列清单中位置的整数（从 1 开始）。在 order by 子句中，可以指定多个列作为排序依据。这些列在该子句中出现的顺序决定结果集如何排序。首先按照前面的列值进行排序，如果在两行中该列的值相同，则按照后面的列值进行排序。

asc 和 desc 用于指定排序方向。asc 表示按递增顺序，即从最低值到最高值对指定列中的值进行排序；desc 表示按递减顺序，即从最高值到最低值对指定列中的值进行排序。如果在排序表达式中未使用 asc 和 desc，则默认的排序方向为按递增顺序。空值（null）将被处理为最小值。

在从数据库中查询数据时，常常需要获取记录的一些统计数据，如平均值、记录数、最小值、最大值及总和等。使用统计函数可以获取这些数据。表 8.4 所示为常用统计函数。

表 8.4 常用统计函数

| 函　　数 | 说　　明 |
| --- | --- |
| avg([distinct] expr) | 返回 expr 的平均值。distinct 选项可用于返回 expr 不同值的平均值。若找不到匹配的行，则 avg()函数返回 null |
| count([distinct] expr \| *) | 返回 select 语句查询到的行中非空值的数目。使用 distinct 选项可以返回不同的非空值数目。若找不到匹配的行，则 count()函数返回 0。count(*)函数返回查询到的行的数目，无论其是否包含空值 |
| min(expr) | 返回 expr 的最小值。min()函数的取值可以是一个字符串参数，此时返回最小字符串值。若找不到匹配的行，则 min()函数返回 null |
| max(expr) | 返回 expr 的最大值。max()函数的取值可以是一个字符串参数，此时返回最大字符串值。若找不到匹配的行，则 max()函数返回 null |
| sum(expr) | 返回 expr 的总和。若结果集中没有任何行，则 sum()函数返回 null |

使用 group by 子句可以将结果集中的行分成若干个组来输出，每个组中的行在指定的列中具有相同的值。当使用 group by 子句时，如果在 select 子句的查询字段列表中包含统计函数，则针对每个组计算出一个汇总值，从而实现对查询结果的分组统计。

使用 limit 子句可以限制 select 语句返回的行数。limit 子句可取一个或两个自变量，且自变量必须是非负整型常数（当使用已预备的语句时除外）。

当使用两个自变量时，第一个自变量用于指定返回的第一行的偏移量，第二个自变量用于指定返回的行数。初始行的偏移量为 0。当使用一个自变量时，该值用于指定从结果集的开头返回的行数。换言之，limit n 与 limit 0, n 等价。如果要恢复从某个偏移量到结果集末端之间的所有行，则可以对第二个参数使用比较大的数，如 18 446 744 073 709 551 615。

如果一个 select 语句能够返回一个单值或一列值，并被嵌套在一个 select、insert、update 或 delete 语句中，则被称为子查询或内层查询；而包含一个子查询的语句则被称为主查询或外层查询。

一个子查询也可以被嵌套在另一个子查询中。为了与外层查询有所区别，总是将子查询写在圆括号中。子查询中也必须包含 select 和 from 子句，并且可以根据需要选择 where、group by 和 having 子句。在实际应用中，通常将子查询用在外层查询的 where 或 having 子句中，与比较运算符或逻辑运算符一起构成查询条件，从而完成比较测试、成员测试、存在性测试及批量测试。

【例 8.13】从学生信息数据库中查询各个班级各科成绩的平均分、最高分和最低分。

在 Navicat for MySQL 中新建查询，并输入以下语句。

```
use stuinfo;
select class as 班级, couname as 课程,
    round(avg(score), 1) as 平均分, max(score) as 最高分, min(score) as 最低分
from student, course, score
where student.stuid=score.stuid and course.couid=score.couid
group by class, couname order by course.couid;
```

在上述语句中，round()函数为四舍五入函数。执行结果如图 8.21 所示。

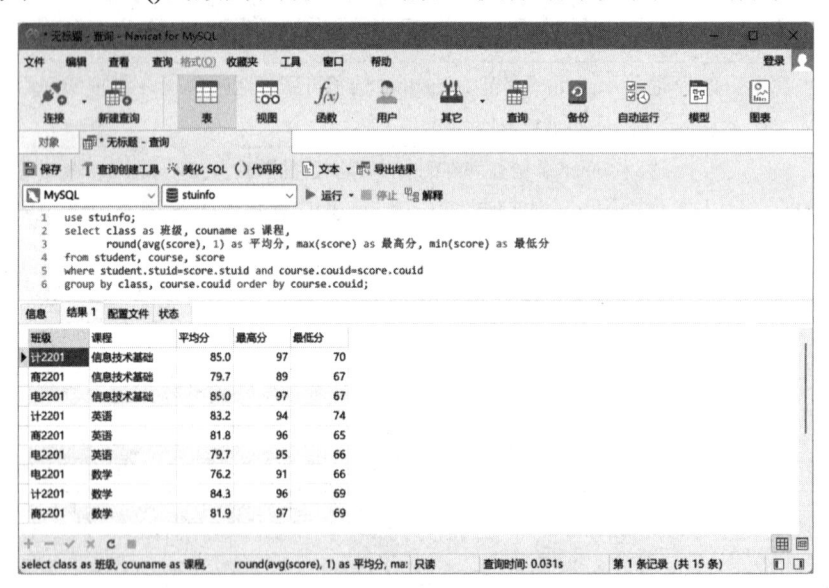

图 8.21　在多表查询中应用统计函数

## 任务 8.5　使用其他数据库对象

在数据库中创建表并添加数据之后，还可以根据需要在数据库中创建其他对象，主要包括用于加快数据访问速度的索引，作为虚拟表的视图，由一组 SQL 语句组成的存储过程，由一组 SQL 语句组成且有一个返回值的存储函数，以及由表上的特定事件激活的触发器。在本

任务中,读者将初步掌握使用索引、视图、存储过程、存储函数和触发器等数据库对象的方法。

### 任务目标

- 初步掌握索引和视图的用法
- 初步掌握存储过程和存储函数的用法
- 初步掌握触发器的用法

### 8.5.1 使用索引

索引用于快速找出在某一列中有特定值的行。如果在表中查询的列有一个索引,则MySQL可以快速到达一个位置并到数据文件中进行查询,而没有必要查询所有数据。索引基于键值提供对表中数据的快速访问,也可以对表中的行强制唯一性。

索引可以与表同时创建,也可以在创建表之后单独创建。如果在创建表时未创建索引,则可以使用create index 语句在该表中创建索引,语法格式如下。

```
create [unique|fulltext] index index_name
[using {btree | hash}] on tbl_name (index_col_name, …)
index_col_name:
col_name [(length)] [asc|desc]
```

其中,index_name 表示索引名;tbl_name 表示表名;col_name 表示列名。使用该语句也可以创建多列索引,此时应该在圆括号中给出列清单,且列名之间用逗号","分隔。

对于 char 和 varchar 列,只用列的一部分就可以创建索引。在创建索引时,应使用col_name(length)语法对前缀编制索引,前缀包括每列值的前 length 个字符。blob 和 text 列也可以编制索引,但是必须给出前缀长度。

using 子句用于指定索引的类型,可以是 btree 或 hash。unique 索引可以确保被索引的列不包含重复的值。fulltext 索引只能对 char、varchar 和 text 列编制索引,并且只能在 MyISAM表中编制。

在表中创建索引之后,可以使用 show index 语句获取表的索引信息,语法格式如下。

```
show index from tbl_name [from db_name]
```

其中,tbl_name 表示表名;db_name 表示数据库名。

使用 drop index 语句可以从指定表中删除索引,语法格式如下。

```
drop index index_name on tbl_name
```

其中,index_name 表示要删除的索引名;tbl_name 表示表名。

【例 8.14】基于 couname 列在 course 表中创建索引并查看该表中包含的所有索引。

在 Navicat for MySQL 中新建查询并输入以下语句。

```
use stuinfo;
```

```
create index course_couname_index on course (couname);
show index from stuinfo.course;
```

执行结果如图 8.22 所示。

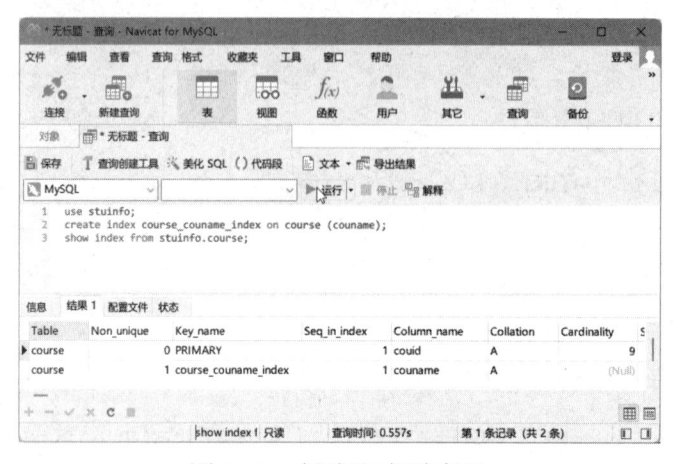

图 8.22  创建和查看索引

### 8.5.2  使用视图

视图是一个基于选择查询的虚拟表，其内容是通过选择查询定义的。视图与真实的表有很多相似之处。例如，视图也是由若干列和一些行组成的，也可以像数据库表那样作为 select 语句的数据来源使用。在满足某些条件的情况下，还可以通过视图插入、更新和删除表数据。但是，视图并不是以一组数据的形式存储在数据库中的，视图中的列和行都来自数据库表（称为基表），视图本身并不存储数据，视图中的数据是在引用视图时动态生成的。视图提供了查看和存取数据的另一种途径。使用视图不仅可以简化数据操作，还可以提高数据库的安全性。

使用 create view 语句可以在数据库中创建一个视图，语法格式如下。

```
create [or replace] [algorithm={undefined|merge|temptable}]
view view_name[(column_list)]
as select_statement
[with [cascaded|local] check option]
```

其中，view_name 表示要创建的视图的名称。表和视图共享数据库中相同的名称空间，因此，数据库不能包含具有相同名称的表和视图。在默认情况下，将在当前数据库中创建新视图。若要在给定的数据库中创建视图，则创建时应将视图名称指定为 db_name.view_name。

视图必须具有唯一的列名，不得重复，就像基表一样。在默认情况下，由 select 语句查询的列名将用作视图列名。若要为视图列定义明确的名称，则应使用可选的 column_list 子句，列名用逗号分隔。column_list 中的名称数目必须等于 select 语句查询的列数目。

select_statement 给出了一个 select 语句。该语句给出了视图的定义，可以从基表或其他视图中进行查询。select 语句查询的列可以是对表列的简单引用，也可以是使用函数、常量值和操作符等组成的表达式。

create view 语句用于在数据库中创建新的视图。如果使用了 or replace 子句，则可以替换已有的视图。algorithm 子句是对标准 SQL 的 MySQL 扩展，用于指定视图的算法。algorithm 有以下取值。

- merge：将引用视图的语句文本与视图定义合并起来，用视图定义的某一部分取代语句的对应部分。
- temptable：将视图的结果放置于临时表中，并使用它执行语句。
- undefined：MySQL 将自动选择要使用的算法。如果可能，则它倾向于 merge 而不是 temptable。这是因为 merge 通常更有效，而且如果使用了临时表，则视图是不可更新的。如果没有 algorithm 子句，则默认算法是 undefined。

某些视图是可更新的。换言之，可以在 update、delete 或 insert 等语句中使用这些视图，以更新基表的内容。对于可更新的视图，视图中的行和基表中的行之间必须具有一对一的关系。对于可更新的视图，可以给定 with check option 子句来防止插入或更新行，除非作用于行上 select_statement 中的 where 表达式的值为 true。

当根据另一个视图定义当前视图时，在该子句中可以使用关键字 local 和 cascaded 决定检测的范围。关键字 local 对 check option 进行了限制，使其仅作用在定义的视图上；关键字 cascaded 会对要评估的基表进行检测。如果未给定任意一个关键字，则默认值为 cascaded。

视图定义有一些限制。例如，视图的 select 语句不能包含 from 子句中的子查询，不能引用系统变量或用户变量，也不能引用预处理语句参数。

对于已有视图，可以使用 alter view 语句对其定义进行修改，语法格式如下。

```
alter [algorithm={undefined|merge|temptable}]
view view_name [(column_list)]
as select_statement
[with [cascaded|local] check option]
```

其中，各个选项的作用与 create view 语句中对应选项的作用类似。

如果不再需要某些视图，则可以使用 drop view 语句从数据库中将其删除，语法格式如下。

```
drop view [if exists] view_name[, view_name] …
```

其中，view_name 表示要删除的视图的名称。使用关键字 if exists 可以防止因视图不存在而出错。在使用 drop view 语句时，必须对每个视图拥有删除权限。

【例 8.15】首先检测一个视图是否存在，如果存在，则将其删除，然后创建该视图并将其应用于 select 查询语句。

在 MySQL 命令行工具中执行以下语句。

```
use stuinfo;
drop view if exists v_stu;
create view v_stu
as select student.stuid as 学号, stuname as 姓名,
  department as 系部, couname as 课程, score as 成绩
```

```
from student, course, score
where student.stuid=score.stuid and course.couid=score.couid;
select * from v_stu where 课程='数学' order by 成绩 desc limit 10;
```

执行结果如图 8.23 所示。

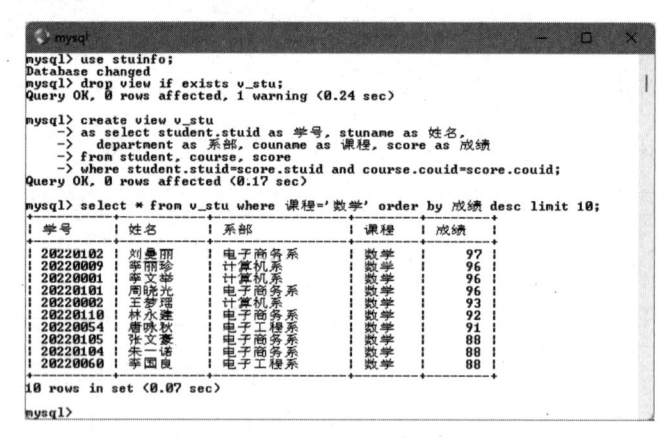

图 8.23  创建和应用视图

### 8.5.3  使用存储过程

一个存储过程是存储在服务器中的一组 SQL 语句。有了存储过程，客户端不再需要重新发布单独的语句，而是可以通过引用存储过程来替代。

使用 create procedure 语句可以在当前数据库中创建一个存储过程，语法格式如下。

```
create procedure sp_name([proc_parameter[, …]])
[characteristic…] routine_body
```

其中，sp_name 表示要创建的存储过程的名称。在默认情况下，存储过程与当前数据库关联。若要明确地将存储过程与给定的数据库 db_name 关联起来，则在创建存储过程时，可以将其名称指定为 db_name.sp_name。

proc_parameter 表示存储过程的参数，可以通过以下方式来定义。

```
[in | out | inout] param_name type
```

其中，param_name 表示参数的名称；type 用于指定参数的数据类型，可以是任何有效的 MySQL 数据类型；可选项 in 表示该参数为输入参数，out 表示该参数为输出参数，inout 表示该参数为输入/输出参数。

characteristic 用于设置存储过程的一些特征，可以通过以下方式来定义。

```
language sql | [not] deterministic
|{contains sql|no sql|reads sql data|modifies sql data}
| sql security {definer|invoker}|comment 'string'
```

如果程序或线程总是对同样的输入参数产生同样的结果，则它被认为是确定的，否则就是非确定的。如果既没有给定 deterministic 也没有给定 not deterministic，则默认值为 not deterministic。

contains sql 表示存储过程不包含读数据或写数据的语句。no sql 表示存储过程不包含 SQL

语句。reads sql data 表示存储过程包含读数据的语句，但不包含写数据的语句。modifies sql data 表示存储过程包含写数据的语句。如果没有明确给定这些特征，则默认值为 contains sql。sql security 用于指定存储过程使用创建存储过程者（definer）的许可来执行，还是使用调用者（invoker）的许可来执行，默认值为 definer。

comment 子句是一个 MySQL 的扩展，用于描述存储过程。routine_body 表示任何合法的 SQL 语句。这些语句都必须被包含在复合语句 begin…end 内。复合语句可以包含声明、循环和其他控制结构语句，但不允许包含 use 语句。

使用 create procedure 语句创建的存储过程可以通过 call 语句来调用，语法格式如下。

```
call sp_name([parameter[, …]])
```

其中，sp_name 表示要调用的存储过程的名称；parameter 表示存储过程的参数。

call 语句可以使用被声明为 out 或 inout 的参数向它的调用者传回值。同时，它返回受影响的行数，客户端程序可以在 SQL 级别通过调用 row_count()函数获得此行数。

当调用一个存储过程时，一个隐含的 use db_name 被执行。通过使用数据库名限定存储过程名，用户可以调用一个不在当前数据库中的存储过程。

在创建存储过程时，会用到各种 SQL 语句。下面介绍一些常用的 SQL 语句。

（1）使用 declare 语句声明局部变量，语法格式如下。

```
declare var_name[, …] type [default value]
```

其中，var_name 表示局部变量的名称；type 表示局部变量的数据类型。若要为变量提供一个默认值，则可以包含一个 default 子句。value 可以被指定为一个表达式。

局部变量的作用范围在它被声明的 begin…end 语句内。它可以被用在嵌套的语句中，除了那些用相同名称声明变量的语句。

（2）使用 set 语句对变量赋值，语法格式如下。

```
set var_name=expr[, var_name=expr] …
```

其中，var_name 表示变量名，可以是存储过程中声明的变量，也可以是全局服务器变量；expr 为一个表达式，其值通过 set 语句赋给变量。

（3）将列值存储到局部变量中。使用 select…into 语句可以将数据表列的值存储到局部变量中，语法格式如下。

```
select col_name[, …] into var_name [, …] from tbl_name
```

其中，col_name 表示列名；var_name 表示变量名；tbl_name 表示表名。

（4）使用 if 语句实现一个基本的条件结构，语法格式如下。

```
if search_condition then statement_list
[elseif search_condition then statement_list]…
[else statement_list]
end if
```

如果 search_condition 求值为真，则执行相应的 SQL 语句列表；如果没有 search_condition

匹配，则执行 else 子句中的语句列表。

statement_list 可以包含一个或多个语句。

（5）使用 case 语句实现一个复杂的条件结构，有下列两种语法格式。

第一种语法格式：
```
case case_value
  when when_value then statement_list
  [when when_value then statement_list]...
  [else statement_list]
end case
```

如果 case_value 与 when_value 的值匹配，则执行相应的 SQL 语句列表；如果不存在这样的 when_value，则执行 else 子句中的语句列表。

第二种语法格式：
```
case
  when search_condition then statement_list
  [when search_condition then statement_list]...
  [else statement_list]
end case
```

在存储过程中，可以使用 case 语句实现一个复杂的条件结构。如果 search_condition 求值为真，则执行相应的 SQL 语句列表；如果没有 search_condition 匹配，则执行 else 子句中的语句列表。

（6）使用 while 语句实现一个循环结构，语法格式如下。
```
[begin_label:] while search_condition do
    statement_list
end while [end_label]
```

while 语句内的语句将被重复，直至 search_condition 求值为真。while 语句可以被标注。除非 begin_label 也存在，end_label 才能被使用，如果两者都存在，则它们的名称必须是一样的。

一个存储过程与特定数据库相关联。当移除数据库时，与其关联的所有存储过程都会被移除。也可以使用 drop procedure 语句从数据库中删除指定的存储过程，语法格式如下。
```
drop procedure [if exists] sp_name
```

其中，sp_name 表示要删除的存储过程的名称。if exists 子句是一个 MySQL 的扩展，如果存储过程不存在，则该语句可以防止发生错误。

【例 8.16】在 stuinfo 数据库中创建一个带输入参数的存储过程，用于实现交叉表查询，并调用该存储过程来按班级查询公共课成绩。

（1）在 MySQL 命令行工具中执行以下语句，以创建存储过程 sp_score_by_class。
```
use stuinfo;
drop procedure if exists sp_score_by_class;
-- 将语句结束符改为"//"
```

```
delimiter //
create procedure sp_score_by_class(in class char(5))
begin
  -- 若不存在指定的临时表，则创建该表
  create temporary table if not exists temp_score (
    stuid int not null,
    stuname varchar(10) not null,
    couname varchar(30) not null,
    score tinyint null
  );
  -- 从 student 表、course 表和 score 表向临时表中添加记录
  insert into temp_score (stuid, stuname, couname, score)
  select st.stuid, stuname,co.couname, score
  from score sc inner join course co on sc.couid=co.couid
  inner join student st on sc.stuid=st.stuid ;
  -- 创建交叉表查询
  select temp_score.stuid as 学号, temp_score.stuname as 姓名,
    sum(case couname when '信息技术基础' then score else 0 end) as 信息技术基础,
    sum(case couname when '英语' then score else 0 end) as 英语,
    sum(case couname when '数学' then score else 0 end) as 数学
  from temp_score inner join student on student.stuid=temp_score.stuid
  where student.class=class
  group by temp_score.stuid, temp_score.stuname;
  -- 若存在临时表，则删除该表
  drop temporary table if exists temp_score;
end //
-- 把语句结束符重新改为分号
delimiter ;
```

（2）调用存储过程 sp_score_by_class 并传递班级作为参数。

```
call sp_score_by_class('计2201');
```

执行结果如图 8.24 所示。

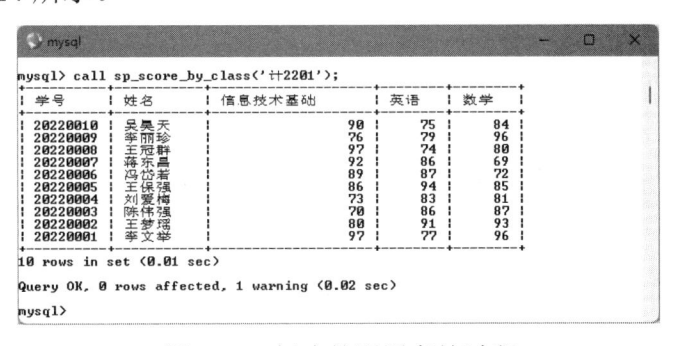

图 8.24　创建并调用存储过程

### 8.5.4　使用存储函数

存储函数通常被简称为函数。函数与存储过程类似，也被存储在某个数据库中。与存储过程不同的是，函数有一个返回值，因此可以用在任何使用表达式的位置。

使用 create function 语句可以在数据库中创建一个存储函数，语法格式如下。

```
create function func_name([param_name type[, ...]])
returns type
[characteristic...] routine_body
```

其中，func_name 表示函数的名称；param_name 表示参数的名称；type 表示参数的数据类型。函数的参数通常被认为是 in 参数。returns type 子句用于指定函数返回值的数据类型，可以是任何有效的 MySQL 数据类型。

characteristic 用于设置函数的特征，可参阅 create procedure 语句。routine_body 表示函数体，其中必须包含一个 return value 语句。如果函数体中只包含一个语句，则不必使用 begin…end 语句。

存储函数具有返回值，可以用在任何使用表达式的位置。存储函数不能通过 call 语句调用，这一点不同于存储过程。

对于不再需要的函数，可以使用 drop function 语句将其从数据库中删除，语法格式如下。

```
drop function [if exists] func_name
```

其中，func_name 表示要删除的函数的名称。if exists 子句是 MySQL 的一个扩展，如果函数不存在，则该语句可以防止发生错误。

【例 8.17】在 stuinfo 数据库中创建存储函数 cn_date()和 age()，功能分别是返回中文日期和计算年龄。要求在查询语句中调用这两个函数。

（1）在 MySQL 命令行工具中执行以下 SQL 语句，以创建存储函数 cn_date()和 age()。

```
set global log_bin_trust_function_creators=1;
use stuinfo;
drop function if exists cn_date;
drop function if exists age;
delimiter //
create function cn_date (d date) returns char(20)
begin
  declare d1 varchar(20);
  declare d2 varchar(5);
  declare d3 varchar(6);
  set d1=date_format(d, '%Y年%c月%d日');
  set d2=date_format(d, '%w');
  case d2
    when '0' then set d3=' 周日';
    when '1' then set d3=' 周一';
    when '2' then set d3=' 周二';
    when '3' then set d3=' 周三';
    when '4' then set d3=' 周四';
    when '5' then set d3=' 周五';
    when '6' then set d3=' 周六';
  end case;
  return concat(d1, d3);
```

```
end
//
create function age (birthdate date) returns int
  return datediff(curdate(), birthdate)/365;
//
delimiter ;
```

（2）执行以下查询语句，以调用存储函数。

```
select stuid as 学号, stuname as 姓名, gender as 性别,
  cn_date(birthdate) as 出生日期, age(birthdate) as 年龄
from student order by 年龄 desc limit 10;
```

执行结果如图 8.25 所示。

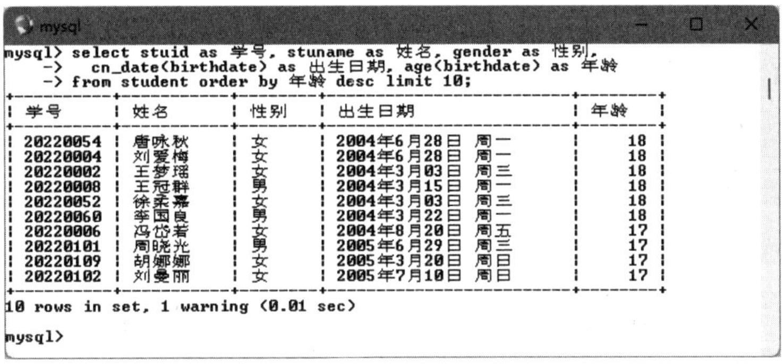

图 8.25  在查询语句中调用存储函数

### 8.5.5  使用触发器

触发器是与表有关的命名数据库对象。当表上出现特定事件时，将激活该对象。触发器并不需要由用户直接调用，而是在用户对表使用 update、insert 或 delete 语句时自动执行。MySQL 从版本 5.02 开始支持触发器。

使用 create trigger 语句可以在指定表中创建触发器，语法格式如下。

```
create trigger trigger_name trigger_time trigger_event
on tbl_name for each row trigger_stmt
```

其中，trigger_name 表示触发器的名称；tbl_name 表示要在其中创建触发器的表的名称。tbl_name 必须引用永久性表。不能将触发器与 temporary 表或视图关联起来。

trigger_time 是触发器的动作时间，可以是 before 或 after，用于指定触发器在激活它的语句之前或之后触发。

trigger_event 用于指定激活触发器的语句的类型，可以取下列值之一。

- insert：将新行插入表时激活触发器。例如，执行 insert 语句。
- update：更改某一行时激活触发器。例如，执行 update 语句。
- delete：从表中删除某一行时激活触发器。例如，执行 delete 语句。

具有相同触发器动作时间和事件的给定表，不能有两个相同的触发器。例如，某个表不能有两个 before update 触发器，但可以有一个 before update 触发器和一个 before insert 触发

器,或者一个 before update 触发器和一个 after update 触发器。

trigger_stmt 是当触发器被激活时执行的语句。若要执行多个语句,则可以使用 begin…end 语句。这样就能使用存储过程中允许的相同语句。

使用别名 old 和 new(不区分大小写)能够引用与触发器相关的表中的列。在 insert 触发器中,只能使用 new.col_name 引用要插入的新行中的一列。在 delete 触发器中,只能使用 old.col_name 引用已有行中的一列。在 update 触发器中,可以使用 old.col_name 引用更新前的某一行的列,也可以使用 new.col_name 引用更新后的某一行中的列。old 和 new 是对触发器的 MySQL 扩展。

使用 old 命名的列是只读的,可以被引用,但不可以被更改。对于使用 new 命名的列,如果用户具有 select 权限,则可以引用它。在 before 触发器中,如果用户具有 update 权限,则可以使用"set new.col_name = value"更改其值。这意味着,可以使用触发器更改要被插入到新行中的值,或者更新行的值。

在 before 触发器中,auto_increment 列的 new 值为 0,不是在实际插入新记录时自动生成的序列号。

对于不再需要的触发器,用户可以使用 drop trigger 语句从表中将其删除,语法格式如下。

```
drop trigger [schema_name.]trigger_name
```

其中,trigger_name 表示要删除的触发器的名称;schema_name 表示方案名称,如果省略该参数,则从当前方案中删除触发器。

【例 8.18】在 student 表中创建一个触发器,要求在添加学生记录时自动添加 3 门基础课程的成绩记录,即在 score 表中填入学生的学号和课程编号,并将成绩字段留空。在创建触发器后,可以通过 insert 和 select 语句测试触发器的执行结果。

(1)在 MySQL 命令行工具中执行以下 SQL 语句,以创建触发器 tr_insert_score。

```
use stuinfo;
delimiter //
create trigger tr_insert_score after insert
on student for each row
insert into score (stuid, couid) values
(new.stuid, 1), (new.stuid, 2), (new.stuid, 3);
//
delimiter ;
```

(2)执行以下语句,以验证触发器的效果。

```
use stuinfo;
insert into student values
('20220011', '王小明', '男', '1999-08-26','计算机系', '计2201', 'wxm@163.com');
select student.stuid as 学号, stuname as 姓名, couname as 课程, score as 成绩
from score inner join student on score.stuid=student.stuid
inner join course on score.couid=course.couid
where stuname='王小明';
```

执行结果如图 8.26 所示。

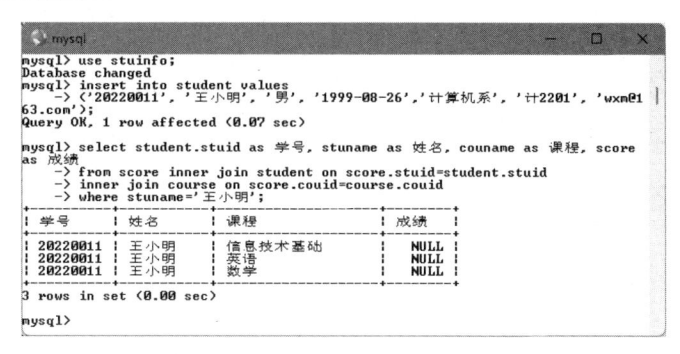

图 8.26  测试触发器的执行结果

## 任务 8.6  备份与恢复数据库

备份与恢复是 MySQL 数据库中的重要操作：备份是指将数据转存到文件中的过程；恢复则是指通过预先生成的备份文件将数据还原到 MySQL 服务器中的过程。备份与恢复不仅可以有效地防止数据丢失，还可以方便地将数据迁移到其他 MySQL 服务器中。在本任务中，读者将学习和掌握备份与恢复数据库的方法。

### 任务目标

- 掌握备份数据库的方法
- 掌握恢复数据库的方法

### 8.6.1  备份数据库

在 MySQL 中，备份数据库可以通过客户端实用程序 mysqldump 来完成。mysqldump 根据要备份的表结构生成相应的 create 语句，并将表中的所有记录转换为相应的 insert 语句，即表的结构和数据以这些 SQL 语句的形式被存储在脚本文件中。只要执行该脚本文件，就可以重现原始数据库对象定义和表数据。mysqldump 通常有以下 3 种使用方式。

#### 1. 备份单个数据库

要备份单个指定的 MySQL 数据库，可以使用以下语法格式。

```
mysqldump -u username -p dbname [tbl_name ...] > backup.sql
```

其中，dbname 表示要备份的数据库的名称。tbl_name 表示要备份的表的名称，不同的表名称之间用空格分隔；如果不提供表名称，则备份整个数据库。backup.sql 表示数据库备份生成的脚本文件的路径。在使用这种语法格式时，不会生成 create database 语句。

#### 2. 备份多个数据库

要备份多个 MySQL 数据库并生成创建和使用数据库的语句，可以使用以下语法格式。

```
mysqldump -u username -p --databases db_name … > backup.sql
```

其中，选项--databases 用于指定多个数据库；db_name 表示要备份的数据库的名称，不同的数据库名称之间用空格分隔。在使用这种语法格式时，会自动生成 create database 和 use 语句。要在 create database 语句前编写 drop database 语句，可以添加选项--add-drop-database。

**【例 8.19】** 使用 mysqldump 程序备份 stuinfo 数据库。

在 MySQL 命令行工具中输入并执行以下命令。

```
mysqldump    -u    root    -p    --add-drop-database    --databases    stuinfo    >
C:\backup_stuinfo.sql
```

在执行上述命令时，会生成脚本文件，不会出现任何提示信息。执行结果如图 8.27 所示。

```
D:\phpstudy_pro\Extensions\MySQL8.0.12\bin>mysqldump -u root -p --add-drop-database --databases stuinfo > C:\backup_stuinfo.sql
Enter password: ******

D:\phpstudy_pro\Extensions\MySQL8.0.12\bin>
```

图 8.27 备份数据库

### 3. 备份所有数据库

要备份当前 MySQL 服务器上的所有数据库，可以使用以下语法格式。

```
mysqldump -u username -p --all-databases > backup.sql
```

其中，选项--all-databases 用于指定当前 MySQL 服务器上的所有数据库，无须指定任何数据库名称。在使用这种语法格式时，也会自动生成 create database 和 use 语句。要在每个 create database 语句前编写 drop database 语句，可以添加选项--add-drop-database。

### 8.6.2 恢复数据库

在使用 mysqldump 程序备份数据库时，会生成一个脚本文件，其中包含创建数据库和表的 SQL 语句。要恢复数据库，可以使用 MySQL 命令行工具执行该脚本文件。例如：

```
mysql -u root -p < backup.sql
```

其中，backup.sql 为 mysqldump 程序生成的备份文件的路径。

## 任务 8.7 安全性管理

在安装和配置 MySQL 时，通常会创建一个 root 账户。该账户拥有最高权限，可以对服务器和所有数据库进行管理。为了确保数据的安全性，应该为开发人员创建 MySQL 用户账户，并针对不同用户设置不同的访问权限。在本任务中，读者将学习和掌握在 MySQL 中管理用户与权限的方法。

### 任务目标

- 掌握管理用户的方法
- 掌握管理权限的方法

## 8.7.1 管理用户

MySQL 数据库管理系统具有良好的安全性。用户必须拥有自己的账户和密码，才能登录 MySQL 服务器。要对 MySQL 的安全性进行管理，应当掌握创建用户账户、重命名用户账户、设置密码及删除用户账户的方法。

### 1. 创建用户账户

使用 create user 语句可以创建新的 MySQL 用户账户，语法格式如下。

```
create user user [identified by [password] 'password']
[, user [identified by [password] 'password']] …
```

其中，user 表示要创建的用户名，其值可以用不加引号的 username@hostname 形式或加引号的'username'@'hostname'形式来指定。如果 username 或 hostname 与不加引号的标识符一样都是合法的，则不需要对它添加引号。不过，如果要在用户名或主机名中包含特殊字符（如"-"）或通配字符（如"%"），则应当添加引号。例如，在'test-user'@'test-hostname'中，对 username 和 hostname 分别添加了引号。

在 hostname 中，可以指定通配符。例如，username@'%.loc.gov' 适用于 loc.gov 域中任意主机的 username。同时，username@'144.155.166.%' 适用于 144.155.166 C 级子网中任意主机的 username。简单形式 username 是 username@'%' 的同义词，其中，通配符"%"表示任意主机。

identified by 子句用于为创建的 MySQL 用户账户设置一个密码。如果要在纯文本中指定密码，则需要忽略关键字 password。如果要将密码指定为 password()函数返回的混编值，则需要包含关键字 password。

在使用 create user 语句创建一个用户账户后，即可通过该账户登录 MySQL 服务器。但在对该账户授予适当的权限之前，暂时还不能通过它进行数据访问。

要使用 create user 语句，必须拥有 MySQL 数据库的全局 create user 权限，或者拥有 insert 权限。对于每个用户账户，create user 语句会在没有权限的 mysql.user 表中创建一个新记录。如果指定的用户账户已经存在，则会出现错误。

用户账户信息存储在系统数据库 mysql 的 user 表中，可以通过 select 语句从该表中查看现有的用户账户信息。账户名称的用户和主机部分与用户表记录的 user 和 host 列值相对应，加密后的密码对应于 authentication_string 列。

【例 8.20】创建两个 MySQL 用户账户，一个只能访问本地主机，另一个可以访问远程主机。

在 MySQL 命令行工具中执行以下语句。

```
create user andy@'localhost' identified by '123456';
create user mary@'%' identified by 'zhimakaimen';
```

```
use mysql;
select user();
select host, user, authentication_string from user;
```

在上述语句中，user()函数是 MySQL 提供的一个内部函数，用于返回当前用户名。执行结果如图 8.28 所示。

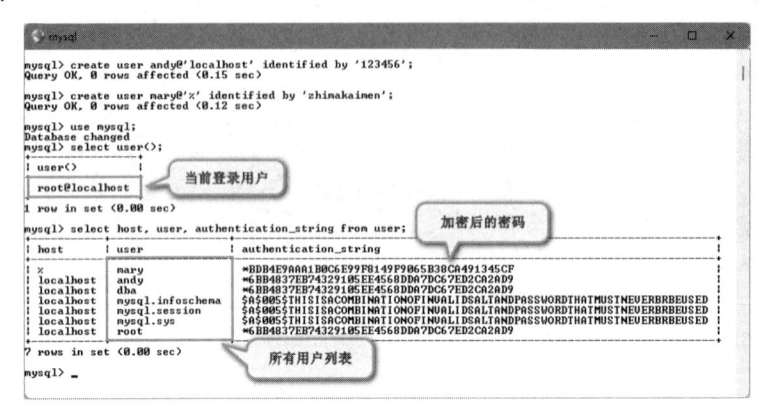

图 8.28　创建和查看用户账户

### 2. 重命名用户账户

使用 rename user 语句可以对现有 MySQL 用户账户进行重命名，语法格式如下。

```
rename user old_user to new_user[, old_user TO new_user] …
```

其中，old_user 和 new_user 值的格式为 'username'@'hostname'。

要使用 rename user 语句，必须拥有全局 create user 权限或 MySQL 数据库的 update 权限。如果旧账户不存在或者新账户已存在，则会出现错误。

例如，下面的语句对现有的两个 MySQL 用户账户进行了重命名。

```
rename user 'andy'@'localhost' to 'smith'@'%', 'mary'@'%' to 'tina'@'localhost';
```

### 3. 设置密码

使用 set password 语句可以为一个 MySQL 用户账户设置密码，有以下两种语法格式。

（1）如果要为当前用户账户设置密码，则可以使用以下语法格式。

```
set password = 'some password';
```

使用一个非匿名账户连接到服务器的任何用户都可以更改该账户的密码。

（2）如果要为当前服务器主机上的一个特定账户设置密码，则可以使用以下语法格式。

```
set password for user = 'some password';
```

其中，user 值应以'username'@'hostname'的格式指定。只有拥有 MySQL 数据库的 update 权限的客户端才可以这么做。

### 4. 删除用户账户

使用 drop user 语句可以删除一个或多个 MySQL 用户账户，语法格式如下。

```
drop user user [, user] …
```

其中，user 值的格式为 'username'@'hostname'，用户名和主机名都必须放在引号中。账户名称的用户名和主机名部分与用户表记录的 user 和 host 列值相对应。

要使用 drop user 语句，必须拥有 MySQL 数据库的全局 create user 权限或 delete 权限。

**注意**：drop user 语句不能自动关闭任何打开的用户对话。如果用户有打开的对话，则此时删除用户账户，语句不会生效，直到用户对话被关闭后才生效。一旦用户对话被关闭，用户账户就会被删除，当此用户再次试图登录时，将会失败。

例如，使用下面的语句可以删除 MySQL 用户账户 andy 和 mary。

```
drop user 'andy'@'localhost', 'mary'@'%';
```

## 8.7.2 管理权限

在使用 create user 语句创建一个用户账户后，即可通过该账户登录 MySQL 服务器，但此时还不能访问任何数据库。如果希望通过某个用户账户访问数据库，则必须对该账户授予适当的权限。

### 1. 设置权限

系统管理员可以使用 grant 语句对一个现有的 MySQL 用户账户授予适当的权限，也可以使用该语句创建一个新的用户账户并对其进行授权，语法格式如下。

```
grant priv_type [(column_list)][, priv_type[(column_list)]] …
on [table | function | procedure] {tbl_name | * | *.* |db_name.*}
to user [identified by [password] 'password']
[, user [identified by [password] 'password']] …
[require
  none|[{ssl|x509}] [cipher 'cipher' [and]] [issuer 'issuer' [and]] [subject 'subject']]
[with grant option
  |max_queries_per_hour count | max_updates_per_hour count
  |max_connections_per_hour count | max_user_connections count]
```

其中，priv_type 表示可授予用户账户的各种权限，这些权限及其说明如表 8.5 所示。

表 8.5  可授予用户账户的权限及其说明

| 权　　限 | 说　　明 |
| --- | --- |
| all [privileges] | 设置除 grant option 之外的所有简单权限 |
| alter | 允许使用 alter table 语句 |
| alter routine | 更改或取消存储过程 |
| create | 允许使用 create table 语句 |
| create routine | 允许创建存储过程 |
| create temporary tables | 允许使用 create temporary table 语句 |
| create user | 允许使用 create user、drop user、rename user 和 revoke all privileges 语句 |
| create view | 允许使用 create view 语句 |

续表

| 权限 | 说明 |
|---|---|
| delete | 允许使用 delete 语句 |
| drop | 允许使用 drop table 语句 |
| execute | 允许用户运行存储过程 |
| file | 允许使用 select…into outfile 和 load data infile 语句 |
| index | 允许使用 create index 和 drop index 语句 |
| insert | 允许使用 insert 语句 |
| lock tables | 允许对用户拥有 select 权限的表使用 lock tables 语句 |
| process | 允许使用 show full processlist 语句 |
| reload | 允许使用 flush 语句 |
| replication client | 允许用户询问从属服务器或主服务器的地址 |
| replication slave | 用于建立复制时需要用到的用户权限（从主服务器中读取二进制日志事件） |
| select | 允许使用 select 语句 |
| show databases | 显示所有数据库 |
| show view | 允许使用 show create view 语句 |
| shutdown | 允许使用 mysqladmin shutdown 命令 |
| super | 允许使用 change master、kill、purge master logs 和 set global 语句，以及 mysqladmin debug 命令；允许连接（一次），即使已达到 max_connections |
| update | 允许使用 update 语句 |
| usage | 无权限的同义词 |
| grant option | 允许授予权限 |

  column_list 用于对表中的一个或多个字段指定权限。

  如果使用关键字 table、function 或 procedure，则指定后续目标是一个表、一个存储函数或一个存储过程。tbl_name 表示被授权的表名称。使用"on *.*"语法可以赋予全局权限，全局权限适用于一个给定服务器中的所有数据库。使用"on db_name.*"语法可以赋予数据库权限，数据库权限适用于一个给定数据库中的所有对象。如果指定了"on *"且选择了一个默认数据库，则权限会被赋予该数据库。如果指定了"on *"而没有选择一个默认数据库，则权限是全局的。

  grant 语句用于在全局层级或数据库层级赋予权限。当在 grant 语句中指定数据库名称时，可以使用通配符"_"和"%"。如果要使用下画线"_"作为数据库名称的一部分，则应该在 grant 语句中指定"\_"，以防止用户访问其他符合此通配符格式的数据库。例如，grant…on `student\_info`.* to…。

  user 用于指定要被授权的用户账户。identified by 子句用于设置用户账户的密码。如果该账户已经拥有了一个密码，则此密码会被新密码替代。

  require 子句用于指定用户是否通过加密套接字进行连接，或者指定其他 ssl 选项。

  如果使用 with grant option 子句，则允许用户在指定的权限层级向其他用户授予其拥有的任何权限。grant option 权限只允许用户向其他用户授予自己拥有的权限，不能授予自己没有的权限。

max_queries_per_hour count 用于指定该账户每小时能够执行的最大查询次数。

max_updates_per_hour count 用于指定该账户每小时能够执行的最大更新次数。

max_connections_per_hour count 用于指定该账户每小时能够执行的最大连接次数。

max_user_connections count 用于指定该账户可以同时进行的最大连接次数。

在使用 root 账户连接 MySQL 服务器后,可以使用以下 grant 语句创建两个新的用户账户。

```
grant all privileges on *.* to 'monty'@'localhost'
  identified by 'some_pass' with grant option;
grant all privileges on *.* to 'monty'@'%'
  identified by 'some_pass' with grant option;
```

使用上述语句创建的两个新的用户账户具有相同的用户名 monty 和密码 some_pass,它们都是超级用户账户,拥有完全的权限,可以做任何事情。不同的是,用户账户'monty'@'localhost'只能用于从本地主机连接,而用户账户'monty'@'%'可用于从其他主机连接。

使用下面的 grant 语句创建一个新的用户账户(用户名为 admin,没有密码),并授予其 reload 和 process 管理权限。该账户只能用于从本地主机连接。

```
grant reload, process on *.* to 'admin'@'localhost';
```

使用下面的 grant 语句创建一个新的用户账户(用户名为 dummy,没有密码)。该账户只能用于从本地主机连接,而未被授予权限。

```
grant usage on *.* to 'dummy'@'localhost';
```

使用 grant 语句中的 usage 权限可以创建一个新的用户账户而不授予其任何权限,可以将所有全局权限设为 'n',并在以后将具体权限授予该账户。

要查看当前用户账户的权限,可以使用下面的语句。

```
show grants;
```

要查看其他 MySQL 用户账户的权限,可以使用下面的语句。

```
show grants for dba@localhost;
```

### 2. 撤销权限

使用 revoke 语句可以撤销用户账户的权限,有以下两种语法格式。

第一种语法格式:

```
revoke priv_type [(column_list)] [, priv_type [(column_list)]] …
on [table | function | procedure] {tbl_name | * | *.* | db_name.*}
from user[, user] …
```

第二种语法格式:

```
revoke all privileges, grant option from user[, user]…
```

其中,各参数的含义与 grant 语句中对应参数的含义相同。

例如,下面的 revoke 语句用于撤销用户 dba@localhost 的所有权限。

```
revoke all on *.* from dba@localhost;
```

除了使用 SQL 语句，还可以使用 Navicat for MySQL 等图形化工具以可视化方式对用户授予或撤销权限。

# 项目思考

## 一、选择题

1. 在下列各项中，将（　　）作为 SQL 语句结尾并按回车键不能执行该语句。
   A．\EXEC　　　　B．;　　　　　　C．\G　　　　　　D．\g
2. 在 MySQL 中，使用通配符（　　）可以表示任意单个字符。
   A．?　　　　　　B．*　　　　　　C．%　　　　　　D．_
3. 在使用 select 语句查询记录时，可以使用（　　）子句对查询到的行进行排序处理。
   A．group by　　　B．order by　　　C．where　　　　D．having
4. 要从 student 表中查询所有姓李的学生，可以在 where 子句中使用（　　）条件。
   A．stuname like '李*'　　　　　　　B．stuname like '李?'
   C．stuname like '李%'　　　　　　　D．stuname like '李_'
5. 在使用 select 语句查询记录时，使用（　　）子句可以对结果集中的记录进行分类。
   A．where　　　　B．group by　　　C．having　　　　D．order by

## 二、判断题

1. 要以 root 用户身份连接本地主机上的 MySQL 服务器，可以执行 mysql -hlocalhost -uroot -p 命令。　　　　　　　　　　　　　　　　　　　　　　　　　　　　（　　）
2. 在执行 create database 语句时，如果已经存在同名数据库，则即使没有指定 if not exists，也不会出现错误。　　　　　　　　　　　　　　　　　　　　　　　　　　（　　）
3. 使用 create table 语句只能在当前数据库中创建表。　　　　　　　　　　　　（　　）
4. 使用 show columns 或 describe 语句都可以查看表中所有列的信息。　　　　（　　）
5. 使用 insert…values 语句只能向表中插入一条记录。　　　　　　　　　　　　（　　）
6. 使用 delete 语句可以从多个表中删除记录。　　　　　　　　　　　　　　　（　　）
7. 使用 create user 语句创建的用户账户可以立刻访问 MySQL 数据库。　　　（　　）

## 三、简答题

1. MySQL 采用什么体系结构？该结构有什么特点？
2. 什么是主键？它有什么作用？
3. 什么是子查询？
4. 索引有什么用途？

5．什么是视图？视图有什么用途？

6．如何在数据库中创建存储过程？如何调用存储过程？

7．存储函数与存储过程有什么不同？

8．在创建触发器时，别名 old 和 new 分别有什么作用？

9．如何创建新的 MySQL 用户账户？

10．如何对用户账户设置密码？

11．如何对用户账户设置和撤销权限？

# 项 目 实 训

1．使用 MySQL 命令行工具在 MySQL 服务器上创建一个数据库并将其命名为 stuinfo。

2．使用 Navicat for MySQL 在 stuinfo 数据库中创建 3 个表，并将它们分别命名为 student、course 和 score，表结构定义参见表 8.2。

3．使用 insert 语句在 stuinfo 数据库的各个表中分别添加一些数据记录。

4．在 stuinfo 数据库中创建一个视图，并基于 student 表、course 表和 score 表检索数据，要求包含学号、姓名、课程名称及成绩字段。

5．在 stuinfo 数据库中创建一个存储过程，用于根据传递的班级显示学生成绩。

6．在 stuinfo 数据库中创建一个存储函数，用于根据学生的出生日期计算年龄。

7．使用 MySQL 命令行工具在 student 表中创建一个触发器，要求在添加学生记录时自动添加成绩记录，即在 score 表中填入学号和课程编号，将成绩字段留空。

8．使用 MySQL 命令行工具在 student 表中创建一个触发器，用于在每次从 student 表中删除一个学生的同时删除该学生的成绩记录。

9．使用 Navicat for MySQL 在 MySQL 服务器上创建一个用户账户并将其命名为 admin，授予该账户访问 stuinfo 数据库的全部权限。

# 项目 9

# 通过 PHP 操作 MySQL 数据库

在 PHP 动态网站开发过程中,通常会选择 MySQL 作为后台数据库。使用 PHP 通过 Web 读取和更新 MySQL 数据库是网站开发的重要内容。PHP 提供了几种 MySQL API 扩展,可以方便地实现对 MySQL 数据库的访问。在本项目中,读者将学习和掌握通过 PHP 操作 MySQL 数据库的方法与步骤,能够了解 MySQL API、连接 MySQL 服务器、查询记录并进行增删改操作等。

## 项目目标

- 了解 MySQL API
- 掌握连接 MySQL 服务器的方法
- 掌握查询记录的方法
- 掌握增删改操作的方法

## 任务 9.1　了解 MySQL API

API 即应用程序编程接口,它定义了应用程序需要调用的类、方法、函数及变量,可以用于执行某项任务。对需要与 MySQL 数据库通信的 PHP Web 应用而言,相关的 API 通常是通过 PHP 扩展来公开的。

### 任务目标

- 了解访问 MySQL 数据库的 PHP API
- 了解访问 MySQL 数据库的基本流程

### 9.1.1　访问 MySQL 数据库的 PHP API

根据 PHP 版本的不同,有两种或三种 PHP API 可以用于访问 MySQL 数据库。当使用 PHP 5 进行开发时,可以在 mysql、mysqli 或 pdo_mysql 扩展之间进行选择。由于旧的 mysql

扩展在 PHP 5.5.0 中已被弃用，并且在 PHP 7 中已被彻底删除，因此当使用 PHP 7 及更高版本进行开发时，就只剩下后面两个选项了。

本书中使用的是 MySQL 8.0.12，建议使用 mysqli 或 pdo_mysql 扩展来实现 MySQL 数据库操作。mysqli 和 pdo_mysql 扩展的整体性能大致上是相同的。不同的是，mysqli 扩展同时提供了面向过程和面向对象两种接口，而 pdo_mysql 扩展则仅提供了面向对象接口。面向对象的 API 符合现代编程风格，能够更好地组织程序代码，理应作为首选。下面讨论如何通过 mysqli 扩展访问 MySQL 数据库，主要介绍面向对象接口。

要启用 mysqli 和 pdo_mysql 扩展，应打开 PHP 配置文件 php.ini，从中查找以下两行内容。

```
;extension=mysqli
;extension=pdo_mysql
```

找到之后移除这两行内容前面的分号，并重启 Apache 服务器。

【例 9.1】创建一个 PHP 动态网页，用于对不同的 PHP MySQL 扩展的编程风格进行比较。源文件为/09/09-01.php，源代码如下。

```
<!doctype html>
<html>
<head>
<meta charset="utf-8">
<title>两种 PHP MySQL 扩展</title>
</head>

<body>
<?php
echo "<h3>两种 PHP MySQL 扩展</h3>";
echo "<hr>";
echo "<ul>";
$stmt = "select 'Hello, MySQL!' as message from student";

// mysqli 过程化风格
$mysqli = mysqli_connect("localhost", "dba", "123456", "stuinfo");
$result = mysqli_query($mysqli, $stmt);
$row = mysqli_fetch_assoc($result);
echo "<li>mysqli<ul><li>过程化风格: ";
echo $row['message'];

// mysqli 面向对象风格
$mysqli = new mysqli("localhost", "dba", "123456", "stuinfo");
$result = $mysqli->query($stmt);
$row = $result->fetch_assoc();
echo "<li>面向对象风格: ";
echo $row['message'];
echo "</ul>";

// PDO 面向对象
```

```php
$pdo = new PDO('mysql:host=localhost;dbname=stuinfo', 'dba', '123456');
$statement = $pdo->query($stmt);
$row = $statement->fetch(PDO::FETCH_ASSOC);
echo "<li>PDO 面向对象：";
echo $row['message'];
?>
</body>
</html>
```

本例中首先使用 mysqli 扩展的两种方式连接 MySQL 服务器，然后使用 pdo_mysql 扩展连接 MySQL 服务器，在每次创建连接时均选择 stuinfo 作为默认数据库进行操作，并通过执行查询语句获得结果集。运行结果如图 9.1 所示。

图 9.1 两种 PHP MySQL 扩展

### 9.1.2 访问 MySQL 数据库的基本流程

无论使用何种 PHP MySQL 扩展访问 MySQL 数据库，都需要首先创建到 MySQL 服务器的连接，并选择一个数据库作为操作的默认数据库，然后才能向 MySQL 服务器发送 SQL 语句，执行数据查询或数据操作任务。基本流程如图 9.2 所示。

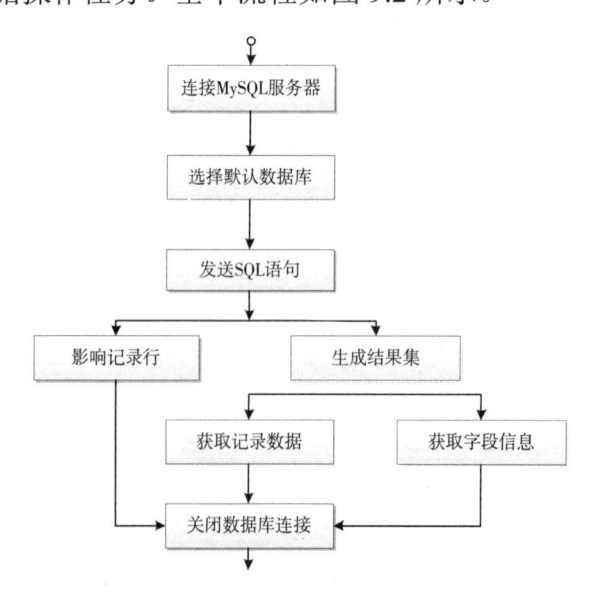

图 9.2 访问 MySQL 数据库的基本流程

向 MySQL 服务器发送的 SQL 语句分为以下两种类型。
- 操作性语句：比如 insert、update 或 delete 等语句，可以用于添加、修改或删除记录，在执行成功时将对数据表的记录产生影响。
- 查询语句：比如 select 等语句，可以用于查询记录，在执行成功时将会生成一个结果集。此时还需要对结果集做进一步的处理，包括获取字段信息和记录数据，以及呈现结果集内容。无论执行何种操作，在操作结束后都需要关闭数据库连接。

## 任务 9.2 连接 MySQL 服务器

在通过 PHP 脚本访问 MySQL 数据库中的数据之前，必须首先创建与 MySQL 服务器的连接。有了数据库连接，才能对数据库执行查询、更新或删除操作，在完成数据库操作后，还应及时关闭数据库连接。在本任务中，读者将学习和掌握创建数据库连接、创建持久化连接、选择数据库及关闭数据库连接的方法。

> **任务目标**
> - 掌握创建数据库连接的方法
> - 掌握创建持久化连接的方法
> - 掌握选择数据库的方法
> - 掌握关闭数据库连接的方法

### 9.2.1 创建数据库连接

在使用 mysqli 扩展时，连接 MySQL 服务器可以通过调用 mysqli 类的构造方法来实现，语法格式如下。

```
mysqli::__construct([string $hostname[, string $username)[, string $password[,
    string $database[, int $port[, string $socket]]]]]])
```

其中，hostname 可以是主机名或 IP 地址。如果要连接本地主机，则可以将此参数的值设置为字符串"localhost"或 IP 地址"127.0.0.1"。username 用于指定 MySQL 用户名。

password 用于指定登录密码。如果未提供该参数或者该参数是 null，则 MySQL 服务器将尝试针对那些没有设置登录密码的用户进行身份验证。database 用于指定数据库名称。如果提供了这个参数，则会将其指定为执行查询时要使用的默认数据库。port 用于指定尝试连接 MySQL 服务器的端口号，默认值为 3306。socket 用于指定要使用的套接字或命名管道。

mysqli::__construct()方法返回一个 mysqli 实例对象，该对象表示与 MySQL 服务器的一个连接。该对象具有许多属性和方法，可以用来对选定的数据库执行各种操作。

在创建连接失败时，将抛出一个 mysqli_sql_exception 异常。为了检查创建连接是否成功，可以将代码放在 try 代码块中，并对每个 try 代码块设置一个相应的 catch 或 finally 代码块。

使用 catch 代码块可以定义处理异常的方式，指定处理的异常类型并将异常赋值到对象变量中,并使用该对象的 getCode() 和 getMessage() 方法获取异常错误码和异常错误信息。

finally 代码块可以放在 catch 代码块之后,或者直接代替它。无论是否抛出了异常,在 try 和 catch 代码块之后、在执行后续代码之前,放在 finally 代码块中的代码都会被执行。

【例 9.2】创建一个 PHP 动态网页,用于说明如何捕捉和处理创建 MySQL 数据库连接时发生的异常。源文件为/09/09-02.php,源代码如下。

```
<!doctype html>
<html>
<head>
<meta charset="utf-8">
<title>创建数据库连接示例</title>
</head>

<body>
<h3>创建数据库连接示例</h3>
<hr>
<?php
try {
    $mysqli = new mysqli('localhost', 'dba', '123456', 'not_exists_db');
} catch (mysqli_sql_exception $e) {
    $msg = sprintf('连接 MySQL 失败!<br>错误代码:%d。<br>错误信息:%s。',
        $e->getCode(), $e->getMessage());
    die($msg);   // 输入一条消息并退出脚本
}
echo '创建数据库连接成功!<br>';
echo '连接类型:' . $mysqli->host_info;
?>
</body>
</html>
```

本例中创建数据库连接时指定了一个不存在的数据库,并将创建数据库连接的代码放在 catch 代码块中。当发生 mysqli_sql_exception 异常时,会输出错误代码和信息并退出当前脚本。运行结果如图 9.3 所示。

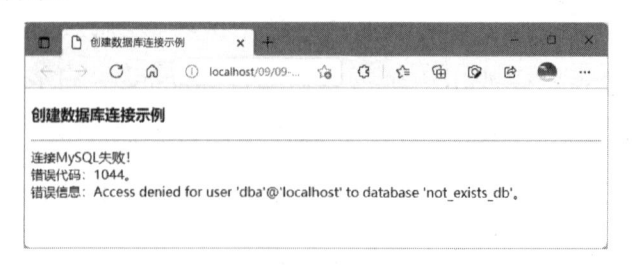

图 9.3 创建数据库连接示例

## 9.2.2 创建持久化连接

mysqli 扩展提供了持久化连接支持,目的在于重用客户端到服务器之间的连接,避免在每次需要的时候都重新创建一个连接。由于持久化连接可以将已经创建的连接缓存起来,以备后续使用，因此省去了创建新连接的开销，并且可以带来性能上的提升。

mysqli 扩展并没有提供一个专门的方法来打开持久化连接。如果需要打开一个持久化连接，则创建连接时在主机名前加上前缀"p:"即可。例如：

```
$mysqli = new mysqli("p:localhost", "dba", "123456", "stuinfo");
```

使用持久化连接也会存在一些风险，因为缓存中的连接可能处于一种不可预测的状态。例如，如果客户端未能正常关闭连接，则在这个连接上可能残留了对库表的锁，当这个连接被其他请求重用时，它还处于锁定状态。所以，如果要很好地使用持久化连接，就要求程序在与数据库进行交互时，确保做好清理工作，保证被缓存的连接处于一种干净的、没有残留的状态。

mysqli 扩展的持久化连接提供了内建的清理代码。mysqli 所做的清理工作包括：回滚处于活动状态的事务；关闭并删除临时表；对表进行解锁；重置会话变量；关闭预编译 SQL 语句；关闭处理程序；释放通过 get_lock()函数获得的锁。这确保了将连接返回连接池时，该连接处于一种"干净"的状态，可以被其他客户端进程使用。

自动清理特性既有优点也有缺点。其优点是程序员不再需要担心附加的清理代码，因为这些代码会被自动调用；其缺点是性能可能会差一些，因为每次从连接池中返回一个连接都需要执行这些清理代码。

### 9.2.3 选择数据库

在创建连接时，可以使用 database 指定要使用的数据库名称。不过，由于这个参数是可选的，所以也可以不提供。在这种情况下，连接 MySQL 服务器后就需要调用 mysqli 连接对象的 select_db()方法，为后续执行 SQL 语句选择一个默认的数据库，语法格式如下。

```
mysqli::select_db(string $database): bool
```

其中，database 用于指定要选择的数据库名称。

如果在创建连接时已经指定了数据库，则通过调用 select_db()方法可以选择一个不同的数据库。在执行成功时，select_db()方法返回 true；在执行失败时，select_db()方法返回 false。

【例 9.3】创建一个 PHP 动态网页，用于说明创建数据库连接后如何选择数据库。源文件为/09/09-03.php，源代码如下。

```
<!doctype html>
<html>
<head>
<meta charset="utf-8">
<title>选择数据库示例</title>
</head>

<body>
<h3>选择数据库示例</h3>
<hr>
```

```php
<?php
try {
    $mysqli = new mysqli("localhost", "root", "123456", "mysql");  // 创建数据库连接
} catch (mysqli_sql_exception $e) {                              // 捕获并处理异常
    die($e->getMessage());                                        // 显示错误信息并退出
}
/* 检查当前默认数据库 */
if ($result = $mysqli->query("select database()")) {             // 执行 SQL 语句
    $row = $result->fetch_row();                                  // 从结果集中获取行
    printf("当前默认数据库为<b>%s</b>。<br>", $row[0]);            // 从行中获取第一列
    $result->close();                                             // 关闭结果集
}
/* 将当前数据库更改为 stuinfo */
$mysqli->select_db("stuinfo");
/* 检查当前默认数据库 */
if ($result = $mysqli->query("select database()")) {
    $row = $result->fetch_row();
    printf("当前默认数据库为<b>%s</b>。<br>", $row[0]);
    $result->close();
}
$mysqli->close();                                                 // 关闭数据库连接
?>
</body>
</html>
```

本例中创建连接时首先指定系统数据库 mysql 为默认数据库，然后另行选择一个数据库。运行结果如图 9.4 所示。

图 9.4　选择数据库示例

### 9.2.4　关闭数据库连接

在创建一个数据库连接并完成数据操作时，可以调用 mysqli 连接对象的 close() 方法来关闭先前打开的数据库连接，语法格式如下。

```
mysqli::close(): bool
```

close() 方法用于关闭先前打开的数据库连接。如果调用成功，则 close() 方法返回 true，否则返回 false。

在通常情况下，也可以不调用 mysqli 连接对象的 close() 方法，因为已经打开的数据库连

接在脚本执行完成后会自动关闭。

## 任务 9.3　查询记录

在 MySQL 中，查询记录主要是通过 select 语句实现的。用户通过查询可以从一个或多个表中获取一条或多条记录。在 PHP 中使用 mysqli 扩展访问 MySQL 数据库时，可以调用数据库连接对象的相关方法来获取表中的字段信息和记录数据，并使用适当的 HTML 标签将字段和记录内容呈现出来。

### 📒 任务目标

- 掌握执行 SQL 查询的方法
- 掌握处理结果集的方法
- 掌握获取元数据的方法
- 掌握分页显示结果集的方法
- 掌握创建搜索/结果页的方法
- 掌握创建主/详细页的方法

### 9.3.1　执行 SQL 查询

在创建 mysqli 连接对象后，调用该对象的 query()方法对当前数据库执行一次查询操作，语法格式如下。

```
mysqli::query(string $query[, int $resultmode]): mixed
```

其中，query 表示查询字符串；resultmode 为可选参数，用于指定查询是否使用缓冲，其值可以是常量 MYSQLI_USE_RESULT（使用无缓冲的结果集）或 MYSQLI_STORE_RESULT（使用缓冲的结果集），后者为默认值。

当成功执行查询语句 select、show、describe 或 explain 时，query()方法会返回一个 mysqli_result 对象，表示结果集；当成功执行查询语句 insert、update 或 delete 时，query()方法会返回布尔值 true，否则返回布尔值 false。

如果成功执行了查询语句，则可以使用连接对象的 num_rows->affected_rows 属性查看 select 语句返回了多少行，或者使用连接对象的 affected_rows 属性查看 delete、insert、replace 或 update 语句影响了多少行。

下面解释一下什么是缓冲查询和无缓冲查询。

- 当执行缓冲查询时，查询结果会被立即从 MySQL 服务器传输到 PHP 中，并被保存在 PHP 进程的内存中，此时可以执行额外的操作，比如计算行数或移动当前结果指针，以及处理结果集时通过同一连接发送进一步查询的请求。使用缓冲模式的缺点是结果集比较大，可能需要相当多的内存，而且内存将保持占用状态，直到销毁对结果集的所有引用或显式释放结果集为止，这将在请求结束时自动发生。如果希望只读取有限的结果集，或者需要在读取所有行之前就知道返回的行数，则应使用缓冲查询。默认情况下使用缓冲查询，称为存储结果。

- 当执行无缓冲查询时，数据仍然在 MySQL 服务器上等待，直到获取结果集时才会返回资源。这时在 PHP 端使用的内存较少，但可能会增加服务器的负担。除非从服务器中获取了完整的结果集，否则无法通过同一连接发送进一步查询的请求。如果希望得到更大的结果集，则应使用无缓冲查询，称为使用结果。

【例 9.4】创建一个 PHP 动态网页，用于演示如何执行 SQL 查询。源文件为/09/09-04.php，源代码如下。

```
<!doctype html>
<html>
<head>
<meta charset="utf-8">
<title>执行 SQL 查询示例</title>
</head>

<body>
<h3>执行 SQL 查询示例</h3>
<hr>
<?php
/* 创建数据库连接 */
try {
    $mysqli = new mysqli("localhost", "dba", "123456", "stuinfo");
} catch (mysqli_sql_exception $e) {
    die($e->getMessage());
}
/* 创建临时表时不会返回结果集 */
if ($mysqli->query("create temporary table stus like student") === true) {
    printf("stus 表创建成功。<br>");
}
/* 选择查询返回一个结果集 */
if ($result = $mysqli->query("select stuid from student limit 20")) {
    printf("选择查询返回了%d 行。<br><br>", $result->num_rows);
    /* 释放结果集 */
    $result->close();
}
$mysqli->close();
?>
</body>
</html>
```

本例中先后执行了不同的 SQL 语句。首先执行 create temporary table…like…语句，并根据现有表的定义创建了一个空的临时表，若执行成功则返回 true；然后使用缓冲查询模式执行 select 语句，从 student 表中检索 20 条记录并返回结果集，通过结果集的 num_rows 属性得到查询的行数。运行结果如图 9.5 所示。

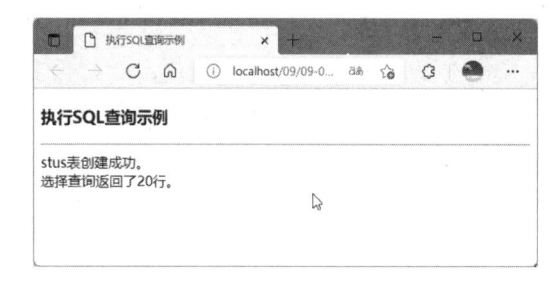

图 9.5　执行 SQL 查询示例

### 9.3.2　处理结果集

在 mysqli 扩展中，mysqli_result 代表从一个数据库查询中获取的结果集。当调用 mysqli 连接对象的 query()方法执行 select 语句等选择查询时，将会返回一个结果集对象。

如果要从结果集中获取查询到的每一行记录，则需要通过调用结果集对象的 fetch_array() 方法来实现，语法格式如下。

```
mysqli_result::fetch_array([int $resulttype]): mixed
```

其中，resulttype 为可选参数，用于指定从当前行数据中生成哪种类型的数组，其取值可以是以下 PHP 常量。

- MYSQLI_ASSOC：将得到以字段名为键名的关联索引数组，与 fetch_assoc()方法相同。
- MYSQLI_NUM：将得到具有数字索引的枚举数组，与 fetch_row()方法相同。
- MYSQLI_BOTH（默认值）：将创建一个同时包含关联索引和数字索引的数组。

fetch_array()方法返回与获取的行对应的数组，如果结果集中没有行，则返回 null。此方法返回的字段名是区分大小写的，null 字段的值将被设置为 PHP 空值。

如果结果集中的两列或更多列具有相同的字段名称，则最后一列将优先并覆盖先前的数据。为了访问具有相同名称的多个列，必须使用该行的数字索引版本。

为了在页面中显示一个结果集的内容，可以使用结果集的 num_rows 和 field_count 属性来获取该结果集包含的行数和列数。在对一个结果集进行处理之后，调用该结果集的 free()或 close()方法，可以释放它占用的内存空间。

每调用一次 fetch_xxx()方法，记录指针都会前移一行，最终导致结果集中没有行可取，此时这些方法将返回 null。要使记录指针重返首记录，可以调用结果集的 data_seek()方法。

【例 9.5】创建一个 PHP 动态网页，用于演示如何处理查询返回的结果集。源文件为 /09/09-05.php，源代码如下。

```
<!doctype html>
<html>
<head>
<meta charset="utf-8">
<title>处理结果集示例</title>
</head>
```

```php
<body>
<h3>处理结果集示例</h3>
<hr>
<?php
/* 创建数据库连接 */
try {
    $mysqli = new mysqli("localhost", "dba", "123456", "stuinfo");
} catch (mysqli_sql_exception $e) {}
    die($e->getMessage());
}
$query = "select * from course limit 4";
$result = $mysqli->query($query);
/* 枚举数组 */
$row = $result->fetch_array(MYSQLI_NUM);
echo "枚举数组：";
printf("%s. %s（%d）<br>", $row[0], $row[1], $row[2]);
/* 关联数组 */
$row = $result->fetch_array(MYSQLI_ASSOC);
echo "关联数组：";
printf("%s. %s（%d）<br>", $row["couid"], $row["couname"], $row["hours"]);
/* 枚举数组和关联数组 */
$row = $result->fetch_array(MYSQLI_BOTH);
echo "混合数组：";
printf("%s. %s（%d）<br>", $row[0], $row["couname"], $row[2]);
echo "关联数组：";
$row = $result->fetch_assoc();
foreach ($row as $key => $value) {
    echo "{$key}: {$value}  ";
}
$result->data_seek(0);
$rows = $result->num_rows;
$cols = $result->field_count;
echo "<br><br>遍历结果集（{$rows}行{$cols}列）<ul>";
while ($row = $result->fetch_array(MYSQLI_ASSOC)) {
    echo "<li>";
    foreach ($row as $key => $value) {
        echo "{$key}: {$value}  ";
    }
}
/* 释放结果集 */
$result->free();
/* 关闭数据库连接 */
$mysqli->close();
?>
</body>
</html>
```

本例中首先使用不同类型的数组对查询返回的结果集进行处理，并将 0 作为偏移量传入 data_seek()方法，使记录指针复位，然后对结果集中的行进行遍历。运行结果如图 9.6 所示。

### 9.3.3 获取元数据

MySQL 结果集包含元数据，元数据用于描述结果集中的字段。MySQL 发送的所有元数据都可以通过结果集对象的 fetch_field()方法来获取，语法格式如下。

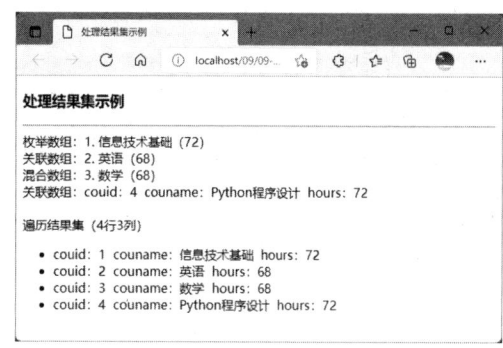

图 9.6 处理结果集示例

```
mysqli_result::fetch_field(): object
```

fetch_field()方法以对象形式返回结果集中的下一个字段，该对象用于描述结果集中的下一个字段的定义。重复调用此方法可以检索有关结果集中所有字段的信息。fetch_field()方法的返回值是一个包含字段定义信息的对象，如果没有可用的字段信息，则返回 false。

字段对象的主要属性如表 9.1 所示。

表 9.1 字段对象的主要属性

| 属 性 | 描 述 |
| --- | --- |
| name | 字段名 |
| orgname | 如果指定了别名，则为原始字段名 |
| table | 字段所属表的名称 |
| orgtable | 如果指定了别名，则为原始表名 |
| max_length | 结果集字段的最大宽度 |
| length | 表定义中指定的字段宽度（以字节为单位） |
| charsetnr | 字段的字符集编号 |
| flags | 一个整数，表示字段的位标志 |
| type | 用于此字段的数据类型 |
| decimals | 小数位数（对于整数字段来说） |

需要说明的是，length 属性值（字节）可能与表定义值（字符）不同，具体取决于使用的字符集。例如，utf8 字符集的每个字符占用 3 字节，因此，对于 utf8 字符集，varchar(10)将返回 30（即 10×3），但对于 latin1 字符集，varchar(10)将返回 10（即 10×1）。

如果要一次性获取结果集中所有字段的信息，则可以调用 fetch_fields()方法来实现，语法格式如下。

```
mysqli_result::fetch_fields() : array
```

fetch_fields()方法返回一个对象数组，用于描述结果集中所有字段的定义信息。该数组中的一个元素对应于结果集中的一个字段。如果没有可用的字段信息，则返回 false。

【例 9.6】创建一个 PHP 动态网页，用于说明如何获取字段信息。源文件为/09/09-06.php，源代码如下。

```html
<!doctype html>
<html>
<head>
<meta charset="utf-8">
<title>获取字段信息示例</title>
<style type="text/css">
    h3 {
        text-align: center;
    }
    div {
        column-count: 3;
        column-rule: thin dashed gray;
        column-gap: 32px;
    }
    ul, ol {
        margin-top: 0;
        margin-left: 12px;
        padding-left: 6px;
    }
</style>
</head>

<body>
<h3>获取字段信息示例</h3>
<hr>
<div>
<?php
/* 创建数据库连接 */
try {
    $mysqli = new mysqli("localhost", "dba", "123456", "stuinfo");
} catch (mysqli_sql_exception $e) {
    die($e->getMessage());
}
$query = "select couid as 课程编号, couname as 课程名称, hours as 课时 from course";
if ($result = $mysqli->query($query)) {
    $finfo = $result->fetch_fields();
    foreach ($finfo as $fld) {
        echo "<ul>";
        foreach ($fld as $key => $val) {
            if ($val) printf("<li>%s: %s</li>", $key, $val);
        }
        echo "</ul>";
    }
    $result->free();
}
$mysqli->close();
?>
```

```
            </div>
        </body>
</html>
```

本例中首先在 select 语句的字段列表中指定了中文别名,并在执行该语句后得到一个结果集,然后调用 fetch_fields()方法返回了一个对象数组,通过双重的 foreach 循环遍历数组中的每个对象及对象的每个属性,从而列出结果集中所有字段的信息。运行结果如图 9.7 所示。

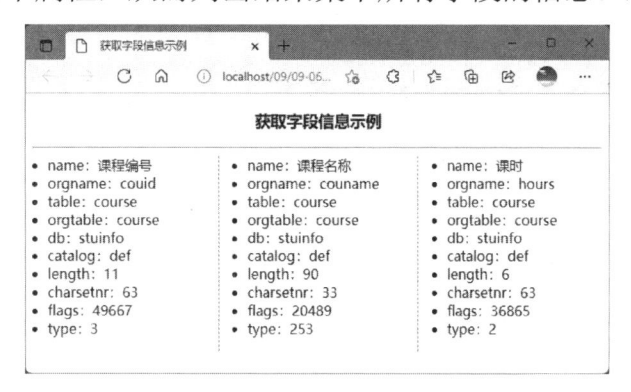

图 9.7 获取字段信息示例

### 9.3.4 分页显示结果集

如果结果集中包含的记录比较多,则应当设置每页显示的记录数以缩短页面的下载时间,并且以分页形式显示结果集的内容。对 MySQL 数据库而言,如果要实现结果集的分页显示,则需要在 select 语句中添加 limit 子句,以指定要显示的起始记录和终止记录,并在每个页面中显示一定数量的记录。这些记录构成了一个记录组。如果要在不同记录组之间移动,则需要添加记录集导航条,此外,还可以通过记录计数器来显示总页数、当前页号及记录总数等信息。

【例 9.7】创建两个 PHP 动态网页,用于演示如何以分页形式显示结果集。源文件 /includes/page.class.php 用于定义分页类 Page,源代码如下。

```
<?php
class Page {
    private $total;                                // 数据表中的总记录数
    private $listRows;                             // 每页显示的行数
    private $limit;                                // 使用 LIMIT 子句限制获取的记录条数
    private $uri;                                  // 自动获取 URL 的请求地址
    private $pageNum;                              // 总页数
    private $page;                                 // 当前页
    private $config = ['head' => "条记录", 'prev' => "上一页", 'next' => "下一页
", 'first' => "首页", 'last' => "末页"];
    private $listNum = 10;                         // 默认分页列表显示的个数
    /**
     * 定义构造方法, total 为总记录数; listRows 为每页显示的记录数
     * query 为向目标页面传递的参数, 可以是数组或查询字符串格式
     * ord 的默认值为 true, 表示从第一页开始显示, 若将其值设置为 false, 则从最后一页开始显示
```

```php
    */
    public function __construct($total, $listRows = 25, $query = "", $ord = true) {
        $this->total = $total;
        $this->listRows = $listRows;
        $this->uri = $this->getUri($query);
        $this->pageNum = ceil($this->total / $this->listRows);
        /* 设置当前页面 */
        if (!empty($_GET["page"])) {
            $page = $_GET["page"];
        } else {
            $page = $ord ? 1 : $this->pageNum;
        }
        if ($total > 0) {
            if (preg_match('/\D/', $page)) {
                $this->page = 1;
            } else {
                $this->page = $page;
            }
        } else {
            $this->page = 0;
        }
        $this->limit = "limit " . $this->setLimit();
    }
    /* 定义 set()方法，用于设置显示分页的信息 */
    function set($param, $value) {
        if (array_key_exists($param, $this->config)) {
            $this->config[$param] = $value;
        }
        return $this;
    }
    /* 定义魔术方法__get()，用于直接获取私有属性 limit 和 page 的值 */
    function __get($args) {
        if ($args == "limit" || $args == "page")
            return $this->$args;
        else
            return null;
    }
    /* 定义 fpage()方法，按指定的格式返回一个字符串，其中包含记录导航条信息 */
    function fpage() {
        $arr = func_get_args();
        $html[0] = "<span class='p1'> 共<b> {$this->total} </b>{$this->config["head"]} </span>";
        $html[1] = " 本页 <b>" . $this->disnum() . "</b> 条 ";
        $html[2] = " 从 <b>{$this->start()}</b> 到 <b>{$this->end()}</b> 条 ";
        $html[3] = " <b>{$this->page}/{$this->pageNum}</b>页 ";
        $html[4] = $this->firstprev();
```

```php
        $html[5] = $this->pageList();
        $html[6] = $this->nextlast();
        $html[7] = $this->goPage();
        $fpage = '<div>';
        if (count($arr) < 1) $arr = array(0, 1, 2, 3, 4, 5, 6, 7);
        for ($i = 0; $i < count($arr); $i++) $fpage .= $html[$arr[$i]];
        $fpage .= '</div>';
        return $fpage;
    }
    /* 定义私有方法 setLimit() */
    private function setLimit() {
        if ($this->page > 0)
            return ($this->page - 1) * $this->listRows . ", {$this->listRows}";
        else
            return 0;
    }
    /* 定义私有方法 getUri(), 用于获取当前 URL */
    private function getUri($query) {
        $request_uri = $_SERVER["REQUEST_URI"];
        $url = strstr($request_uri, '?') ? $request_uri : $request_uri . '?';
        if (is_array($query))
            $url .= http_build_query($query);
        else if ($query != "")
            $url .= "&" . trim($query, "?&");
        $arr = parse_url($url);
        if (isset($arr["query"])) {
            parse_str($arr["query"], $arrs);
            unset($arrs["page"]);
            $url = $arr["path"] . '?' . http_build_query($arrs);
        }
        if (strstr($url, '?')) {
            if (substr($url, -1) != '?')
                $url = $url . '&';
        } else {
            $url = $url . '?';
        }
        return $url;
    }
    /* 定义私有方法 start(), 用于获取当前页开始的记录数 */
    private function start() {
        if ($this->total == 0)
            return 0;
        else
            return ($this->page - 1) * $this->listRows + 1;
    }
    /* 定义私有方法 end(), 用于获取当前页结束的记录数 */
    private function end() {
        return min($this->page * $this->listRows, $this->total);
```

```php
        }
        /* 定义私有方法 firstprev()，用于获取上一页和首页的操作信息 */
        private function firstprev() {
            if ($this->page > 1) {
                $str = " <a href='{$this->uri}page=1'>{$this->config["first"]}</a> ";
                $str .= "<a href='{$this->uri}page=" . ($this->page - 1) . "'>{$this->config["prev"]}</a> ";
                return $str;
            }
        }
        /* 定义私有方法 pageList()，用于获取页面的列表信息 */
        private function pageList() {
            $linkPage = " <b>";
            $inum = floor($this->listNum / 2);
            /*当前页前面的列表 */
            for ($i = $inum; $i >= 1; $i--) {
                $page = $this->page - $i;
                if ($page >= 1) $linkPage .= "<a href='{$this->uri}page={$page}'>{$page}</a> ";
            }
            /*当前页的信息 */
            if ($this->pageNum > 1)
                $linkPage .= "<span style='padding:1px 2px; background:#bbb;color:white'>{$this->page}</span> ";
            /*当前页后面的列表 */
            for ($i = 1; $i <= $inum; $i++) {
                $page = $this->page + $i;
                if ($page <= $this->pageNum)
                    $linkPage .= "<a href='{$this->uri}page={$page}'>{$page}</a> ";
                else
                    break;
            }
            $linkPage .= '</b>';
            return $linkPage;
        }
        /* 定义私有方法 nextlast()，用于获取下一页和尾页的操作信息 */
        private function nextlast() {
            if ($this->page != $this->pageNum) {
                $str = " <a href='{$this->uri}page=" . ($this->page + 1) . "'>{$this->config["next"]}</a> ";
                $str .= " <a href='{$this->uri}page=" . ($this->pageNum) . "'>{$this->config["last"]}</a> ";
                return $str;
            }
        }
        /* 定义私有方法 goPage()，用于显示和处理表单跳转页面 */
        private function goPage() {
```

```
            if ($this->pageNum > 1) {
                return ' <input style="width:20px;height:17px !important;height:18px;border:1px solid #ccc;text-align: center;" type="text" onkeydown="javascript:if(event.keyCode==13){var page=(this.value>' . $this->pageNum . ')?' . $this->pageNum . ':this.value;location=\'' . $this->uri . 'page=\'+page+\'\'}" value="' . $this->page . '"><input style="cursor:pointer;width:46px;height:22px;border:1px solid #ccc;" type="button" value=" 转到 " onclick="javascript:var page=(this.previousSibling.value>' . $this->pageNum . ')?' . $this->pageNum . ':this.previousSibling.value;location=\'' . $this->uri . 'page=\'+page+\'\'"> ';
            }
        }
        /* 定义私有方法 disnum()，用于获取本页显示的记录条数 */
        private function disnum() {
            if ($this->total > 0) {
                return $this->end() - $this->start() + 1;
            } else {
                return 0;
            }
        }
    }
```

**源文件/09/09-07.php** 通过分页类实现学生信息的分页显示，源代码如下。

```
<?php
include( "../includes/page.class.php" );
try {
    $mysqli = new mysqli("localhost", "dba", "123456", "stuinfo");
} catch (mysqli_sql_exception $e) {
    die($e->getMessage());
}
$query = "select stuid as 学号, stuname as 姓名, gender as 性别, birthdate as 出生日期,
    department as 系部, class as 班级, email as 电子邮箱 from student";
$result = $mysqli->query($query);
$total = $result->num_rows;                    // 获取记录总数
$col_num = $result->field_count;               // 获取字段总数
$page = new Page($total, 15);                  // 创建分页类实例，设置每页显示15条记录
$query .= " " . $page->limit;   // 用分页类实例的 limit 属性为查询语句添加 limit 子句
$result = $mysqli->query($query);              // 执行 select 语句，返回当前页显示的结果集
$fields = $result->fetch_fields();             // 获取字段对象数组
?>
<!doctype html>
<html>
<head>
<meta charset="utf-8">
<title>结果集分页显示</title>
<style>
table {
    border-collapse: collapse;
```

```
        margin: 0 auto;
    }
    caption {
        margin-top: 10px; margin-bottom: 10px;
        font-size: 18px; font-weight: bold;
    }
    th, td {
        padding: 3px 12px;
        text-align: center;
    }
    th {
        background-color: #ccc;
    }
    nav {
        text-align: center;
        margin-top: 10px;
    }
    a, a:visited, a:link{
        color: #0056b3;
    }
    </style>
</head>

<body>
<?php
echo '<table border="1">';
echo '<caption>学生信息表</caption>';
echo '<tr>';
foreach ($fields as $field) {
    printf("<th>%s</th>", $field->name);
}
echo '</tr>';
while ($row = $result->fetch_row()) {
    echo "<tr>";
    for ($i = 0; $i < $col_num; $i++) {
        printf("<td>%s</td>", $row[$i]);
    }
    echo "</tr>";
}
echo '</table>';
echo "<nav>" . $page->fpage() . "</nav>";
?>
</body>
</html>
```

本例源文件/09/09-07.php 中包含了源文件 page.class.php，以便引用其中的分页类。在创建分页类实例后，使用分页类实例的 limit 属性为查询语句添加了 limit 子句，以生成当前页面上显示的结果集。另外，调用分页类实例的 fpage()方法生成记录导航条。运行结果如图 9.8 所示。

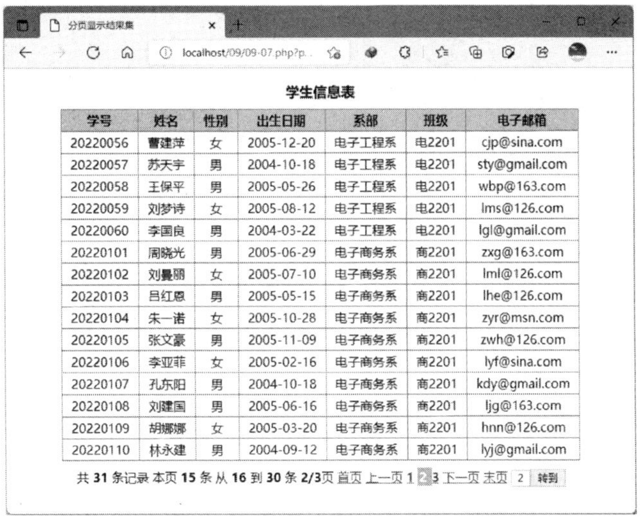


| 学号 | 姓名 | 性别 | 出生日期 | 系部 | 班级 | 电子邮箱 |
|---|---|---|---|---|---|---|
| 20220056 | 曹建萍 | 女 | 2005-12-20 | 电子工程系 | 电2201 | cjp@sina.com |
| 20220057 | 苏天宇 | 男 | 2004-10-18 | 电子工程系 | 电2201 | sty@gmail.com |
| 20220058 | 王保平 | 男 | 2005-05-26 | 电子工程系 | 电2201 | wbp@163.com |
| 20220059 | 刘梦诗 | 女 | 2005-08-12 | 电子工程系 | 电2201 | lms@126.com |
| 20220060 | 李国良 | 男 | 2004-03-22 | 电子工程系 | 电2201 | lgl@gmail.com |
| 20220101 | 周晓光 | 男 | 2005-06-29 | 电子商务系 | 商2201 | zxg@163.com |
| 20220102 | 刘曼丽 | 女 | 2005-07-10 | 电子商务系 | 商2201 | lml@126.com |
| 20220103 | 吕红恩 | 男 | 2005-05-15 | 电子商务系 | 商2201 | lhe@126.com |
| 20220104 | 朱一诺 | 女 | 2005-10-28 | 电子商务系 | 商2201 | zyr@msn.com |
| 20220105 | 张文豪 | 男 | 2005-11-09 | 电子商务系 | 商2201 | zwh@126.com |
| 20220106 | 李亚菲 | 女 | 2005-02-16 | 电子商务系 | 商2201 | lyf@sina.com |
| 20220107 | 孔东阳 | 男 | 2004-10-18 | 电子商务系 | 商2201 | kdy@gmail.com |
| 20220108 | 刘建国 | 男 | 2005-06-16 | 电子商务系 | 商2201 | ljg@163.com |
| 20220109 | 胡娜娜 | 女 | 2005-03-20 | 电子商务系 | 商2201 | hnn@126.com |
| 20220110 | 林永建 | 男 | 2004-09-12 | 电子商务系 | 商2201 | lyj@gmail.com |

图 9.8　分页显示结果集

## 9.3.5　创建搜索/结果页

为了给 PHP 动态网站添加搜索功能，通常需要创建一个搜索页和一个结果页。在搜索页中，用户通过 HTML 表单输入搜索参数并将这些参数传递给结果页。结果页在获取搜索参数后，连接数据库并根据搜索参数对数据库进行查询，创建结果集并显示其内容。在实际应用中，通常把搜索页和结果页合并在一起。

在通过 PHP 实现数据库记录搜索时，主要有以下编程要点。

（1）在搜索页中创建 HTML 表单，用于输入要搜索的参数值。

（2）在结果页中连接要搜索的 MySQL 数据库。

（3）使用预定义数组$_POST 或$_GET 获取搜索参数，并基于这些参数生成搜索条件；调用 mysqli 连接对象的 query()方法执行查询语句，并返回一个结果集。

（4）调用连接对象的 fetch_xxx()方法，从该结果集中依次取出每条记录，并以适当形式将这些记录的内容呈现出来。

（5）如果结果集为空，则显示相应的提示信息。

（6）可以将搜索表单和搜索结果合并在同一页面中。在这种情况下，需要对表单是否已提交进行判断。

**【例 9.8】**创建一个 PHP 动态网页，将搜索表单和搜索结果合并在该页面中。源文件为/09/09-08.php，源代码如下。

```
<?php
$class = '';
$couname = '';
if (isset($_POST["query"])) {
```

```php
        $class = $_POST["class"];
        $couname = $_POST["couname"];
        try {
            $mysqli = new mysqli("localhost", "dba", "123456", "stuinfo");
        } catch (mysqli_sql_exception $e) {
            die($e->getMessage());
        }
        $query = "select department as 系部, class as 班级, student.stuid as 学号,
stuname as 姓名, couname as 课程, score as 成绩
from score inner join student on student.stuid=score.stuid
inner join course on course.couid=score.couid
where class='{$class}' and course.couname='{$couname}'";
        $result = $mysqli->query($query);      // 执行查询操作并生成结果集
        $row = $result->fetch_assoc();          // 从结果集中获取行
        $count = $result->num_rows;             // 获取行数
        $col_num = $result->field_count;        // 获取列数
        $cols = $result->fetch_fields();        // 从结果集中获取字段对象数组
}
?>
<!doctype html>
<html>
<head>
    <meta charset="utf-8">
    <title>学生成绩查询</title>
    <style>
        h3, div, p {
            text-align: center;
        }

        table {
            border-collapse: collapse;
            margin: 0 auto;
        }

        caption {
            margin-top: 10px;
            margin-bottom: 10px;
            font-size: 18px;
            font-weight: bold;
        }

        th, td {
            padding: 5px 20px;
            text-align: center;
        }

        th {
            background-color: #ccc;
```

```
            }
        </style>
    </head>

    <body>
        <h3>学生成绩查询</h3>
        <form method="post" action="">
            <div>
                <label for="class">班级：</label>
                <input type="text" id="class" name="class" value="<?php echo $class; ?>" required
                    placeholder="输入班级">
                <label for="couname">课程：</label>
                <input type="text" id="couname" name="couname" value="<?php echo $couname; ?>" required placeholder="输入课程">
                <button type="submit" name="query">查询</button>
            </div>
        </form>
        <?php
        if ($_POST) {                    // 如果提交表单
            if ($count) {                // 如果查询到数据
                echo '<div>';
                echo '<table border="1">';
                echo '<caption>查询结果如下：</caption>';
                echo '<tr>';
                foreach ($cols as $key) {
                    printf("<th>%s</th>", $key->name);
                }
                echo '</tr>';
                while ($row = $result->fetch_row()) {
                    echo "<tr>";
                    for ($i = 0; $i < $col_num; $i++) {
                        printf("<td>%s</td>", $row[$i]);
                    }
                    echo "</tr>";
                }
                echo '</table>';
                echo '</div>';
            } else {                     //未查询到数据
                echo '<p style="color: #ac2925;"><b>未找到匹配的记录！</b></p>';
            }
        } ?>
    </body>
</html>
```

本例将搜索表单和搜索结果合并在同一页面中。在表单中输入班级和课程并单击"查询"按钮时，会按照指定的班级和课程从数据库中查询成绩数据。如果查询到了成绩数据，则以表格形式将结果呈现出来，否则显示"未找到匹配的记录！"，如图9.9和图9.10所示。

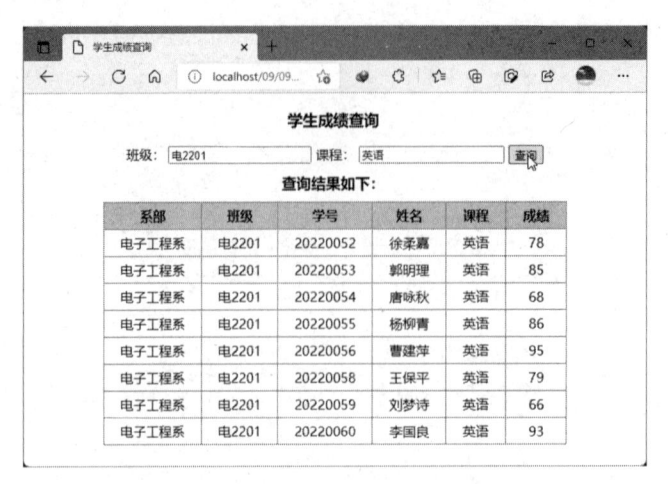

图 9.9　显示查询到的成绩数据

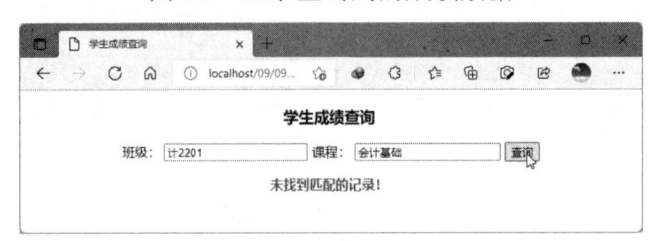

图 9.10　显示"未找到匹配的记录！"

### 9.3.6　创建主/详细页

主/详细页是一种比较常用的页面组合，由主页和详细页组成，通过两个明细级别显示从数据库中检索的信息。主页中显示通过查询返回的所有记录的列表，并且针对每条记录都创建一个链接。当单击主页中的某个链接时，将打开详细页并传递一个或多个 URL 参数。在详细页中读取 URL 参数并根据这些参数的值执行数据库查询操作，可以检索所选记录的更多详细信息并将其显示出来。

在创建主/详细页时，主要有以下编程要点。

（1）在主页中创建一个包含较少字段的结果集，并在显示该结果集时针对每条记录创建一个超级链接。该链接的目标 URL 就是详细页的路径，可以在该 URL 后面附加一个或多个参数。通常会将表的主键字段值作为参数传递到详细页中。

（2）在详细页中，先使用预定义数组$_GET 获取传递的 URL 参数值，并将这些参数值用在 select 查询语句的 where 子句中，以动态构成筛选条件。然后执行查询语句，得到包含更多字段的结果集，并将该结果集的内容显示出来。

【例 9.9】创建两个 PHP 动态网页，分别用作主页和详细页。其中，主页源文件为/09/09-09-m.php，源代码如下。

```php
<?php
include("../includes/page.class.php");
try {
    $mysqli = new mysqli("localhost", "dba", "123456", "stuinfo");
} catch (mysqli_sql_exception $e) {
```

```php
        die($e->getMessage());
    }
    $query = "select stuid as 学号, stuname as 姓名, gender as 性别 from student order by 学号";
    $result = $mysqli->query($query);
    $total = $result->num_rows;
    $col_num = $result->field_count;
    $page = new Page($total, 10);
    $query .= " " . $page->limit;
    $result = $mysqli->query($query);
    $fields = $result->fetch_fields();
?>
<!doctype html>
<html>
<head>
<meta charset="utf-8">
<title>学生信息表</title>
<style>
    h3 {
        text-align: center
    }
    table {
        border-collapse: collapse;
        margin: 0 auto;
    }
    caption {
        margin-top: 10px;
        margin-bottom: 10px;
        font-size: 18px;
        font-weight: bold;
    }
    th, td {
        padding: 4px 38px;
        text-align: center;
    }
    nav {
        text-align: center;
        margin-top: 10px;
    }
    a, a:visited, a:link {
        color: #0056b3;
    }
</style>
</head>

<body>
<?php
echo '<table border="1">';
```

```php
    echo '<caption>学生信息表</caption>';
    echo '<tr>';
    foreach ($fields as $field) {
        printf("<th>%s</th>", $field->name);
    }
    echo '<th>操作</th>';
    echo '</tr>';
    while ($row = $result->fetch_array()) {
        echo "<tr>";
        for ($i = 0; $i < $col_num; $i++) {
            printf("<td>%s</td>", $row[$i]);
        }
        printf("<td><a href='09-09_d.php?stuid=%s'>查看详细信息</a></td>", $row["学号"]);
        echo "</tr>";
    }
    echo '</table>';
    echo "<nav>" . $page->fpage() . "</nav>";
?>
</body>
</html>
```

详细页源文件为/09/09-09-d.php，源代码如下。

```php
<?php
$stuname = "";
if ($_GET) {
    $stuid = $_GET["stuid"];
    try {
        $mysqli = new mysqli("localhost", "dba", "123456", "stuinfo");
    } catch (mysqli_sql_exception $e) {
        die($e->getMessage());
    }
    $query = "select stuid as 学号, stuname as 姓名, gender as 性别,
            birthdate as 出生日期, department as 系部, class as 班级,
            email as 电子邮箱 from student where stuid='" . $stuid . "'";
    $result = $mysqli->query($query);
    $row = $result->fetch_array();
    $col_num = $result->field_count;
    $cols = $result->fetch_fields();
    $stuname = $row["姓名"];
}
?>
<!doctype html>
<html>
<head>
<meta charset="utf-8">
<title><?php printf("学生%s 的详细信息", $stuname) ?></title>
<style>
    table {
```

```
            border-collapse: collapse;
            margin: 0 auto;
        }
        td {
            padding: 8px 36px;
        }
        caption {
            margin-top: 10px;
            margin-bottom: 10px;
            font-size: 18px;
            font-weight: bold;
        }
    </style>
</head>

<body>
<?php
echo '<table border="1">';
printf("<caption>学生%s 的详细信息</caption>", $stuname);
for ($i = 0; $i < $col_num; $i++) {
    echo '<tr>';
    printf("<td>%s</td>", $cols[$i]->name);
    printf("<td>%s</td>", $row[$i]);
    echo '</tr>';
}
echo '</table>';
?>
<p style="text-align: center">
    <button type="button" onclick="history.back();">返回</button>
</p>
</body>
</html>
```

本例中创建了一个主/详细页组合。当在主页的学生信息表中单击"查看详细信息"链接时，将跳转到详细页，此时会通过名为 stuid 的 URL 参数传递一个学号，并在详细页中列出具有该学号的学生的详细信息，如图 9.11 和图 9.12 所示。

图 9.11　在主页中单击链接

图 9.12　在详细页中查看详细信息

## 任务 9.4　增删改操作

增删改操作是指在数据库中添加记录、删除记录和更新记录的操作。这些操作都是数据库的基本操作，也是创建与后台 MySQL 数据库交互的 PHP Web 应用程序的基础。在这个基础上，可以实现更复杂、更强大的功能。下面讨论如何通过 PHP 在 MySQL 数据库中实现添加记录、更新记录和删除记录的功能。

### 任务目标

- 掌握添加记录的方法
- 掌握更新记录的方法
- 掌握删除记录的方法

### 9.4.1　添加记录

在 MySQL 中，向表中添加记录是通过执行 insert 语句实现的，而执行该语句时需要的相关字段的值通常来自用户通过表单提交的数据。

在 PHP 动态网站开发中，实现添加记录的功能主要有以下编程要点。

（1）创建一个 HTML 表单，用于输入和提交字段值。

（2）使用预定义数组$_POST 获取用户通过表单提交的数据，并将这些表单数据应用到 insert 语句中。

（3）连接 MySQL 服务器并选择要访问的数据库，调用连接对象的 query()方法向 MySQL 服务器发送一个 insert 语句，执行该语句，即可向表中添加新的记录。

（4）完成添加操作后，使用连接对象的 affected_rows 属性获取被插入的记录行数。

---
**注意**：affected_rows 属性用于获取先前 MySQL 操作中受影响的行数，其返回值是上一次执行 insert、update 或 delete 语句所影响的行数。如果最近一次数据操作成功，则返回一个大于 0 的整数，表示受影响的行数。如果操作失败，则返回-1。

---

【例 9.10】创建一个 PHP 动态网页，用于演示如何向表中添加记录。源文件为/09/09-10.php，源代码如下。

```php
<?php
$stuid = $stuname = $gender = $birthdate = $department = $class = $email = "" = $msg = "";
if ($_POST) {
    $stuid = $_POST["stuid"];
    $stuname = $_POST["stuname"];
    $gender = $_POST["gender"];
    $birthdate = $_POST["birthdate"];
    $department = $_POST["department"];
```

```php
        $class = $_POST["class"];
        $email = $_POST["email"];
        try {
            $mysqli = new mysqli("localhost", "dba", "123456", "stuinfo");
        } catch (mysqli_sql_exception $e) {
            die($e->getMessage());
        }
        $query = sprintf("select stuid from student where stuid='%s'", $stuid);
        $result = $mysqli->query($query);
        if ($result->num_rows == 0) {
            $query = sprintf("insert into student values('%s', '%s', '%s', '%s', '%s', '%s', '%s')",
                $stuid, $stuname, $gender, $birthdate, $department, $class, $email);
            $result = $mysqli->query($query);
            if ($mysqli->affected_rows > 0) {
                $msg = "数据保存成功！";
            } else {
                $msg = "数据保存失败！<br>代码：" . $mysqli->errno . "<br>描述：" . $mysqli->error;
            }
        } else {
            $msg = "学号{$stuid}已经录入过了";
        }
    }
?>
<!doctype html>
<html>
<head>
<meta charset="utf-8">
<title>录入学生信息</title>
<style>
    table {
        margin: 0 auto;
    }
    caption {
        font-weight: bold;
        margin: 6px 0;
    }
    td:first-child {
        text-align: right;
    }
    div#msg {
        text-align: center;
        color: #0056b3;
    }
</style>
</head>
```

```html
<body>
<form method="post" action="">
    <table>
        <caption>录入学生信息</caption>
        <tr>
            <td><label for="stuid">学号: </label></td>
            <td><input type="text" id="stuid" name="stuid"
                    value="<?php echo $stuid; ?>" required placeholder="输入学号"></td>
        </tr>
        <tr>
            <td><label for="stuname">姓名: </label></td>
            <td><input type="text" id="stuname" name="stuname"
                    value="<?php echo $stuname; ?>" required placeholder="输入姓名"></td>
        </tr>
        <tr>
            <td><label for="male">性别: </label></td>
            <td><input type="radio" id="male" name="gender" required
                    value="男" <?php echo ($gender == "男") ? "checked" : ""; ?>>
                <label for="male">男</label>
                <input type="radio" id="female" name="gender" required
                    value="女" <?php echo ($gender == "女") ? "checked" : ""; ?>>
                <label for="female">女</label></td>
        </tr>
        <tr>
            <td><label for="birthdate">出生日期: </label></td>
            <td><input type="date" id="birthdate" name="birthdate"
                    value="<?php echo $birthdate; ?>" required placeholder="输入出生日期: "></td>
        </tr>
        <tr>
            <td><label for="department">系部: </label></td>
            <td><select id="department" name="department" required>
                <option value="">选择一项</option>
                <option value="计算机系"
                    <?php echo ($department == "计算机系") ? "selected" : ""; ?>>计算机系
                </option>
                <option value="电子工程系"
                    <?php echo ($department == "电子工程系") ? "selected" : ""; ?>>电子工程系
                </option>
                <option value="电子商务系"
                    <?php echo ($department == "电子商务系") ? "selected" : ""; ?>>电子商务系
```

```html
                </option>
            </select></td>
        </tr>
        <tr>
            <td><label for="class">班级：</label></td>
            <td><input type="text" id="class" name="class"
                    value="<?php echo $class; ?>" required placeholder="输入班级"></td>
        </tr>
        <tr>
            <td><label for="email">电子邮箱：</label></td>
            <td><input type="email" id="email" name="email"
                    value="<?php echo $email; ?>" required placeholder="输入电子邮箱"></td>
        </tr>
        <tr>
            <td></td>
            <td>
                <button type="submit" name="save" value="保存">保存</button>
                <button type="reset">重置</button></td>
        </tr>
    </table>
</form>
<div id="msg"><?php echo $msg; ?></div>
</body>
</html>
```

本例中创建了一个用于录入学生信息的表单。当用户单击"保存"按钮时，程序将检查用户提交的学号是否存在，如果不存在，则数据保存成功，否则数据保存失败，显示出错信息，如图 9.13 和图 9.14 所示。

图 9.13　数据保存成功

图 9.14　数据保存失败

## 9.4.2　更新记录

更新表中的记录是通过执行 update 语句实现的，而执行该语句时需要的相关字段的值通常来自用户通过表单提交的数据。

在 PHP 动态网站开发中，实现更新记录的功能主要有以下编程要点。

（1）通过主/详细页实现记录的选择和更新。在主页中单击链接以选择要更新的记录，通过 URL 参数向详细页传递要更新记录的标识；在详细页中获取该记录标识并根据它检索要更新的结果集，将各表单控件绑定到相关记录字段上。有时也将主页和详细页合并在一起。

（2）当提交表单时，使用预定义数组$_POST 获取表单变量的值并将这些值作为字段的值应用到 update 语句中，以筛选要更新的记录并为该记录提供新的字段值。

（3）连接 MySQL 服务器并选择要访问的数据库，调用连接对象的 query()方法向 MySQL 服务器发送一个 update 语句，执行该语句，即可实现记录的更新。

（4）完成更新操作后，使用连接对象的 affected_rows 属性获取被更新的记录行数。

【例 9.11】创建两个 PHP 动态网页，用于演示如何更新记录。源文件/09/09-11-s.php 以分页形式列出学生信息，用于选择要更新的记录，源代码如下。

```php
<?php
include("../includes/page.class.php");
try {
    $mysqli = new mysqli("localhost", "dba", "123456", "stuinfo");
} catch (mysqli_sql_exception $e) {
    die($e->getMessage());
}
$query = "select stuid as 学号, stuname as 姓名, gender as 性别 from student";
$result = $mysqli->query($query);
$total = $result->num_rows;
$col_num = $result->field_count;
$page = new Page($total, 10);
$query .= " " . $page->limit;
$result = $mysqli->query($query);
$fields = $result->fetch_fields();
?>
<!doctype html>
<html>
<head>
<meta charset="utf-8">
<title>学生信息表</title>
<style>
    table {
        width: 538px;
        border-collapse: collapse;
        margin: 0 auto;
    }
    caption {
        margin-top: 10px;
        margin-bottom: 10px;
        font-size: 18px;
```

```
            font-weight: bold;
        }
        th, td {
            padding: 4px;
            text-align: center;
        }
        th {
            background-color: #ccc;
        }
        nav {
            text-align: center;
            margin-top: 10px;
            font-size: small;
        }
        a, a:visited, a:link {
            color: #0056b3;
        }
    </style>
</head>

<body>
<?php
echo '<table border="1">';
echo '<caption>学生信息表</caption>';
echo '<tr>';
foreach ($fields as $field) {
    printf("<th>%s</th>", $field->name);
}
echo '<th>操作</th>';
echo '</tr>';
while ($row = $result->fetch_array()) {
    echo "<tr>";
    for ($i = 0; $i < $col_num; $i++) {
        printf("<td>%s</td>", $row[$i]);
    }
    printf("<td><a href='09-11-u.php?stuid=%s'>编辑学生信息</a></td>", $row["学号"]);
    echo "</tr>";
}
echo '</table>';
echo "<nav>" . $page->fpage() . "</nav>";
?>
</body>
</html>
```

源文件/09/09-11-u.php 通过表单列出所选学生的信息，用于更新记录，源代码如下。

```
<?php
$stuid = $stuname = $gender = $birthdate = $department = $class= $email = $msg
```

```php
    = "";
    try {
        $mysqli = new mysqli("localhost", "dba", "123456", "stuinfo");
    } catch (mysqli_sql_exception $e) {
        die($e->getMessage());
    }
    if ($_GET) {   // 如果收到 URL 参数
        $stuid = $_GET["stuid"];
        $query = "select * from student where stuid='" . $stuid . "'";
        $result = $mysqli->query($query);
        $row = $result->fetch_array();
        $col_num = $result->field_count;
        $cols = $result->fetch_fields();
        $stuname = $row["stuname"];
    }
    if ($_POST) { // 如果表单已提交
        $stuid = $_POST["stuid"];
        $stuname = $_POST["stuname"];
        $gender = $_POST["gender"];
        $birthdate = $_POST["birthdate"];
        $department = $_POST["department"];
        $class= $_POST["class"];
        $email = $_POST["email"];
        $query =    sprintf("update    student    set    stuname='%s',    gender='%s',
birthdate='%s',
            department='%s', class='%s', email='%s' where stuid='%s'",
            $stuname, $gender, $birthdate, $department, $class, $email, $stuid);
        $result = $mysqli->query($query);
        if ($mysqli->affected_rows > 0) {
            $msg = "数据更新成功！";
        } else if ($mysqli->affected_rows < 0) {
            $msg = "数据更新失败！<br>代码：" . $mysqli->errno . "<br>描述：" . $mysqli->error;
        }
    }
    ?>
    <!doctype html>
    <html>
    <head>
    <meta charset="utf-8">
    <title>编辑学生<?php echo $stuname; ?>的个人信息</title>
    <style>
        table {
            margin: 0 auto;
        }
        caption {
            font-weight: bold;
```

```
            margin: 6px 0;
        }
        td {
            padding: 6px;
        }
        td:first-child {
            text-align: right;
        }
        #msg {
            text-align: center;
            color: #20458e;
        }
    </style>
</head>

<body>
<form method="post" action="">
    <table>
        <caption>编辑学生<?php echo $stuname; ?>的个人信息</caption>
        <tr>
            <td><label for="stuid">学号：</label></td>
            <td><input type="text" id="stuid" name="stuid" value="<?php echo $stuid; ?>" readonly>
            </td>
        </tr>
        <tr>
            <td><label for="stuname">姓名：</label></td>
            <td><input type="text" id="stuname" name="stuname"
                    value="<?php echo $row["stuname"]; ?>" required></td>
        </tr>
        <tr>
            <td><label for="male">性别：</label></td>
            <td><input type="radio" id="male" name="gender" required
                value="男" <?php echo ( ($_POST["gender"] ?? $row["gender"]) == "男" ) ? "checked" : "" ?>>
                <label for="male">男</label>
                <input type="radio" id="female" name="gender" required
                value="女" <?php echo ( ($_POST["gender"] ?? $row["gender"]) == "女" ) ? "checked" : "" ?>>
                <label for="female">女</label></td>
        </tr>
        <tr>
            <td><label for="birthdate">出生日期：</label></td>
            <td><input type="date" id="birthdate" name="birthdate"
                    value="<?php echo $_POST["birthdate"] ?? $row["birthdate"]; ?>" required></td>
        </tr>
```

```html
        <tr>
            <td><label for="department">系部: </label></td>
            <td><select id="department" name="department" required>
                <option value="">选择一项</option>
                <option value="计算机系"
        <?php echo ( ($_POST["department"] ?? $row["department"]) == "计算机系" ) ? "selected" : ""; ?>>
                计算机系</option>
                <option value="电子工程系"
        <?php echo ( ($_POST["department"] ?? $row["department"]) == "电子工程系" ) ? "selected" : ""; ?>>
                电子工程系</option>
                <option value="电子商务系"
        <?php echo ( ($_POST["department"] ?? $row["department"]) == "电子商务系" ) ? "selected" : ""; ?>>
                电子商务系</option></select></td>
        </tr>
        <tr>
            <td><label for="class">班级: </label></td>
            <td><input type="text" id="class" name="class"
                    value="<?php echo $_POST["class"] ?? $row["class"]; ?>"
required></td>
        </tr>
        <tr>
            <td><label for="email">电子邮箱: </label></td>
            <td><input type="email" id="email" name="email"
                    value="<?php echo $_POST["email"] ?? $row["email"]; ?>"
required></td>
        </tr>
        <tr>
            <td></td>
            <td><button type="submit" name="update" value="更新">更新</button>  
                <button type="reset">重置</button></td>
        </tr>
    </table>
</form>
<div id="msg"><?php echo $msg; ?></div>
</body>
</html>
```

　　本例中包括两个页面。第一个页面以分页形式列出学生信息，在用户单击"编辑学生信息"链接时，将跳转到第二个页面，并以 URL 参数的形式传入一个学号，可以在此处更新所选学生的个人信息。运行结果如图 9.15 和图 9.16 所示。

图 9.15　选择要编辑信息的学生　　　　　　图 9.16　更新学生的个人信息

### 9.4.3　删除记录

从表中删除记录是通过执行 delete 语句实现的，而执行该语句时应满足的删除条件通常来自用户通过表单提交的数据。

在 PHP 动态网站开发中，实现删除记录的功能主要有以下编程要点。

（1）通过主/详细页实现记录的选择和删除。在主页中单击链接以选择要删除的记录，通过 URL 参数向详细页传递要删除记录的标识（如学号）；在详细页中获取该记录标识并根据它检索要删除的结果集。如果要批量删除记录，则可以在记录列表中为每条记录添加一个复选框并将其值设置为表的主键字段值。

（2）使用预定义数组$_GET 获取请求的记录标识，并将其应用到 delete 语句的 where 子句中，以指定要删除哪些记录。

（3）当用户单击提交按钮时，连接 MySQL 服务器并选择要访问的数据库，调用连接对象的 query()方法向 MySQL 服务器发送一个 delete 语句，执行该语句，即可实现记录的删除。

（4）如果需要，可以对提交按钮编写客户端脚本，以便让用户对删除操作进行确认。

（5）完成删除操作后，使用连接对象的 affected_rows 属性获取被删除的记录行数。

【例 9.12】创建一个 PHP 动态网页，用于演示如何实现记录的批量删除。源文件为/09/09-12.php，源代码如下。

```php
<?php
include("../includes/page.class.php");
try {
    $mysqli = new mysqli("localhost", "dba", "123456", "stuinfo");
} catch (mysqli_sql_exception $e) {
    die($e->getMessage());
}
if ($_POST) {                                          // 如果表单已提交
    $n = count($_POST["stuid"]);                       // 获取被勾选的复选框数目
    $ids = [];                                         // 创建一个空数组
```

```php
        for ($i = 0; $i < $n; $i++) array_push($ids, "'" . $_POST["stuid"][$i] . "'");
        $str = implode(",", $ids);                              // 数组元素组合为字符串
        $query = sprintf("delete from student where stuid in (%s)", $str); // 执行 delete 语句
        $reslut = $mysqli->query($query) or die("不能删除记录：" . $mysqli->error);
        header(sprintf("Location: %s", $_SERVER["PHP_SELF"]));  // 再次跳转到当前页面
        exit;
    }
    $query = "select stuid as 学号, stuname as 姓名, gender as 性别 from student order by 学号";
    $result = $mysqli->query($query);                           // 执行 select 语句
    $total = $result->num_rows;
    $col_num = $result->field_count;
    $page = new Page($total, 10);
    $query .= " " . $page->limit;
    $result = $mysqli->query($query);
    $fields = $result->fetch_fields();
    ?>
    <!doctype html>
    <html>
    <head>
    <meta charset="utf-8">
    <title>学生信息表</title>
    <script src="../js/jquery-3.6.0.js"></script>
    <script>
        $(document).ready(function () {
            $("#delForm").submit(function () {
                let n = $(".stu:checked").length;
                if (n == 0) {
                    alert("请选择要删除的记录！");
                    return false;
                } else if (n > 0) {
                    return confirm("您确实要删除选定的这" + n + "条记录吗？");
                }
            });
            $("#sel_all").click(function () {
                let checked = $(this).prop("checked");
                $(".stu").each(function () {
                    $(this).prop("checked", checked);
                });
            });
            $(".stu").each(function (index, element) {
                $(element).click(function () {
                    if(!$(this).checked) {
                        $("#sel_all").prop("checked", false);
                    }
                });
```

```
        });
    });
</script>
<style>
    table {
        width: 560px;
        border-collapse: collapse;
        margin: 0 auto;
    }

    caption {
        margin-bottom: 8px;
    }

    #del {
        float: left;
        cursor: pointer;
        width: 46px;
        height: 22px;
        border: 1px solid #ccc;
        margin-left: 2em;
    }

    #tt {
        float: left;
        margin-left: 10em;
        font-weight: bold;
    }

    th, td {
        padding: 4px;
        text-align: center;
    }

    th {
        background-color: #ccc;
    }

    nav {
        text-align: center;
        margin-top: 10px;
        font-size: small;
    }

    a, a:visited, a:link {
        color: #0056b3;
    }
</style>
```

```php
</head>

<body>
<form id="delForm" method="post" action="">
    <?php
    echo '<table border="1">';
    echo '<caption><button id="del" name="delete" type="submit">删除</button>
<span id="tt">学生信息表</span></caption>';
    echo '<tr>';
    echo '<th><input type="checkbox" id="sel_all"></th>';
    foreach ($fields as $field) {
        printf("<th>%s</th>", $field->name);
    }
    echo '</tr>';

    while ($row = $result->fetch_array()) {
        echo "<tr>";
        printf("<td><input type='checkbox' class='stu' name='stuid[]' value='%s'></td>", $row["学号"]);
        for ($i = 0; $i < $col_num; $i++) {
            printf("<td>%s</td>", $row[$i]);
        }
        echo "</tr>";
    }
    echo '</table>';
    echo '<nav>' . $page->fpage() . "</nav>";
    ?>
</form>
</body>
</html>
```

在本例中，用户可以先通过复选框选择一组要删除的记录，然后单击"删除"按钮。此时会弹出一个对话框，用于让用户确认删除记录操作。一旦用户单击"确定"按钮，就可以将选定的记录从表中删除。运行结果如图 9.17 和图 9.18 所示。

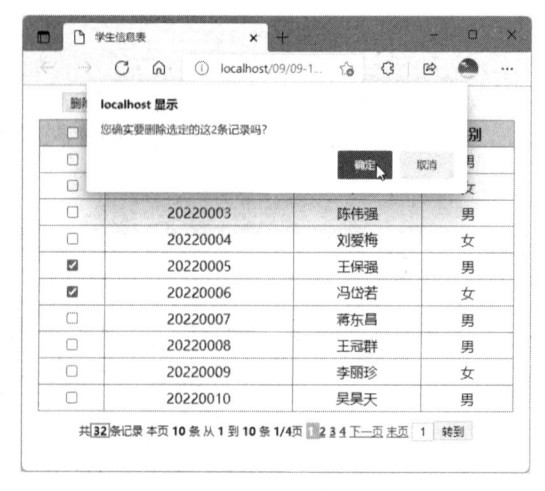

图 9.17　确认删除记录

图 9.18　记录删除成功

# 项 目 思 考

## 一、选择题

1. 使用 mysqli 对象的（　　）方法可以对 MySQL 数据库执行一次查询操作。
   A．commit()　　　　　　　　　　B．query()
   C．select_db()　　　　　　　　　D．refresh()

2. 要从结果集中获取一行并作为枚举数组返回，应调用 mysqli_result 对象的（　　）方法。
   A．fetch_array()　　　　　　　　B．fetch_row()
   C．fetch_assoc()　　　　　　　　D．fetch_fields()

3. 使用 mysqli_result 对象的（　　）可以获取结果集包含的行数。
   A．num_rows 属性　　　　　　　B．field_count 属性
   C．fetch_field()方法　　　　　　D．free()方法

4. 字段对象的（　　）属性表示该字段的数据类型。
   A．name　　　　　　　　　　　B．table
   C．flags　　　　　　　　　　　D．type

## 二、判断题

1. mysql 扩展在 PHP 7 及更高版本中仍然可以使用。（　　）
2. 在使用 mysqli 创建持久化连接时，应在主机名前面添加前缀":p"。（　　）
3. mysqli 扩展仅提供了过程性编程接口。（　　）
4. 使用 mysqli 象的 select_db()方法可以为执行查询选择一个默认的数据库。（　　）
5. 如果 mysqli 对象的 connect_errno 属性值为 0，则表示连接发生了错误。（　　）
6. 使用 mysqli_result 对象的 fetch_array()方法从结果集中获取一行，该行只能作为枚举数组使用。（　　）
7. 使用 mysqli_result 对象的 field_count 属性可以获取结果集中包含的字段数。（　　）

## 三、简答题

1. 访问 MySQL 的基本流程是什么？
2. 什么是持久化连接？如何创建持久化连接？
3. 缓冲查询与无缓冲查询有什么不同？
4. 通过 PHP 添加记录主要有哪些编程要点？
5. 通过 PHP 更新记录主要有哪些编程要点？
6. 通过 PHP 删除记录主要有哪些编程要点？

# 项 目 实 训

1. 创建一个 PHP 动态网页，连接 MySQL 服务器并选择一个数据库。
2. 创建一个 PHP 动态网页，实现学生信息的分页显示。
3. 创建一个搜索/结果页组合，要求根据班级和课程名称查询成绩。
4. 创建一个主/详细页组合，要求在主页中列出学生信息，并在单击链接时打开详细页，列出所选学生的成绩。
5. 创建一个 PHP 动态网页，实现添加记录的功能。
6. 创建一个 PHP 动态网页，实现更新记录的功能。
7. 创建一个 PHP 动态网页，实现批量删除记录的功能。

# 项目 10

# 开发新闻发布系统

新闻发布系统是常见的动态网站类型之一，用于各种时效性较强的新闻信息的动态发布，可以为社会组织、企事业单位构建网络信息发布平台。新闻编辑或信息发布者无论身处何地，都可以登录新闻发布系统，将最新信息及时发送到服务器上，并添加到网站后台数据库中，同时按照预设的模板动态生成新闻网页，供大众浏览。作为本书内容的综合应用，本项目将介绍基于 PHP 语言和 MySQL 数据库开发新闻发布系统的方法与步骤。

## 项目目标

- 掌握系统功能设计的方法
- 掌握实现用户管理的方法
- 掌握实现新闻类别管理的方法
- 掌握实现新闻管理的方法
- 掌握实现新闻浏览的方法

## 任务 10.1 系统功能设计

在正式开发之前，首先需要对新闻发布系统进行总体设计。在本任务中，读者将学习和掌握新闻发布系统功能设计的方法与步骤，能够进行系统功能分析、数据库设计与实现，以及系统功能模块划分。

### 任务目标

- 掌握系统功能分析的方法
- 掌握数据库设计与实现的方法
- 掌握系统功能模块划分的方法

### 10.1.1 系统功能分析

按照权限的不同，可以将使用新闻发布系统的用户划分为 3 种类型，即匿名用户、新闻编辑和系统管理员。

新闻发布系统按照功能可以分为前台和后台两部分：前台部分主要提供新闻浏览功能；后台部分则用于新闻编辑和新闻信息的管理。总体来说，新闻发布系统至少应提供以下4项基本功能，第一项属于前台部分，其他各项属于后台部分。

（1）新闻浏览。按照时间顺序显示最新的新闻标题，用户单击标题链接即可查看新闻的详细内容；将新闻划分为各种不同类别，如国内新闻、国际新闻、军事新闻、体育新闻及娱乐新闻等，以满足不同用户的阅读需要；允许用户通过输入关键词来搜索自己感兴趣的新闻。

（2）用户管理。用户按照权限可以分为匿名用户、新闻编辑和系统管理员。其中，匿名用户无须注册和登录即可浏览新闻信息，系统不需要对这类用户进行管理；新闻编辑在登录系统后台后，可以发布新闻，也可以修改自己发布的新闻；系统管理员除了拥有新闻编辑的所有权限，还可以对新闻编辑进行管理，包括创建新用户、修改用户信息及删除用户等。

（3）新闻类别管理。新闻类别管理功能包括添加新的类别，以及编辑和删除已有类别。这些功能只能由系统管理员使用。

（4）新闻管理。新闻管理功能包括发布新闻、编辑新闻和删除新闻。这些功能可以由新闻编辑和系统管理员使用。但新闻编辑和系统管理员的权限有所不同，前者只能对自己发布的新闻进行编辑，后者可以对所有新闻进行编辑和删除。

### 10.1.2 数据库设计与实现

在新闻发布系统中，用户信息、新闻类别及新闻信息通过一个MySQL数据库来存储。该数据库的名称为news，包含3个表，表结构如表10.1所示。

表10.1 news数据库的表结构

| 表名称 | 列名称 | 数据类型 | 备注 | 属性 |
| --- | --- | --- | --- | --- |
| user | userid | smallint(6) | 用户编号 | 主键，自动递增 |
| | username | varchar(20) | 用户名 | 不允许为空，唯一索引 |
| | password | varchar(60) | 密码（经过加密） | 不允许为空 |
| | email | varchar(30) | 电子邮箱 | 允许为空 |
| | role | enum('新闻编辑', '系统管理员') | 角色 | 不允许为空 |
| category | artid | tinyint(3) | 类别编号 | 主键，自动递增 |
| | catgname | varchar(20) | 类别名称 | 不允许为空 |
| article | artid | int(10) | 文章编号 | 主键 |
| | title | varchar(60) | 文章标题 | 不允许为空 |
| | content | longtext | 文章内容 | 不允许为空 |
| | issuetime | timestamp | 发布时间 | 不允许为空 |
| | catgid | tinyint(6) | 类别编号 | 不允许为空 |
| | editor | varchar(20) | 编辑姓名 | 不允许为空 |
| | source | varchar(30) | 新闻来源 | 不允许为空 |

（1）user表：用于存储新闻编辑和系统管理员的信息。新闻编辑和系统管理员通过role字段来区分，该字段为枚举类型enum('新闻编辑', '系统管理员')，默认值为"新闻编辑"。

（2）category表：用于存储新闻的类别编号和类别名称。

（3）article表：用于存储每条新闻的编号、标题、发布时间、类别、编辑和来源信息。其中，新闻编辑通过用户名表示，该列的值应对应存在于user表中。

category表与news表之间存在一对多的关系，对于category表中的一条记录，news表可以有多条记录与之对应。当从category表中删除一个新闻类别后，news表中与该类别相关的所有新闻也应该被删除。为了实现这种关联性，可以在category表中创建一个触发程序。user表与news表之间也存在一对多的关系，因为一个新闻编辑可以发布多条新闻。为了简化编写SQL语句的过程，还需要在数据库中创建一些视图，主要用于创建多表查询。

下面编写一个SQL脚本文件并保存为/news/create_newsdb.sql，用于创建新闻发布系统的后台数据库、表、视图和触发器，源代码如下。

```sql
-- 创建news数据库
create database if not exists news;
use news;
-- 创建user表
create table if not exists user (
    userid smallint(6) unsigned not null auto_increment comment '用户编号',
    username varchar(20) not null comment '用户名',
    password varchar(60) not null comment '密码',
    email varchar(30) not null comment '电子邮箱',
    role enum('新闻编辑', '系统管理员') not null default '新闻编辑' comment '角色',
    primary key (userid),
    unique key username (username)
);

-- 创建category表
create table if not exists category (
    catgid tinyint(3) unsigned not null auto_increment comment '类别编号',
    catgname varchar(20) not null comment '类别名称',
    primary key (catgid)
);

-- 在category表中创建触发器
create trigger delete_categoriey_trigger
after delete on category
for each row
delete from article where article.catgid=old.catgid;

-- 创建article表
create table if not exists article (
    artid int(10) unsigned not null auto_increment comment '文章编号',
```

```sql
    title varchar(60) not null comment '文章标题',
    content longtext not null comment '文章内容',
    issuetime timestamp not null default current_timestamp comment '发布时间',
    catgid tinyint(6) unsigned not null comment '类别编号',
    editor varchar(20) not null comment '编辑姓名',
    source varchar(30) default null comment '新闻来源',
    primary key (artid)
);

-- 创建 catgview 视图
create algorithm=undefined definer=root@localhost
sql security definer view catgview
as
select category.catgid, category.catgname, count(article.artid) as artcount
from category left join article
on category.catgid = article.catgid
group by category.catgid;

-- 创建 artview 视图
create algorithm=undefined definer=root@localhost
sql security definer view artview
as
select article.artid, article.title, article.catgid, category.catgname,
   article.content, article.issuetime, article.editor, article.source
from article inner join category on category.catgid = article.catgid
order by article.issuetime desc;
```

### 10.1.3 系统功能模块划分

新闻发布系统按照功能可以划分为用户管理、新闻类别管理、新闻管理、新闻浏览及其他 5 个模块，每个模块都由若干个页面组成。其中，一些页面允许所有用户访问，一些页面只能由注册用户访问，还有一些页面仅限系统管理员访问。各个模块包含的主要页面及其文件名如表 10.2 所示。

表 10.2 各个模块包含的主要页面及其文件名

| 模 块 | 页 面 | 文 件 名 | 说 明 |
|---|---|---|---|
| 用户管理 | 系统登录页面 | login.php | 任何用户都可以访问 |
| | 用户创建页面 | createuser.php | 仅限系统管理员访问 |
| | 用户修改页面 | alteruser.php | 仅限系统管理员访问 |
| | 用户删除页面 | deleteuser.php | 仅由其他页面调用 |
| | 用户管理页面 | userlist.php | 仅限系统管理员访问 |
| 新闻类别管理 | 新闻类别添加页面 | addcatg.php | 仅限系统管理员访问 |
| | 新闻类别修改页面 | altercatg.php | 仅限系统管理员访问 |
| | 新闻类别删除页面 | deletecatg.php | 仅由其他页面调用 |
| | 新闻类别管理页面 | catglist.php | 仅限系统管理员访问 |

续表

| 模 块 | 页 面 | 文 件 名 | 说 明 |
|---|---|---|---|
| 新闻管理 | 新闻发布页面 | releaseart.php | 仅限注册用户访问 |
|  | 新闻管理页面 | artlist.php | 仅限注册用户访问 |
|  | 新闻删除页面 | deleteart.php | 仅限系统管理员访问 |
|  | 新闻编辑页面 | editart.php | 仅限注册用户访问 |
| 新闻浏览 | 系统首页 | index.php | 任何用户都可以访问 |
|  | 新闻分类浏览页面 | classify.php | 任何用户都可以访问 |
|  | 新闻搜索结果页面 | result.php | 任何用户都可以访问 |
|  | 新闻浏览页面 | detail.php | 任何用户都可以访问 |
| 其他 | 数据库连接 | connect.php | 仅由其他页面调用 |
|  | 后台导航条 | nav1.php | 仅由其他页面调用 |
|  | 前台导航条 | nav2.php | 仅由其他页面调用 |
|  | 出错信息显示页面 | error.php | 仅由其他页面调用 |
|  | 系统调度页面（后台入口页面） | switch.php | 仅由其他页面调用 |
|  | 系统管理员权限检查 | checkpriv1.php | 仅由其他页面调用 |
|  | 用户登录检查 | checkpriv2.php | 仅由其他页面调用 |
|  | 结果分页类 | page.class.php | 仅由其他页面调用 |

## 任务 10.2 实现用户管理

在新闻发布系统中，发布新闻、管理新闻和浏览新闻都是由各类用户实现的。用户管理是新闻发布系统后台管理的重要组成部分。在本任务中，读者将学习和掌握如何实现用户管理，包括实现系统登录和设置访问权限，以及创建与用户管理相关的其他页面。

### 任务目标

- 掌握实现系统登录功能的方法
- 掌握实现创建用户功能的方法
- 掌握实现管理用户功能的方法
- 掌握实现修改用户功能的方法
- 掌握实现删除用户功能的方法

### 10.2.1 系统登录

系统管理员或新闻编辑在使用后台管理功能时，首先必须通过如图 10.1 所示的系统登录页面对用户名和密码进行验证。当提交的用户名和密码与存储在数据库中的信息匹配时，系统登录成功，此时系统管理员进入用户管理页面，新闻编辑进入新闻发布页面，否则登录失败，继续停留在系统登录页面，如图 10.1 所示。

图 10.1 系统登录页面

在系统登录页面和其他页面中连接 MySQL 服务器时，均要用到源文件/news/includes/connect.php，其功能是连接 MySQL 服务器，源代码如下。

```php
<?php
try {
    $link = new mysqli("localhost", "dba", "123456", "news");
} catch (mysqli_sql_exception $e) {
    die($e->getMessage());
}
```

系统登录页面的文件名为/news/login.php，源代码如下。

```php
<?php
include_once( "includes/connect.php" );
if (session_status() !== PHP_SESSION_ACTIVE) session_start();
$username = $password = $msg = "";
if ($_POST) {
    $username = $_POST["username"];
    $password = $_POST["password"];
    $hashed_password = crypt($password, '$1$NEWS$');
    $sql = sprintf("select * from user where username='%s' and password='%s'", $username, $hashed_password);
    $rs = $link->query($sql);
    $row = $rs->fetch_array();
    if ($rs->num_rows == 1) {
        $_SESSION["username"] = $username;
        $_SESSION["role"] = $row["role"];
        if ($row["role"] == "系统管理员") {
            header("Location:userlist.php");
        } else if ($row["role"] == "新闻编辑") {
            header("Location:releaseart.php");
        }
    } else {
        $msg = "用户名或密码错误";
    }
}
?>
<!doctype html>
<html>
```

```html
<head>
<meta charset="utf-8">
<title>系统登录</title>
<link href="style/news.css" rel="stylesheet">
<style>
    p {
        text-align: center;
    }

    table {
        margin: 0 auto;
    }

    caption {
        font-weight: bold;
    }

    td {
        padding: 5px;
    }

    td:first-child {
        text-align: right;
    }

    #msg {
        color: #ac2925;
        text-align: center;
    }
</style>
</head>

<body>
<p><a href="index.php"><img src="images/news_logo.png" width="160" height="23"></a></p>
<form name="form1" method="post" action="">
    <table>
        <caption>系统登录</caption>
        <tr>
            <td id="msg" colspan="2"><?php echo $msg; ?></td>
        </tr>
        <tr>
            <td><label for="username">用户名: </label></td>
            <td><input type="text" name="username" id="username" value="<?php echo $username; ?>"
                required placeholder="输入用户名"></td>
        </tr>
```

```
            <tr>
                <td><label for="password">密码: </label></td>
                <td><input type="password" name="password" id="password"
                    value="<?php echo $password;?>" required placeholder="输入密码"></td>
            </tr>
            <tr>
                <td> </td>
                <td><input type="submit" value="登录">
                      
                    <input type="reset" value="重置"></td>
            </tr>
        </table>
    </form>
</body>
</html>
```

### 10.2.2 创建用户

在新闻发布系统中，只有系统管理员具有创建用户的权限，不允许其他人自己注册。以系统管理员身份登录系统后，在后台导航条中单击"创建用户"链接即可进入用户创建页面。在该页面中可以创建新用户，输入用户名、密码和电子邮箱，单击"创建"按钮，从而将表单数据（密码经过加密处理）提交到服务器端进行处理。如果提交的用户名尚未被使用，则成功创建新用户，并跳转到用户管理页面，否则显示出错信息，如图 10.2 所示。用户创建页面是一个受限页面，只能由系统管理员访问，如果匿名用户或新闻编辑试图访问该页面，则会被重定向到出错信息显示页面。

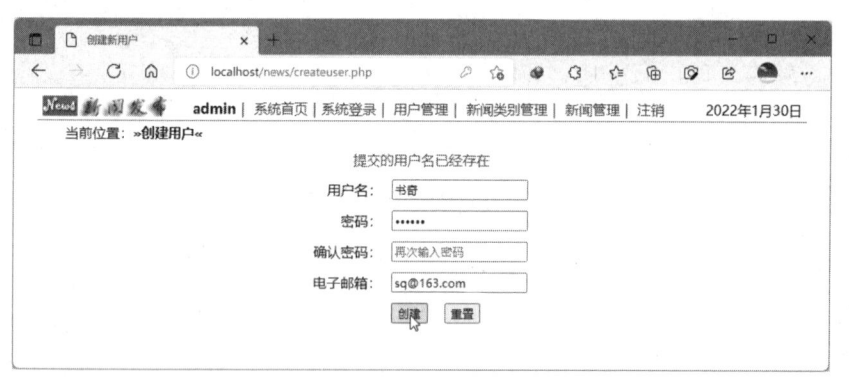

图 10.2　用户创建页面

在用户创建页面中需要使用站点的统一样式，因此需要创建一个 CSS 样式表文件。该样式表文件为/news/style/news.css，源代码如下。

```
* {
    font-family: '微软雅黑';
}
nav table {
    margin: 0 auto;
```

```css
        border-bottom: thin solid grey;
        width: 96%;
}
nav table td {
        padding: 0 6px;
}
nav table td:first-child {
        width: 166px;
}
nav table td:last-child {
        text-align: right;
}
table {
        border-collapse: collapse;
        margin: 0 auto;
}
a:link, a:visited {
        color: #20458e;
        text-decoration: none;
        white-space:nowrap;
}
a:hover {
        text-decoration: underline;
}
header {
        text-align: center;
}
form h1 {
        font-size: 14px;
        text-align: center;
}
form table {
        margin: 0 auto;
}
form table td {
        padding: 6px 6px;
}
form table td:first-child {
        text-align: right;
}
#current {
        margin-left: 3.2em;
        margin-top: 3px;
        margin-bottom: 3px;
}
.data td {
        text-align: center;
```

```css
}
.data tr:first-child {
   background-color: #dddddd;
}
#nav {
   text-align: center;
   margin-top: 3px;
}
```

当用户登录成功时,用户角色会被存储在会话变量$_SESSION["role"]中。在进入用户创建页面后,需要对用户权限进行检查,其他几个页面也是这样。为了避免重复编写代码,可以编写一个 PHP 文件来检查权限。该文件为/news/includes/checkpriv1.php,源代码如下。

```php
<?php
if (session_status() !== PHP_SESSION_ACTIVE) session_start();
if (empty($_SESSION)) {        //未登录
   header("Location:error.php?errno=1");
   exit();
}
if ($_SESSION["role"] != "系统管理员") {
   header("Location:error.php?errno=2");
   exit();
}
```

在检查权限时,需要调用 header()函数实现网址的重定向。重定向的目标页面为出错信息显示页面,其文件名为/news/error.php,功能是根据不同的错误代码显示不同的错误信息,源代码如下。

```php
<?php
$errno = $_GET["errno"];
switch( $errno ) {
   case "1":
      $errmsg = "登录后才能使用相关功能!";
      break;
   case "2":
      $errmsg = "您无权访问系统管理员专属区域!";
      break;
   case "3":
      $errmsg = "您无权修改别人的稿件!";
      break;
}
?>
<!doctype html>
<html>
<head>
<meta charset="utf-8">
<title>出错啦</title>
<style>
   p {
```

```
            text-align: center;
        }
        #error {
            height: 150px;
            width: 300px;
            border: thin solid grey;
            border-radius: 10px;
            box-shadow: 10px 10px 5px #888888;
            margin: 2em auto 0 auto;
            display: flex;
            justify-content: center;
            align-items: center;
        }
    </style>
    <link href="style/news.css" rel="stylesheet">
</head>

<body>
    <p><a href="index.php"><img src="images/news_logo.png" width="160" height="23"></a></p>
    <table id="error">
        <tr>
            <th align="left"><img src="images/alert.gif"></th>
            <th><?php echo $errmsg; ?></th>
        </tr>
        <tr>
            <td> </td>
            <td> </td>
        </tr>
        <tr>
            <th colspan="2">
                <input type="button" value=" 登录系统 " onclick="location.href='login.php';"></th>
        </tr>
    </table>
</body>
</html>
```

用户创建页面中使用统一的后台导航条,列出了新闻发布系统后台管理的相关链接。该导航条通过源文件/news/includes/nav1.php 来实现,源代码如下。

```
<?php $filename = basename($_SERVER["PHP_SELF"]); ?>
<nav>
<table>
    <tr>
        <td><a href="index.php"><img src="images/news_logo.png"></a></td>
        <td><strong><?php echo $_SESSION["username"]; ?></strong> | <a href="index.php">系统首页</a> | <a href="login.php">系统登录</a> | <?php echo ( $filename == "userlist.php" ) ? "&raquo; 用户管理 &laquo;" : "<a
```

```
href=\"userlist.php\">用户管理</a>"; ?> | <?php echo ( $filename ==
"catglist.php" ) ? "&raquo;新闻类别管理&laquo;" : "<a href=\"catglist.php\">新闻类别
管理</a>"; ?> | <?php echo ( $filename == "artlist.php" ) ? "&raquo;新闻管理&laquo;" :
"<a href=\"artlist.php\">新闻管理</a>"; ?> | <a href="logout.php">注销</a></td>
        <td nowrap=""><?php echo date("Y年n月j日"); ?></td>
    </tr>
</table>
</nav>
```

后台导航条中包含一个"注销"链接，在单击该链接时，将调用/news/logout.php 文件。该文件用于销毁会话变量，结束本次会话，并跳转到系统登录页面，源代码如下。

```
<?php
if (session_status() !== PHP_SESSION_ACTIVE) session_start();
$_SESSION = array();
header("Location:login.php");
exit();
?>
```

用户创建页面的源文件为/news/createuser.php，源代码如下。

```
<?php
include_once("includes/connect.php");
include ("includes/checkpriv1.php");
$username = $password = $confirm = $email = $msg = "";
if (!empty($_POST)) {
    $username = $_POST["username"];
    $password = $_POST["password"];

    /* 使用crypt()函数生成单向字符串散列，对密码加密 */
    $hashed_password = crypt($password, '$1$NEWS$');
    $email = $_POST["email"];
    /* 检查用户名是否已经存在 */
    $sql = sprintf("select userid from user where username='%s'", $username);
    $rs = $link->query($sql);
    $row = $rs->fetch_array();
    if ($rs->num_rows == 0) {
        $sql = sprintf("insert into user (username, password, email) values('%s','%s','%s')",
            $username, $hashed_password, $email);
        $rs = $link->query($sql);
        if ($link->affected_rows > 0) {
            $msg = "新用户创建成功";
        } else {
            $msg = "新用户创建失败：" . $link->error;
        }
    } else {
        $msg = "提交的用户名已经存在";
    }
}
```

```php
?>
<!doctype html>
<html>
<head>
<meta charset="utf-8">
<title>创建新用户</title>
<link href="style/news.css" rel="stylesheet">
<style>
#msg {
    color: #ac2925;
    text-align: center;
}
</style>
</head>

<body>
<?php include( "includes/nav1.php" ); ?>
<p id="current">当前位置：<b>&raquo;创建用户&laquo;</b></p>
<form name="form1" method="post" action="">
    <table>
        <tr>
            <td id="msg" colspan="2"><?php echo $msg; ?></td>
        </tr>
        <tr>
            <td><label for="username">用户名：</label></td>
            <td><input type="text" name="username" id="username"
                    value="<?php echo $username; ?>"
                    required placeholder="输入用户名"></td>
        </tr>
        <tr>
            <td><label for="password">密码：</label></td>
            <td><input type="password" name="password" id="password"
                    value="<?php echo $password; ?>"
                    required placeholder="输入密码"></td>
        </tr>
        <tr>
            <td><label for="confirm">确认密码：</label></td>
            <td><input type="password" name="confirm" id="confirm"
                    value="<?php echo $confirm; ?>"
                    required placeholder="再次输入密码"></td>
        </tr>
        <tr>
            <td><label for="email">电子邮箱：</label></td>
            <td><input type="email" name="email" id="email"
                    value="<?php echo $email; ?>"
                    required placeholder="输入电子邮箱"></td>
        </tr>
        <tr>
```

```
                <td> </td>
                <td><input type="submit" value="创建">
                      
                    <input type="reset" value="重置"></td>
            </tr>
        </table>
</form>
<script>
    var password = document.getElementById("password");
    var confirm = document.getElementById("confirm");
    var msg = document.getElementById("msg");

    confirm.onblur = function () {
        if (password.value != confirm.value) {
            msg.innerHTML = "两次输入的密码不一致";
        } else {
            msg.innerHTML = "";
        }
    }
</script>
</body>
</html>
```

### 10.2.3 管理用户

用户管理页面仅限系统管理员访问。以系统管理员身份登录系统后，会自动进入该页面；也可以通过单击后台导航条中的"用户管理"链接进入用户管理页面，如图 10.3 所示。

图 10.3 用户管理页面

用户管理页面的主要编程思路如下：首先从后台数据库中查询所有用户信息，以获取一个结果集，然后以表格形式分页显示该结果集的内容，并在这个表格中添加一些指向用户修改页面和用户删除页面的动态链接，单击这些链接即可对选定的用户执行修改或删除操作。

用户管理页面的源文件为/news/userlist.php，源代码如下。

```
<?php
```

```php
include_once("includes/connect.php");
include("includes/page.class.php");
include ("includes/checkpriv1.php");

$sql = "select userid, username, email, role from user order by userid desc";
$rs = $link->query($sql);
$total = $rs->num_rows;
$col_num = $rs->field_count;

$page = new Page($total, 8);
$sql .= " " . $page->limit;
$rs = $link->query($sql);
?>
<!doctype html>
<html>
<head>
<meta charset="utf-8">
<title>用户管理</title>
<link href="style/news.css" rel="stylesheet">
</head>

<body>
<?php include( "includes/nav1.php" ); ?>
<div id="current">
    <button type="button" onclick="location.href='createuser.php';">创建用户</button>
</div>
<table border="1" width="96%" align="center" cellpadding="5" class="data">
    <tr>
        <th>用户编号</th><th>用户名</th><th>电子邮箱</th>
        <th>角色</th><th colspan="2">操作</th>
    </tr>
    <?php
    while ($row = $rs->fetch_row()) {
        echo "<tr>";
        for ($i = 0; $i < $col_num; $i++) {
            if ($i == 2) {
                printf("<td><a href='mailto:%s'>%s</a></td>", $row[$i], $row[$i]);
            } else {
                printf("<td>%s</td>", $row[$i]);
            }
        }
        printf("<td><a href='alteruser.php?userid=%s'> 修改用户 </a></td>", $row[0]);
        printf("<td><a href='deleteuser.php?userid=%s'
            onclick='return confirm(\"您确实要删除这个用户吗？\");'>删除用户</a>
```

```
</td>", $row[0]);
        echo "</tr>";
    }
    ?>
</table>
<?php echo "<nav id='nav'>" . $page->fpage() . "</nav>"; ?>
</body>
</html>
```

### 10.2.4 修改用户

在用户管理页面中单击"修改用户"链接时，将进入用户修改页面，在这里可以修改用户的密码、电子邮箱及角色（但不能修改用户名），如图 10.4 所示。当单击"更新"按钮时，修改后的用户信息将被保存到后台数据库中，并跳转到用户管理页面。

用户修改页面的主要编程要点如下：首先检查用户权限，如果用户不具有系统管理员权限，则重定向到出错信息显示页面；然后查询数据库以获取待修改用户信息的结果集；接着创建用于显示和修改该结果集内容的更新表单；最后通过执行 update 语句在后台数据库中修改记录。

图 10.4 用户修改页面

用户修改页面的源文件为/news/alteruser.php，源代码如下。

```
<?php
include_once("includes/connect.php");
include("includes/page.class.php");
include ("includes/checkpriv1.php");
$username = $password = $email = $role = $msg = "";

if (isset($_GET["userid"])) {
    $userid = $_GET["userid"];
    $sql = sprintf("select * from user where userid=%s", $userid);
    $rs = $link->query($sql);
    $row = $rs->fetch_array();
    $username = $row["username"];
    $password = $row["password"];
    $hashed_password = crypt($password, '$1$NEWS$');
```

```php
        $email = $row["email"];
        $role = $row["role"];
    } else {
        header("Location:userlist.php");
        exit();
    }

    if ($_POST) {
        $userid = $_POST["userid"];
        $password = $_POST["password"];
        $hashed_password = crypt($password, '$1$NEWS$');
        $email = $_POST["email"];
        $role = $_POST["role"];
        $sql = sprintf("update user set password='%s', email='%s', role='%s' where userid=%s",
            $hashed_password, $email, $role, $userid);
        $link->query($sql);

        if ($link->errno == 0 or $link->affected_rows > 0) {
            $msg = "<script>alert('数据更新成功！');location.href='userlist.php';</script>";
        } else {
            $msg = "数据更新失败：" . $link->error;
        }

    }
?>
<!doctype html>
<html>
<head>
<meta charset="utf-8">
<title>修改用户<?php echo $username ?>的个人信息</title>
<link href="style/news.css" rel="stylesheet">
</head>

<body>
<?php include( "includes/nav1.php" ); ?>
<p id="current">当前位置：<b>&raquo;修改用户信息&laquo;</b></p>
<form name="form1" method="post" action="">
    <table>
        <tr>
            <td><label for="username">用户名：</label></td>
            <td><input type="text" name="username" id="username"
                    value="<?php echo $username; ?>" readonly></td>
        </tr>
        <tr>
            <td><label for="password">密码：</label></td>
            <td><input type="password" name="password" id="password"
```

```
                    value="<?php echo $hashed_password; ?>"
                    required placeholder="输入密码"></td>
        </tr>
        <tr>
            <td><label for="confirm">确认密码: </label></td>
            <td><input type="password" name="confirm" id="confirm"
                    value="<?php echo $hashed_password; ?>"
                    required placeholder="再次输入密码"></td>
        </tr>
        <tr>
            <td><label for="email">电子邮箱: </label></td>
            <td><input type="email" name="email" id="email"
                    value="<?php echo $email; ?>"
                    required placeholder="输入电子邮箱"></td>
        </tr>
        <tr>
            <td><label for="admin">角色: </label></td>
            <td><label>
                <input type="radio" name="role" id="admin" value="系统管理员"
                    <?php echo ( $row["role"] == "系统管理员" ) ? "checked" : "" ?>>
                管理员</label>
                <label>
                <input type="radio" name="role" id="editor" value="新闻编辑"
                    <?php echo ( $row["role"] == "新闻编辑" ) ? "checked" : "" ?>>
                编辑</label></td>
        </tr>
        <tr>
            <td><input type="hidden" name="userid" value="<?php echo $row["userid"]; ?>"></td>
            <td><input type="submit" value="更新">
                  
                <input type="reset" value="重置"></td>
        </tr>
        <tr>
            <td id="msg" colspan="2"><?php echo $msg; ?></td>
        </tr>
    </table>
</form>
<script>
var password = document.getElementById("password");
var confirm = document.getElementById("confirm");
var msg = document.getElementById("msg");

confirm.onblur = function () {
    if (password.value != confirm.value) {
        msg.innerHTML = "两次输入的密码不一致";
```

```
        } else {
            msg.innerHTML = "";
        }
    }
</script>
</body>
</html>
```

### 10.2.5 删除用户

当在用户管理页面中单击"删除用户"链接时，会弹出一个确认对话框。此时单击"确定"按钮，会跳转到用户删除页面，可从数据库中删除选定的用户，并跳转到用户管理页面。用户删除页面仅限系统管理员访问，其功能为执行删除用户的操作，其中不包含任何可见的内容。

用户删除页面的源文件为/news/deleteuser.php，源代码如下。

```php
<?php
include_once("includes/connect.php");
include("includes/checkpriv1.php");

if (isset($_GET["userid"])) {
    $userid = $_GET["userid"];
    $sql = sprintf("delete from user where userid=%s", $userid);
    $rs = $link->query($sql) or die("删除用户失败： " . $link->error);
}

header("Location:userlist.php");
exit();
?>
```

## 任务 10.3  实现新闻类别管理

在新闻发布系统中，只有系统管理员才有权限对新闻类别进行管理，包括添加、修改和删除新闻类别，与这些操作相关的页面都必须检查用户是不是系统管理员，如果不是，则重定向到出错信息显示页面。在本任务中，读者将学习和掌握实现添加新闻类别、管理新闻类别、修改新闻类别与删除新闻类别的方法。

### 任务目标

- 掌握实现添加新闻类别的方法
- 掌握实现管理新闻类别的方法
- 掌握实现修改新闻类别的方法
- 掌握实现删除新闻类别的方法

### 10.3.1 添加新闻类别

新闻类别添加页面只能由系统管理员访问。以系统管理员身份登录系统后，在新闻类别管理页面中单击"添加新闻类别"链接，即可进入新闻类别添加页面，如图 10.5 所示。在该页面中输入新闻类别名称并单击"添加"按钮时，会将新的新闻类别添加到后台数据库中，并跳转到新闻类别管理页面。

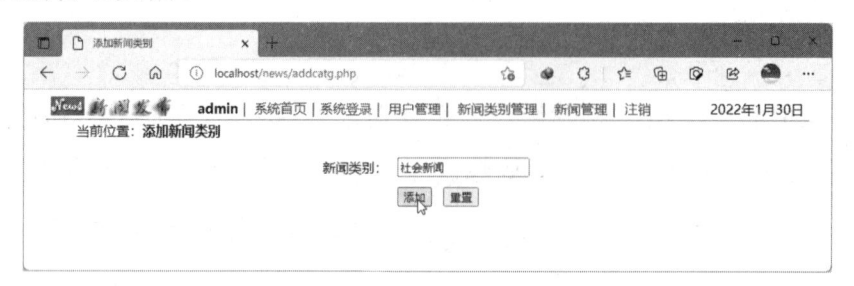

图 10.5　新闻类别添加页面

新闻类别添加页面的源文件为/news/addcatg.php，源代码如下。

```php
<?php
include_once("includes/connect.php");
include( "includes/checkpriv1.php" );
$catgname = $msg = "";

if ($_POST) {
    $catgname = $_POST["catgname"];
    $sql = sprintf("insert into category (catgname) values ('%s')", $catgname);
    $rs = $link->query($sql);
    if ($link->affected_rows > 0) {
        $msg = "新闻类别添加成功";
    } else {
        $msg = "新闻类别添加失败：" . $link->error;
    }
}
?>
<!doctype html>
<html>
<head>
<meta charset="utf-8">
<title>添加新闻类别</title>
<link href="style/news.css" rel="stylesheet">
<style>
    #msg {
        color: #ac2925;
        text-align: center;
    }
</style>
</head>
```

```html
<body>
<?php include( "includes/nav1.php" ); ?>
<p id="current">当前位置：<b>添加新闻类别</b></p>
<form method="post" action="">
    <table>
        <tr>
            <td id="msg" colspan="2"><?php echo $msg; ?></td>
        </tr>
        <tr>
            <td><label for="catgname">新闻类别：</label></td>
            <td><input    type="text"    name="catgname"    value="<?php   echo
$catgname; ?>"></td>
        </tr>
        <tr>
            <td></td>
            <td><input type="submit" value="添加">
                 
                <input type="reset" value="重置"></td>
        </tr>
    </table>
</form>
</body>
</html>
```

## 10.3.2 管理新闻类别

新闻类别管理页面只能由系统管理员访问。以系统管理员身份登录系统后，在后台导航条中单击"新闻类别管理"链接，即可进入新闻类别管理页面，如图10.6所示。该页面列出了当前已添加的所有新闻类别，允许用户通过单击相应的按钮或链接来添加、修改或删除新闻类别。

图 10.6　新闻类别管理页面

新闻类别管理页面的主要编程要点如下：首先对用户权限进行检查，如果用户不是系统管理员，则重定向到出错信息显示页面；然后从后台数据库中查询所有的新闻类别信息，生成一个结果记录集，以表格形式显示该记录集内容，并在该表格中添加"修改新闻类别"和"删除新闻类别"链接。除此之外，还需要在"删除新闻类别"链接上设置 onclick 事件处理程序，以添加删除确认功能。

新闻类别管理页面的源文件为/news/catglist.php，源代码如下。

```php
<?php
include_once("includes/connect.php");
include("includes/page.class.php");
include ("includes/checkpriv1.php");

$sql = "select catgid, catgname from category";
$rs = $link->query($sql);
$total = $rs->num_rows;
$col_num = $rs->field_count;
?>
<!doctype html>
<html>
<head>
<meta charset="utf-8">
<title>新闻类别管理</title>
<link href="style/news.css" rel="stylesheet">
</head>

<body>
<?php include( "includes/nav1.php" ); ?>
<div id="current">
    <button type="button" onclick="location.href='addcatg.php';">添加新闻类别</button>
</div>
<table border="1" width="96%" align="center" cellpadding="5" class="data">
    <tr>
        <th>新闻类别编号</th>
        <th>新闻类别名称</th>
        <th colspan="2">新闻类别操作</th>
    </tr>
    <?php

    while ($row = $rs->fetch_row()) {
        echo "<tr>";

        for ($i = 0; $i < $col_num; $i++) {
            if ($i == 2) {
                printf("<td><a href='mailto:%s'>%s</a></td>", $row[$i], $row[$i]);
            } else {
                printf("<td>%s</td>", $row[$i]);
            }
        }
```

```
            printf("<td><a href='altercatg.php?catgid=%s'>修改新闻类别</a></td>",
$row[0]);
            printf("<td><a href='deletecatg.php?catgid=%s' onclick='return confirm
(\"您确实要删除这个新闻类别吗？\");'>删除新闻类别</a></td>", $row[0]);
            echo "</tr>";
        }
        ?>
</table>
</body>
</html>
```

### 10.3.3 修改新闻类别

新闻类别修改页面仅限系统管理员访问。以系统管理员身份登录系统后，在新闻类别管理页面中单击"修改新闻类别"链接，即可进入新闻类别修改页面，如图 10.7 所示。在该页面中可以对新闻类别名称进行修改，单击"更新"按钮即可将所做的更改保存到数据库中并跳转到新闻类别管理页面。

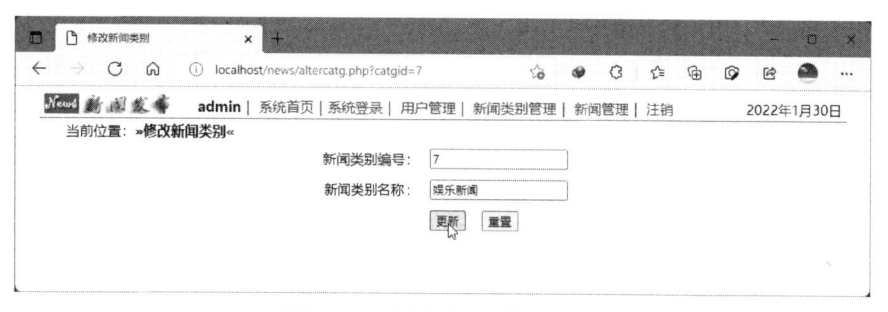

图 10.7　新闻类别修改页面

新闻类别修改页面的主要编程要点包括：首先对用户权限进行检查，如果用户不具有系统管理员权限，则重定向到出错信息显示页面；然后根据传递的新闻类别编号在后台数据库中进行查询，以创建一个结果记录集；接着创建一个表单，用来绑定和修改该记录集的字段内容；最后通过执行 update 语句实现字段值的修改。

新闻类别修改页面的源文件为/news/altercatg.php，源代码如下。

```php
<?php
include_once("includes/connect.php");
include( "includes/checkpriv1.php" );
$catgid = $catgname = $msg = "";

if (isset($_GET["catgid"])) {
    $catgid = $_GET["catgid"];
    $sql = sprintf("select * from category where catgid=%s", $catgid);
    $rs = $link->query($sql);
    $row = $rs->fetch_array();
    $catgname = $row["catgname"];
} else {
    header("Location:catglist.php");
```

```php
        exit();
    }
    if ($_POST) {
        $catgid = $_POST["catgid"];
        $catgname = $_POST["catgname"];
        $sql = sprintf("update category set catgname='%s' where catgid=%s",
            $catgname, $catgid);
        $link->query($sql);
        if ($link->errno == 0 or $link->affected_rows > 0) {
            header("Location:catglist.php");
        } else {
            $msg = "新闻类别更新失败：" . $link->error;
        }
    }
?>
<!doctype html>
<html>
<head>
<meta charset="utf-8">
<title>修改新闻类别</title>
<link href="style/news.css" rel="stylesheet">
</head>

<body>
<?php include( "includes/nav1.php" ); ?>
<p id="current">当前位置：<b>&raquo;修改新闻类别&laquo;</b></p>
<form name="form1" method="post" action="">
    <table>
        <tr>
            <td><label for="catgid">新闻类别编号：</label></td>
            <td><input type="text" name="catgid" id="catgid"
                    value="<?php echo $catgid; ?>" readonly></td>
        </tr>
        <tr>
            <td><label for="catgname">新闻类别名称：</label></td>
            <td><input type="text" name="catgname" id="catgname"
                    value="<?php echo $catgname; ?>"
                    required placeholder="输入新闻类别名称"></td>
        </tr>
        <tr>
            <td></td>
            <td><input type="submit" value="更新">
                  
                <input type="reset" value="重置"></td>
        </tr>
        <tr>
            <td id="msg" colspan="2"><?php echo $msg; ?></td>
```

```
        </tr>
    </table>
</form>
</body>
</html>
```

### 10.3.4 删除新闻类别

新闻类别删除页面仅限系统管理员访问。以系统管理员身份登录系统后，在新闻类别管理页面中单击"删除新闻类别"链接，即可弹出一个确认对话框。此时单击"确定"按钮，会执行新闻类别删除页面中的 PHP 代码，从而将选定的新闻类别从数据库中删除，并跳转到新闻类别管理页面。新闻类别删除页面的功能是对选定的新闻类别执行删除操作。在编写该页面时，首先检查用户是否具有系统管理员权限，如果有，则执行删除操作，否则重定向到出错信息显示页面。

新闻类别删除页面的源文件为/news/deletecatg.php，源代码如下。

```php
<?php
include_once("includes/connect.php");
include ("includes/checkpriv1.php");

if (isset($_GET["catgid"])) {
    $catgid = $_GET["catgid"];
    $sql = sprintf("delete from category where catgid=%s", $catgid);
    $rs = $link->query($sql) or die("删除新闻类别失败： " . $link->error);
}
header("Location:catglist.php");
exit();
?>
```

## 任务 10.4　实现新闻管理

发布新闻和管理新闻是新闻发布系统的核心功能，只有注册用户（包括新闻编辑和系统管理员）才能使用这些功能。不同用户具有不同的权限：新闻编辑可以发布新闻，也可以修改自己发布的新闻；系统管理员可以修改和删除所有新闻。在本任务中，读者将学习和掌握实现发布新闻、管理新闻、修改新闻与删除新闻的方法。

### 任务目标

- 掌握实现发布新闻功能的方法
- 掌握实现管理新闻功能的方法
- 掌握实现修改新闻功能的方法
- 掌握实现删除新闻功能的方法

### 10.4.1 发布新闻

以新闻编辑身份登录系统后，会自动进入新闻发布页面，如图 10.8 所示。也可以在后台导航条中单击"新闻管理"链接，进入新闻管理页面后单击"发布新闻"按钮，从而进入新闻发布页面。该页面只能由注册用户访问，如果匿名用户试图通过输入网址来访问该页面，那么他将被重定向到出错信息显示页面。在新闻发布页面的表单中输入新闻标题，选择新闻类别，输入新闻来源和新闻内容，并单击"发布"按钮，提交的新闻信息会被添加到后台数据库中，然后跳转到新闻浏览页面。

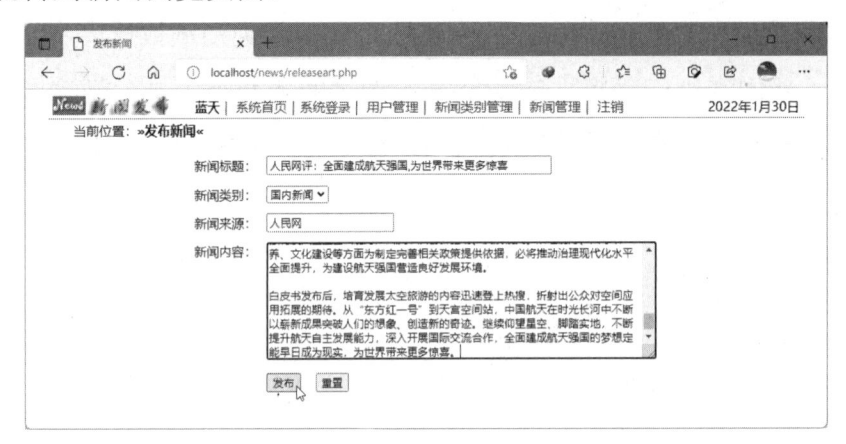

图 10.8 新闻发布页面

新闻发布页面的主要编程要点包括：首先检查用户是否已登录，如果用户尚未登录，则将其重定向到出错信息显示页面；然后创建一个用于输入和提交数据的插入表单；接着连接后台数据库以获取新闻类别，创建一个为列表框提供条目的结果记录集；最后使用预定义数组$_POST获取表单数据，动态生成一个insert语句，用于添加新的数据库记录。

在新闻管理相关页面中，必须对用户是否登录成功进行检查，如果用户是匿名用户，则拒绝使用相关功能，并重定向到出错信息显示页面。为了避免重复编写代码，可以编写一个专门的文件来执行这个任务。该文件为/news/includes/checkpriv2.php，源代码如下。

```
<?php
if (session_status() !== PHP_SESSION_ACTIVE) session_start();
if ($_SESSION) {        // 如果未登录
    header("Location:error.php?errno=1");
    exit();
}
```

新闻发布页面的源文件为/news/releaseart.php，源代码如下。

```
<?php
include_once("includes/connect.php");
include("includes/page.class.php");
include("includes/checkpriv2.php");
$title = $content = $catgid = $editor = $source = $msg = "";
$sql = "select * from category";
$rs = $link->query($sql);
```

```php
if (!empty($_POST)) {
    $title = $_POST["title"];
    $content = $_POST["content"];
    $catgid = $_POST["catgid"];
    $editor = $_SESSION["username"];
    $source = $_POST["source"];
    $sql = sprintf("insert into article (title, content, catgid, editor, source) values ('%s', '%s', %d, '%s', '%s')", $title, $content, $catgid, $editor, $source);
    $rs = $link->query($sql);
    if ($link->affected_rows > 0) {
        $sql = sprintf("select max(artid) from article");
        $rs = $link->query($sql);
        $row = $rs->fetch_array();
        $artid = $row[0];
        header("Location:details.php?artid=" . $artid);
    } else {
        $msg = "新闻发布失败：" . $link->error;
    }
}
?>
<!doctype html>
<html>
<head>
<meta charset="utf-8">
<title>发布新闻</title>
<link href="style/news.css" rel="stylesheet">
</head>

<body>
<?php include( "includes/nav1.php" ); ?>
<p id="current">当前位置：<b>&raquo;发布新闻&laquo;</b></p>
<form name="form1" method="post" action="">
    <table>
        <tr>
            <td id="msg" colspan="2"><?php echo $msg; ?></td>
        </tr>
        <tr>
            <td><label for="title">新闻标题：</label></td>
            <td><input style="width: 26em;" type="text" name="title" id="title"
                value="<?php echo $title; ?>"
                required placeholder="输入新闻标题"></td>
        </tr>
        <tr>
            <td><label for="catgid">新闻类别：</label></td>
            <td><select id="catgid" name="catgid">
                <?php
                    while ($row = $rs->fetch_row()) {
                        printf("<option value='%s'>%s</option>", $row[0], $row[1]);
                    }
```

```html
                    ?>
                </select></td>
        </tr>
        <tr>
            <td><label for="source">新闻来源：</label></td>
            <td><input type="text" name="source" id="source"
                    value="<?php echo $source; ?>"
                    required placeholder="输入新闻来源"></td>
        </tr>
        <tr>
            <td valign="top"><label for="content">新闻内容：</label></td>
            <td><textarea id="content" name="content" cols="66" rows="8"></textarea></td>
        </tr>
        <tr>
            <td> </td>
            <td><input type="submit" value="发布">  
                <input type="reset" value="重置"></td>
        </tr>
    </table>
</form>
<div><?php echo $msg; ?></div>
</body>
</html>
```

### 10.4.2 管理新闻

新闻管理页面可以由新闻编辑和系统管理员访问：新闻编辑只能修改由自己发布的新闻，而且不能删除已发布的新闻；系统管理员可以修改和删除所有的新闻。用户登录系统后，在后台导航条中单击"新闻管理"链接，即可进入新闻管理页面，如图 10.9 所示。新闻管理页面以分页形式列出所有的新闻编号、新闻标题、发布时间、新闻类别和新闻编辑，用户单击新闻标题链接即可浏览新闻的详细信息，也可以根据自己具有的权限对新闻执行编辑和删除操作。

图 10.9 新闻管理页面

新闻管理页面的主要编程要点如下：首先检查用户权限，如果用户是匿名用户，则拒绝该用户访问并重定向至出错信息显示页面；然后连接后台数据库并从中查询所有新闻信息，得到一个结果记录集；最后以表格形式分页显示该记录集的内容，在表格中创建"编辑新闻"和"删除新闻"动态链接，并对"删除新闻"链接设置 onclick 事件处理程序，以添加删除确认功能。

新闻管理页面的源文件为/news/artlist.php，源代码如下。

```php
<?php
include_once("includes/connect.php");
include("includes/page.class.php");
include("includes/checkpriv2.php");

$sql = "select artid, title, issuetime, catgname, editor from artview order by artid desc";
$rs = $link->query($sql);
$total = $rs->num_rows;
$col_num = $rs->field_count;
$page = new Page($total, 10);
$sql .= " " . $page->limit;
$rs = $link->query($sql);
?>
<!doctype html>
<html>
<head>
<meta charset="utf-8">
<title>新闻管理</title>
<link href="style/news.css" rel="stylesheet">
<style>
td:nth-child(2) { text-align: left;
}
</style>
</head>

<body>
<?php include( "includes/nav1.php" ); ?>
<div id="current"><button type="button" onclick="location.href='releaseart.php';">发布新闻</button></div>
<table border="1" width="96%" align="center" cellpadding="5" class="data">
    <tr>
        <th>新闻编号</th><th>新闻标题</th><th>发布时间</th>
        <th>新闻类别</th><th>新闻编辑</th><th colspan="2">操作</th>
    </tr>
    <?php
    while ($row = $rs->fetch_row()) {
        echo "<tr>";
        for ($i = 0; $i < $col_num; $i++) {
```

```php
            if ($i == 1) {
                printf("<td><a href='details.php?artid=%s'>%s</a></td>", $row[0], $row[1]);
            } else {
                printf("<td>%s</td>", $row[$i]);
            }
        }
        printf("<td><a href='alterart.php?artid=%s'>修改新闻</a></td>", $row[0]);
        printf("<td><a href='deleteart.php?artid=%s' onclick='return confirm(\"您确实要删除这条新闻吗？\");'>删除新闻</a></td>", $row[0]);
        echo "</tr>";
    }
    ?>
</table>
<?php echo "<nav id='nav'>" . $page->fpage() . "</nav>"; ?>
</body>
</html>
```

### 10.4.3 编辑新闻

在新闻管理页面中单击"编辑新闻"链接，将进入新闻编辑页面，如图 10.10 所示。新闻编辑和系统管理员都可以访问该页面，不过两者的权限有所不同：新闻编辑只能修改自己发布的新闻，系统管理员可以修改所有新闻。如果检测到当前用户角色是新闻编辑，但不是当前选定新闻稿的发布者，则将其重定向到出错信息显示页面并传递 errno 参数值 3。

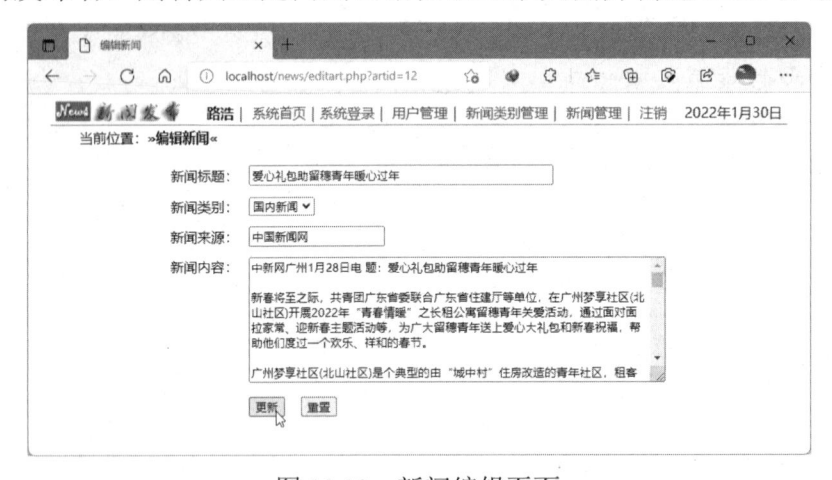

图 10.10 新闻编辑页面

新闻编辑页面的主要编程要点包括：首先对用户权限进行检查，如果用户是匿名用户，则拒绝访问，如果用户不是当前新闻稿的编辑，则同样拒绝访问；然后从后台数据库中查询数据，分别得到两个结果记录集，一个是包含待修改新闻稿内容的结果记录集，另一个是包含新闻类别并为列表框提供条目的结果记录集；接着创建一个用于绑定和修改选定记录字段值的更新表单；最后通过执行 update 语句更新新闻稿内容，并在完成修改后跳转到新闻浏览页面，查看修改结果。

新闻编辑页面的源文件为/news/editart.php，源代码如下。

```php
<?php
include_once("includes/connect.php");
include("includes/checkpriv2.php");
$artid = $title = $content = $catgid = $editor = $source = $msg = "";
$sql = "select * from category";
$rscatg = $link->query($sql);
if (isset($_GET["artid"])) {
    $artid = $_GET["artid"];
    $sql = sprintf("select * from article where artid=%d", $artid);
    $rs = $link->query($sql);
    $row = $rs->fetch_array();
    $title = $row["title"];
    $content = $row["content"];
    $catgid = $row["catgid"];
    $editor = $row["editor"];
    $source = $row["source"];
    if ($_SESSION["username"] != rtrim($editor)) {    // 如果当前用户不是本文作者
        header("Location:error.php?errno=3");         // 重定向，传递 errno 参数值 3
        exit();
    }
} else {
    header("Location:artlist.php");
    exit();
}

if (!empty($_POST)) {
    $artid = $_POST["artid"];
    $title = $_POST["title"];
    $content = $_POST["content"];
    $catgid = $_POST["catgid"];
    $source = $_POST["source"];

    $sql = sprintf("update article set title='%s', content='%s', catgid=%s, source='%s' where artid=%d", $title, $content, $catgid, $source, $artid);
    $link->query($sql);
    if ($link->errno == 0 or $link->affected_rows > 0) {
        header("Location:details.php?artid=" . $artid);
        exit();
    } else {
        $msg = "新闻修改失败：" . $link->error;
    }
}
?>
<!doctype html>
<html>
```

```html
<head>
<meta charset="utf-8">
<title>编辑新闻</title>
<link href="style/news.css" rel="stylesheet">
</head>

<body>
<?php include( "includes/nav1.php" ); ?>
<p id="current">当前位置：<b>&raquo;编辑新闻&laquo;</b></p>
<form name="form1" method="post" action="">
    <table>
        <tr>
            <td id="msg" colspan="2"><?php echo $msg; ?></td>
        </tr>
        <tr>
            <td><label for="title">新闻标题：</label></td>
            <td><input style="width: 26em;" type="text" name="title" id="title"
                    value="<?php echo $title; ?>"
                    required placeholder="输入新闻标题"></td>
        </tr>
        <tr>
            <td><label for="catgid">新闻类别：</label></td>
            <td><select id="catgid" name="catgid">
                <?php
                while ($row = $rscatg->fetch_row()) {
                    printf("<option value='%s'%s>%s</option>",
                        $row[0], ( $row[0] == $catgid ? "selected" : "" ), $row[1]);
                }
                ?>
            </select></td>
        </tr>
        <tr>
            <td><label for="source">新闻来源：</label></td>
            <td><input type="text" name="source" id="source"
                    value="<?php echo $source; ?>"
                    required placeholder="输入新闻来源"></td>
        </tr>
        <tr>
            <td valign="top"><label for="content">新闻内容：</label></td>
            <td><textarea id="content" name="content" cols="66" rows="8"><?php echo $content; ?></textarea></td>
        </tr>
        <tr>
            <td><input type="hidden" name="artid" value="<?php echo $artid; ?>"></td>
            <td><input type="submit" value="更新">
                  
                <input type="reset" value="重置"></td>
```

```
        </tr>
    </table>
</form>
<div><?php echo $msg; ?></div>
</body>
</html>
```

### 10.4.4 删除新闻

以系统管理员身份登录新闻发布系统后，在新闻管理页面中单击"删除新闻"链接，即可弹出一个确认对话框，如果单击"确定"按钮，则会跳转到新闻删除页面，并从后台数据库中删除选定的新闻记录，然后返回新闻管理页面。

新闻删除页面的主要编程要点如下：检查用户权限，如果用户不具有系统管理员权限，则拒绝访问；如果用户具有系统管理员权限，则获取 URL 参数值，为 delete 语句设置搜索条件，并从数据库中删除选定的记录。

新闻删除页面的源文件为/news/deleteart.php，源代码如下。

```php
<?php
include_once("includes/connect.php");
include ("includes/checkpriv1.php");
if (isset($_GET["artid"])) {
    $artid = $_GET["artid"];
    $sql = sprintf("delete from article where artid=%s", $artid);
    $rs = $link->query($sql) or die("新闻删除失败：" . $link->error);
}
header("Location:artlist.php");
exit();
?>
```

## 任务 10.5　实现新闻浏览

新闻浏览属于新闻发布系统的前台功能，相关页面主要包括系统首页、新闻浏览页面、新闻分类浏览页面及新闻搜索结果页面等。这些页面主要用于查询和显示数据库记录，不包含数据的增删改操作，它们对所有用户开放，不需要设置访问权限。本任务介绍如何实现新闻浏览功能，主要内容包括系统首页、浏览新闻、分类浏览新闻和搜索新闻。

### 任务目标

- 掌握实现系统首页功能的方法
- 掌握实现浏览新闻功能的方法
- 掌握实现分类浏览新闻功能的方法
- 掌握实现搜索新闻功能的方法

## 10.5.1 系统首页

系统首页是进入新闻发布系统的第一个页面，如图 10.11 所示。系统首页不再使用后台导航条，而是使用前台导航条，其中包含一些常用链接和按钮。单击"后台管理"链接，可以进入后台管理页面；单击"设为书签"链接，会弹出一个对话框，提示如何收藏本页面；在搜索文本框中输入关键字并单击"搜索"按钮，可以按照新闻标题或内容进行搜索。

图 10.11 系统首页

系统首页列出了当前已添加的所有新闻类别。当单击新闻类别链接时，将进入新闻分类浏览页面。系统首页会按照类别列出新闻标题，而且在每个新闻类别下面只列出 5 条最新的新闻标题。如果用户单击某个新闻标题上的超文本链接，则会进入相应的新闻浏览页面，可以浏览这条新闻的详细内容。当用户在某个类别中发布了一条新闻时，这条新闻的标题就会出现在该类别的顶部。如果原来已经显示了 5 条新闻标题，则最下方的那个新闻标题将被"挤出"系统首页。单击"更多"链接，将进入新闻分类浏览页面。

前台模块的各个页面中统一使用了前台导航条，包含所有新闻类别链接、后台入口、当前系统日期及搜索表单（使用 GET 方法）等内容，源文件为/news/includes/nav2.php，源代码如下。

```php
<?php require_once("includes/connect.php");
$sql = "select * from category";
$rs_catg = $link->query($sql);
$row_catg = $rs_catg->fetch_assoc();
$total_catg = $rs_catg->num_rows;
?>
<nav>
<table>
```

```html
<tr>
    <td><a href="index.php"><img src="images/news_logo.png"></a></td>
    <td><a href="switch.php">后台管理</a>|<a href="javascript:void(0);"
onclick="alert('按组合键Ctrl+D将本页保存为书签,全面了解最新资讯,方便快捷。');">
设为书签</a></td>
    <td><?php echo date("Y年n月j日"); ?></td>
    <td><form method="get" action="results.php">
        <input type="text" name="key" required placeholder="请输入关键字">
        <input type="submit" value="搜索">
    </form></td>
</tr>
</table>
</nav>
<table border="1" style="border:thin solid grey; border-collapse: collapse; width: 96%">
    <tr align="center">
        <?php
        if ($total_catg > 0) {
            do {
                printf("<td><a href=\"classify.php?catgid=%d&catgname=%s\">%s</a></td>",
                    $row_catg['catgid'],
                    urlencode($row_catg['catgname']),
                    $row_catg['catgname']);
            } while ($row_catg = $rs_catg->fetch_assoc());
        }
        ?>
    </tr>
</table>
```

当用户在前台导航条中单击"后台管理"链接时,将跳转到系统调度页面,其文件为/news/switch.php,功能是根据用户权限的不同,将用户重定向到不同的后台管理页面,源代码如下。

```php
<?php
if (session_status() !== PHP_SESSION_ACTIVE) session_start();
$url = "";
if (!empty($_SESSION)) {
    $role = $_SESSION["role"];
    if ($role == "系统管理员") {
        $url = "userlist.php";
    } else if ($role == "新闻编辑") {
        $url = "releaseart.php";
    }
} else {
    $url = "login.php";
}
header("Location:" . $url);
exit();
?>
```

系统首页的源文件为/news/index.php,源代码如下。

```php
<?php
require_once("includes/connect.php");

$sql = "select catgid, catgname from category";
$rs_catg = $link->query($sql);
$row_catg = $rs_catg->fetch_assoc();
$total_catg = $rs_catg->num_rows;
?>
<!doctype html>
<html>
<head>
<meta charset="utf-8">
<title>新闻发布系统首页</title>
<link href="style/news.css" rel="stylesheet">
<style type="text/css">
    #list {
        width: 96%;
    }
    #list td {
        padding: 4px;
    }
</style>
</head>

<body>
<?php
include( "includes/nav2.php" );
$rs_catg->data_seek(0);           // 将记录指针移动到首记录
$row_catg = $rs_catg->fetch_assoc();

do {
    $sql = sprintf("select * from article where catgid=%d order by issuetime desc limit 5", $row_catg['catgid']);
    $rs_news = $link->query($sql);
    $row_news = $rs_news->fetch_assoc();
    $total_news = $rs_news->num_rows;

    if ($total_news > 0) {
        printf("<table id=\"list\">");
        printf("<tr style=\"background-color: #f8f9fa\">");
        printf("<td> <strong>%s</strong></td>", $row_catg['catgname']);
        printf("<td><a  href=\"classify.php?catgid=%d&catgname=%s\"> 更 多 %s…
</a></td>",
            $row_catg['catgid'], urlencode($row_catg['catgname']), $row_catg['catgname']);
```

```
            do {
                printf("<tr>");
                printf("<td colspan=\"2\">");
                printf("&raquo; <a   href=\"details.php?artid=%d\"   target=\"_
blank\">%s</a>",
                    $row_news["artid"], $row_news["title"]);
                printf("  <span style=\"color: #5a6268; font-size: 10px\
">%s</span></td>", $row_news["issuetime"]);
                printf("</tr>");
            } while ($row_news = $rs_news->fetch_assoc());
            printf("</table>");
        } else {
            continue;
        }

    } while ($row_catg = $rs_catg->fetch_assoc());
    ?>
    </body>
</html>
```

## 10.5.2 浏览新闻

当用户在系统首页或新闻分类浏览页面中单击一个新闻标题链接时，会进入新闻浏览页面。该页面会列出所选新闻的标题、发布时间、编辑、来源及详细内容。对 content 字段值进行处理，将换行符"\n"前后的新闻内容使用<p>和</p>标签环绕起来，可以将其转换为一个段落，同时应用 CSS 样式，可以形成每个段落首行缩进两个字符的格式。

新闻浏览页面的效果如图 10.12 所示。

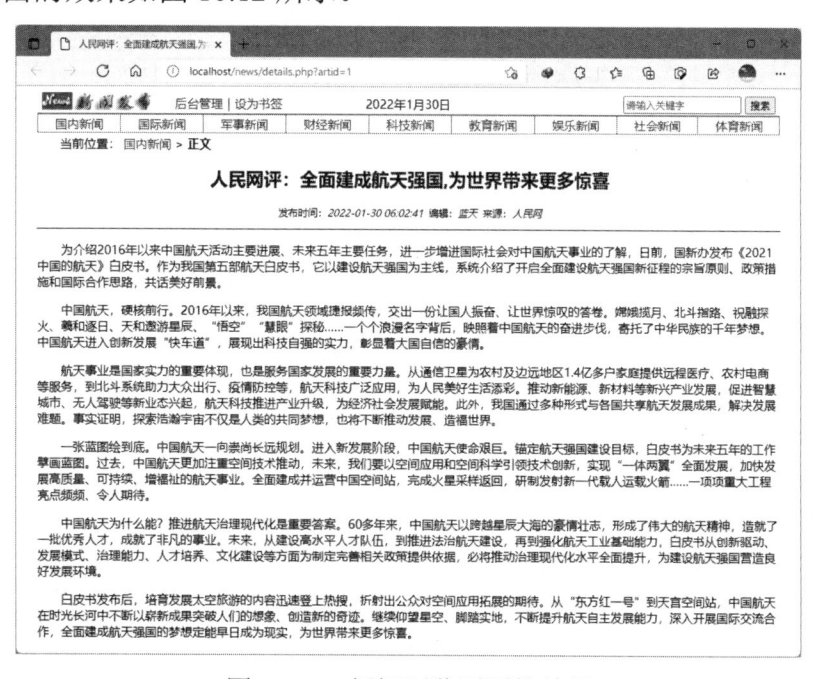

图 10.12　新闻浏览页面的效果

新闻浏览页面的源文件为/news/details.php,源代码如下。

```php
<?php
require_once("includes/connect.php");
$artid = "-1";
if (isset($_GET['artid'])) {
    $artid = $_GET['artid'];
}

$sql = sprintf("select * from artview where artid = %d", $artid);
$rs_art=$link->query($sql);
$row_art=$rs_art->fetch_assoc();
$total_art=$rs_art->num_rows;

function showtext( $text ) {
    $text = str_replace ( "　" , "" , $text);   // 将全角空格替换为空字符串
    $a = explode ( "\n", $text );
    $str = "";
    for ( $i = 0; $i < count ( $a ); $i++ ) {
        $str .= sprintf( "<p>%s</p>\n", $a[$i] );
    }
    echo $str;
}
?>
<!doctype html>
<html>
<head>
<meta charset="utf-8">
<title><?php echo $row_art['title']; ?></title>
<link rel="stylesheet" type="text/css" href="style/news.css">
<style type="text/css">
    #content {
        text-indent: 2em;
        width: 96%;
        margin: 0 auto;
    }
</style>
</head>

<body>
<?php include( "includes/nav2.php" ); ?>
    <p id="current">当前位置: <a href="classify.php?catgid=<?php echo $row_art['catgid']; ?>"> <?php echo $row_art['catgname']; ?></a> &gt; <strong>正文</strong></p>
    <article>
        <header>
            <h1><?php echo $row_art['title']; ?></h1>
            <p  style="font-size:   small;">发 布 时 间 : <em><?php echo
```

```
$row_art['issuetime']; ?></em> 
            编辑: <em><?php echo $row_art['editor']; ?></em> 
            来源: <em><?php echo $row_art['source']; ?></em> </p>
        </header>
        <hr width="96%" size="1" noshade="noshade" color="#003366">
        <div id="content">
            <?php showtext( $row_art['content'] ); ?>
        </div>
</article>
</body>
</html>
```

### 10.5.3 分类浏览新闻

当用户在系统首页或新闻浏览页面中单击某个新闻类别链接时，会进入新闻分类浏览页面，如图10.13所示。该页面以分页形式列出所选新闻类别包含的所有新闻标题和发布时间，用户通过单击新闻标题链接即可查看新闻的详细内容。

图 10.13　新闻分类浏览页面

新闻分类浏览页面的源文件为/news/classify.php，源代码如下。

```
<?php
require_once("includes/connect.php");
include("includes/page.class.php");
$sql = "select * from category";
$rs_catg = $link->query($sql);
$row_catg = $rs_catg->fetch_assoc();
$total_catg = $rs_catg->num_rows;

$catgid = $catgname="";
if (isset($_GET['catgid'])) {
    $catgid = $_GET['catgid'];
    $catgname = $_GET["catgname"];
}

$sql = sprintf("select artid, title, catgname, issuetime, source from artview
```

```
where catgid = %s
    order by issuetime desc", $catgid);
    $rs_art = $link->query($sql);
    $total = $rs_art->num_rows;
    $col_num = $rs_art->field_count;
    $page = new Page($total, 6);
    $sql .= " " . $page->limit;
    $rs_art = $link->query($sql);
?>
<!doctype html>
<html>
<head>
<meta charset="utf-8">
<title>分类浏览新闻</title>
<link rel="stylesheet" type="text/css" href="style/news.css">
</head>

<body>
<?php include ("includes/nav2.php");?>
<p id="current">当前位置:<strong><?php echo $catgname; ?></strong></p>
<table border="1" width="96%" align="center" cellpadding="5" class="data">
    <tr>
        <th>新闻标题</th><th>发布时间</th><th>新闻来源</th>
    </tr>
    <?php
    while ($row_art = $rs_art->fetch_assoc()) {
        echo "<tr>";
        printf("<td style='text-align: left'><a href='details.php?artid=%s'>%s</a></td>",
            $row_art["artid"], $row_art["title"]);
        printf("<td>%s</td>", $row_art["issuetime"]);
        printf("<td>%s</td>", $row_art["source"]);
        echo "</tr>";
    }
    ?>
</table>
<?php echo "<nav id='nav'>" . $page->fpage() . "</nav>"; ?>
</body>
</html>
```

### 10.5.4 搜索新闻

与新闻浏览功能相关的几个页面中都包含一个搜索表单。当用户在文本框中输入关键字并单击"搜索"按钮时,会打开新闻搜索结果页面。该页面以表格形式分页列出搜索到的相关新闻的标题,用户通过单击标题链接即可查看新闻详细内容,如图10.14所示。

# 项目 10 开发新闻发布系统

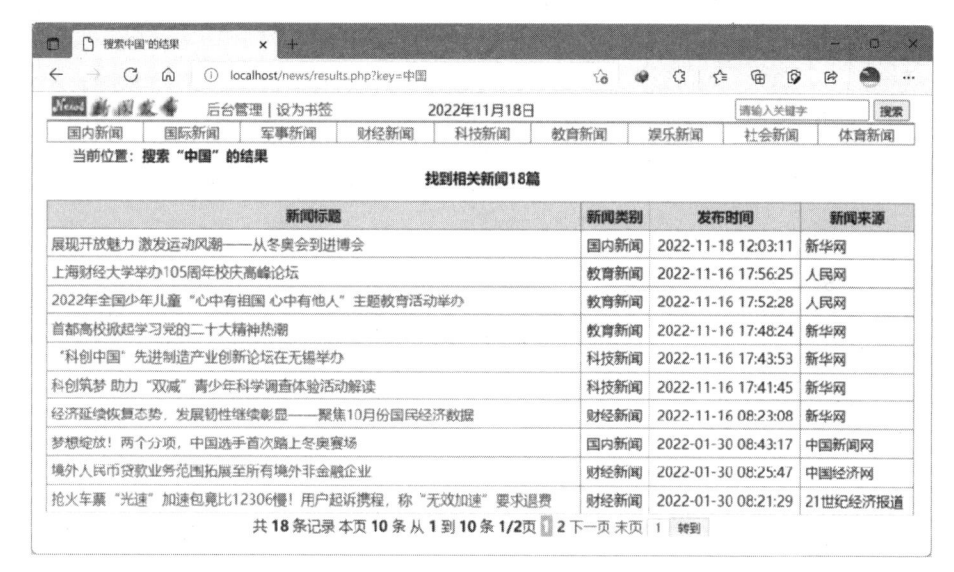

图 10.14 新闻搜索结果页面

新闻搜索结果页面的源文件为/news/results.php，源代码如下。

```php
<?php
require_once( 'includes/connect.php' );
include("includes/page.class.php");
$key = "-1";
if (isset($_GET['key'])) {
    $key = $_GET['key'];
}
$arg = "'%" . $key . "%'";
$sql = sprintf("Select artid, title, catgname, issuetime, source from artview where title like %s or content like %s order by issuetime desc", $arg, $arg);
$rs = $link->query($sql);
$total = $rs->num_rows;
$col_num = $rs->field_count;
$page = new Page($total, 10);
$sql .= " " . $page->limit;
$rs = $link->query($sql);
$row = $rs->fetch_array();
?>
<!doctype html>
<html>
<head>
<meta charset="utf-8">
<title>搜索<?php echo $_GET['key']; ?>"的结果</title>
<link href="style/news.css" rel="stylesheet">
<style>
    table {
        width: 96%;
    }
    caption {
        margin-bottom: 1em;
```

```
        font-weight: bold;
    }
</style>
</head>

<body>
<?php include( 'includes/nav2.php' ); ?>
<p id="current">当前位置：<strong>搜索<?php echo $_GET['key']; ?>"的结果</strong></p>
<table border="1" cellpadding="5">
    <caption>找到相关新闻<?php echo $total; ?>篇</caption>
    <tr style="background-color: #ddd">
        <th>新闻标题</th><th>新闻类别</th><th>发布时间</th><th>新闻来源</th>
    </tr>
    <?php do { ?>
    <tr>
        <td><a href="details.php?artid=<?php echo $row['artid']; ?>"><?php echo $row['title']; ?></a></td>
        <td align="center"><?php echo $row['catgname']; ?></td>
        <td align="center"><?php echo $row['issuetime']; ?></td>
        <td><?php echo $row['source']; ?></td>
    </tr>
    <?php } while ($row = $rs->fetch_array()); ?>
</table>
<?php echo "<nav id='nav'>" . $page->fpage() . "</nav>"; ?>
</body>
</html>
```

# 项 目 思 考

## 一、选择题

1．在本项目的新闻发布系统中，模块（　　）属于前台管理部分。

A．用户管理　　　　　　　　　　B．新闻类别管理

C．新闻管理　　　　　　　　　　D．新闻浏览

2．如果用户成功登录系统，则用户名会被保存在（　　）中。

A．$username　　　　　　　　　B．$_SESSION["username"]

C．$role　　　　　　　　　　　　D．$_SESSION["role"]

3．在本项目的新闻发布系统中，（　　）只能由系统管理员访问。

A．系统登录页面　　　　　　　　B．用户创建页面

C．新闻发布页面　　　　　　　　D．新闻浏览页面

4．在本项目的新闻发布系统中，新闻编辑页面可以由（　　）访问。

A．所有用户 B．新闻编辑
C．系统管理员 D．当前新闻的发布者

## 二、判断题

1．在系统登录页面和用户创建页面中，密码都没有经过加密处理。（　）
2．在用户单击"注销"链接时，将销毁所有会话变量。（　）
3．在检查新用户名时，需要在数据库中查询提交的用户名。（　）
4．检查用户权限是通过检查会话变量$_SESSION["username"]实现的。（　）

## 三、简答题

1．在本项目的新闻发布系统中，用户分为哪几类？他们分别具有哪些权限？
2．在创建新闻发布系统首页时，如何实现新闻的分类别显示？如何在每个新闻类别下只显示最新发布的若干条新闻？
3．在制作用户创建页面时，如何实现对密码的加密？
4．在创建新闻类别添加页面时，为什么不为新闻类别编号字段提供值？
5．如果要创建一个只能由注册用户访问的 PHP 页面，应该如何设置访问权限？如果要求该页面只能由系统管理员访问，应该如何设置访问权限？
6．新闻发布系统中的各个相关页面需要使用共同的代码，如检查权限和导航条，那么为了避免重复编写代码，应当如何处理？

## 项 目 实 训

参照本项目设计一个新闻发布系统，首先进行系统功能分析、数据库设计与实现，然后设计和制作每个页面，最后对整个设计过程进行总结并写出设计报告。